HTML5
ゲーム開発の教科書
スマホゲーム制作のための基礎講座

| Smith 著

TypeScript ＋ PIXI.js v4/v5 対応

本書のダウンロードデータと書籍情報について

本書に掲載したサンプルプログラムは、著者が公開している以下の GitHub からダウンロードが行えます。ライセンスに関しては同サイトの該当ページを参照してください。また、ご利用にあたっては、本書籍の該当ページをご確認ください。

  https://github.com/dolow/pixi-tower-diffense

ボーンデジタルのウェブサイトの本書の書籍ページでは、発売日以降に判明した正誤情報やその他の更新情報を掲載しています。本書に関するお問い合わせの際は、一度当ページをご確認ください。

  https://www.borndigital.co.jp/book/

サンプルプログラムで使用したソフトウェアのバージョン

本書で使用したソフトウェアのバージョンは、下記のとおりです。

- node.js v10.16.0
- Chrome 72 〜 76
- Safari 12

そのほか npm パッケージのバージョンは、上記の著者の GitHub の「package.json」ファイルに記載されています。

ソフトウェアのバージョンが更新された際には、本書の解説と異なる、もしくはサンプルプログラムが動作しない場合がありますので、あらかじめご了承ください。

著作権に関するご注意

本書は著作権上の保護を受けています。引用の範囲を除いて、著作権者および出版社の許諾なしに複写・複製することはできません。本書やその一部の複写作成は個人使用目的以外のいかなる理由であれ、著作権法違反になります。

責任と保証の制限

本書の著者、編集者および出版社は、本書を作成するにあたり最大限の努力をしました。ただし、本書の内容に関して明示、非明示に関わらず、いかなる保証も致しません。本書の内容、それによって得られた成果の利用に関して、または、その結果として生じた偶発的、間接的損害に関しての一切の責任を負いません。

商標

- HTML5 ロゴは、クリエイティブ・コモンズ 3.0 ライセンスに基づき使用されています。
- Android、Google Chrome は、Google LLC の商標です。
- iPhone、iPad、mac、macOS、Safari は、米国および他の国々で登録された Apple Inc. の商標です。
- Windows の正式名称は、Microsoft® Windows® Operating System です。「Windows」は、Microsoft Corporation の米国およびその他の国における登録商標です。
- Linux は、米国及びその他の国における Linus Torvalds の登録商標です。
- その他、本書に記載されている社名、商品名、製品名、ブランド名、システム名などは、一般に商標または登録商標で、それぞれ帰属者の所有物です。
- 本文中には、©、®、™ は明記していません。

はじめに

　HTML5 ゲームは、開発を始める初期コストが非常に低く、ゲームの配信もストアを通す必要がありません。自身で契約したサーバにアプリケーションを配置するだけで、ゲームの公開を行うことができます。

　ゲームを公開してユーザーからのフィードバックを得るまでのスピードが非常に早いため、プロトタイピング用のプラットフォームとしても適しています。

　この本を手にとって頂いた皆様は、少なからず HTML5 やゲームに興味をお持ちかと存じます。

　本書は、HTML5 ゲーム開発の入門書として位置づけており、これまでゲーム開発に携わってきたが、HTML5 は未経験であったり、フロントエンドに携わってきたが、ゲーム開発が未経験である方などを対象としています。

　プログラミング自体がまったく初めて、という方には多少難しい部分もあるかもしれませんが、本書の内容をなぞりながらコードを書いていくと、1 つの HTML5 ゲームが完成するような構成となっているので、ぜひチャレンジしてみてください。

　ゲームを開発してユーザーに届けるまでのスピードを重視するのであれば、何かしらのゲームエンジンを利用することは非常によい選択です。しかし、スマートフォンをターゲットとしたコンテンツ作りでは、まだまだ既成のゲームエンジンでは心許ない部分が多々あります。

　また、長く HTML5 に関わっていく場合、先々でその基礎力が試される場面が多く訪れるでしょう。本書では、Web やブラウザ、HTML5 に関するノウハウをボトムアップするための学習を目的としているため、ゲームに要される機能の基礎部分の実装を詳解しています。

　HTML5 ゲームは、市場としてはまだ未成熟かもしれません。しかし、その開発人口を増やすことによって、徐々に市場は拡大されるでしょう。

　HTML5 の主戦場である Web は、万人に開かれたプラットフォームであるため、大手だけでなく個人開発者やインディーズなども自由に活躍できる場です。作り手のクリエイティビティを存分に発揮できる市場が成熟することで、ユーザーはより多くの良質なコンテンツに触れることができるようになります。

　本書が、その一助になれば幸いです。

Smith

本書の構成

　本書は、スマートフォンを対象とする本格的なHTML5ゲーム開発を行うための解説書です。本書では、開発工程をメインに詳解するために、開発言語である「TypeScript」の基礎的な内容には触れていません。「TypeScript」に触れたことがない方は、まずは入門書などをお読みいただくことをお勧めします。また、サーバー側に関わる内容も取り上げていません。
　本書は、ステップを追ってHTML5ゲーム開発を行えるように、大きく3つのパートで構成されています。それぞれの概要を以下で紹介します。
　なお、本書で掲載したサンプルプログラムは、著者のGitHubからダウンロードできます（2ページを参照）。また6ページにあるように、ブランチごとに途中経過をダウンロードして確認できるので、実際の開発工程を追っていくことが可能です。

●準備編

　本書で取り上げるHTML5ゲームを取り巻く背景を理解し、ゲーム制作に必要な開発環境を準備します。

1章　HTML5ゲームとは

　ブラウザの登場以降、ブラウザゲームにはさまざまな変遷がありました。それらを振り返りながら、HTML5ゲームの現在の立ち位置と、今後の展望について見てきます。

2章　開発環境の構築

　Webはオープンな環境であり、本書のゲーム開発にメインで利用する「TypeScript」「PIXI.js」「node.js」もオープンソースとして提供されています。この章では、各種ツール群も組み合わせることで、効率的なゲーム開発を行うための開発環境を構築します。
　また、本格的なゲーム開発に入る前に、開発環境やPIXI.jsに慣れる意味で、シンプルなゲームも作ってみます。

●基礎編

　タワーディフェンス型のサンプルゲーム「AIユニット召喚バトル」を作り上げていく過程を、ステップを追って解説します。

3章　ゲームづくりの基本要素

　どのようなタイプのゲーム開発でも必要となる基盤モジュールを開発します。
　「シーン」「リソースのダウンロード」「サウンド再生」「フォントの利用」など、通常のゲームエンジンではサポートされている機能を1から作っていくことで、HTML5でのゲーム開発の基礎を身につけることができます。

4章　ゲームを作り込む

　3章で作った基盤をベースに、サンプルゲームを完成させます。そのためには PIXI.js を活用する必要があり、この章の実践を通して、PIXI.js の理解を深めることができます。

　ゲームのプレイ感に関わる「UI システム」「キャラクターのアニメーション」「タッチ操作によるインタラクション」を作り込み、最後にメインのゲームロジックを完成させます。

●応用編

　ゲームは完成しましたが、実際にリリースを行う前に解決しておくべき課題について解説します。

5章　ゲームをデバッグする

　多くのブラウザには開発者ツールが付属しており、これを使ってデバッグを行うことができます。この章では、Chromeの「DevTools（デベロッパーツール）」を用い、おもにゲームに関連する項目の見方を紹介します。

　また、「Chrome 拡張」を使うことで、必要な機能を追加することも可能です。ここでは、ゲーム開発で有用なツールも取り上げます。

6章　ゲームを最適化する

　5章で紹介したツールを使い、パフォーマンスを改善するために「メモリ」「CPU」「通信」「レンダリング」の4つの項目のチューニングを行います。

　さらに、ブラウザゲームで必要となる画面のリサイズ対応や URL バーの非表示、ストレージ機能を利用した設定の保存や、キャッシュを使った通信レスポンスと通信量を改善する方法を紹介します。

サンプルゲーム「AI ユニット召喚バトル」のライセンス

　「AI ユニット召喚バトル」のソースコードは、MIT ライセンスのもとに公開しています。ライセンスの詳細については、以下の Web ページを参照してください。

　https://opensource.org/licenses/mit-license.php

　なお、画像データのライセンスに関しては、以下の著者の GitHub のライセンス条項を確認してください。

　https://github.com/dolow/pixi-tower-diffense/blob/master/LICENSE

サンプルプログラムの GitHub ブランチ一覧

ブランチ名	章	節	概要
feature/scene_primitive	3章 ゲームづくりの基本要素	3-2 シーンを作る	最低限のシーン機能実装
feature/scene_transition			シーン遷移オブジェクトの追加
feature/resource_download_interface		3-3 リソースのダウンロード	リソースダウンロード機能単体実装
feature/title_resource_download			タイトルシーンでのリソースダウンロード処理の追加
feature/webaudio_sound_min_impl		3-4 サウンドの再生	サウンド制御モジュールの基本実装
feature/webaudio_sound_rest_features			サウンド制御に関する実装の拡充
feature/webfontloader_custom		3-5 フォントを利用する	webfontloaderの利用とフォントの適用
feature/title_scene_mainloop		3-6 メインループ	メインループ実装とタイトルシーンでのメインループ処理
feature/ui_graph_min_example	4章 ゲームを作り込む	4-2 UIシステムを作る	UIシステムのミニマム実装サンプル
feature/ui_graph_modulalize_example			UIシステムのモジュール化
feature/ui_graph_custom_node_example			UIシステムでのカスタムUIの利用
feature/spritesheet_animation		4-3 スプライトシートによるアニメーション	ユニットのスプライトシートアニメーション実装
feature/spritesheet_animation_request			アニメーション遷移の実装
feature/spritesheet_animation_request_debug			アニメーション遷移の実装（デバッグ機能付き）
feature/interaction_plain_sprite		4-4 タッチ操作と連動する背景	背景オブジェクトの基本実装
feature/interaction_scrollable			背景オブジェクトのスクロール対応
feature/interaction_ordered_ypos_texturebinds			背景に配置されるオブジェクトの重なり順制御
feature/game_logic_cost_update		4-5 ユニットをスポーンするゲームロジックの実装	コストの論理値と描画の更新
feature/game_logic_unit_button			ボタン押下を契機にしたコスト消費とユニット配置
feature/game_logic_unit_button_filter			非アクティヴボタンへのシェーダーの適用
feature/game_logic_unit_state_idle		4-6 ユニットを対戦させるゲームロジックの実装	ユニットのIDLE状態の実装
feature/game_logic_ai_unit_spawn			敵ユニットのスポーン
feature/game_logic_unit_basic_ai			ユニットのAI実装
feature/game_logic_castle		4-7 拠点の追加・勝敗判定のゲームロジックの実装	拠点の実装
feature/game_logic_gameover			ゲームの終了判定の実装
before_profile	6章 ゲームを最適化する	6-1 デバッグツールで検知できる課題の解決	feature/game_logic_gameoverをベースにした最適化前のコード
after_profile			before_profileのパフォーマンスチューニング後のコード
feature/cache_api		6-3 ブラウザへの最適化：ストレージの利用	Cache API利用サンプル

CONTENTS

はじめに	003
本書の構成	004
サンプルプログラムの GitHub ブランチ一覧	006

準備編　013

1章　HTML5 ゲームとは　014

1-1　ブラウザゲームの変遷と現在　014
- ブラウザゲームの変遷　014
- HTML5 技術とネイティブ技術　016
- HTML5 ゲームの今後　017

1-2　本書で取り上げる PIXI.js とそのほかの JavaScript ライブラリ　017
- そのほかの主要ゲームライブラリ　018
- 本書で学べること　019

1-3　本書で制作する HTML5 ゲーム　019
- サンプルゲームの概要　019
- サンプルゲームの画面構成　020
- サンプルゲームのゲームシステム　023

2章　開発環境の構築　028

2-1　本書の開発環境の全体像　028

2-2　PIXI.js と TypeScript の開発環境のインストールと構築　030
- node.js のインストールと実行　030
- node.js パッケージのセットアップ　032
- 本書で必要な node.js モジュールのインストール　035
- TypeScript モジュールの実行と設定　037
- tslint モジュールの実行と設定　039
- typedoc モジュールの実行と設定　040
- scripts の設定によるコンパイル設定　041
- ブラウザで実行するためのファイルのバンドル　041
- 開発用 Web サーバの構築　043
- PIXI.js のインストール　045

2-3　PIXI.js でのゲーム制作の基本 ... 046
- エントリーポイントの変更 ... 046
- スロットゲームの制作の概要と準備 ... 047
- クラスとI/Fの設計 ... 050
- import ／ export 構文 ... 050
- class 構文 ... 052
- constructor 構文 ... 053
- メソッドの定義 ... 054
- 残りのクラスのI/F ... 055
- ゲームの起動処理 ... 056
- ES6 クラスプロパティ ... 057
- DOM 読み込みの判断 ... 058
- PIXI.Application のインスタンス化 ... 058
- PIXI.js でのリソースのダウンロード ... 059
- UI の初期化処理 ... 060
- PIXI.js のテキスト ... 061
- PIXI.js の描画オブジェクトツリー ... 063
- PIXI.js におけるユーザーインタラクション ... 064
- SlotGame クラスの残り実装 ... 064
- リソース取得とレースコンディション ... 065
- PIXI.js のメインループ ... 065
- Reel の実装 ... 065
- PIXI.js のシェーダー ... 067
- メインループ処理の追加 ... 067
- ボタン処理の追加 ... 068
- プロパティ初期化のショートハンド ... 069
- Tween の利用 ... 070

基礎編　073

3 章　ゲームづくりの基本要素　074

3-1　ゲーム要素とブラウザ技術 ... 074
- ゲームとは何か? ... 074
- ブラウザ技術の発展 ... 076
- DOM とブラウザ技術 ... 076

3-2　シーンを作る ... 078
- ゲーム初期化処理 ... 078
- シーンの概念 ... 081

	シーンのロード	082
	シーンの更新	084
	トランジションの追加	086
	直ちに画面を切り替えるトランジション	088
	フェード表現をするトランジション	091
	メインループを処理させるオブジェクト	093
3-3	リソースのダウンロード	094
	resource-loader のおさらい	094
	ダウンロードに関わる役割分担	097
	①ダウンロードするリソースを指定する	098
	②ダウンロード処理フローの実装	099
	③ダウンロード処理のトリガー	100
	④ダウンロードするリソースの指定	101
	サウンドをダウンロードする	102
3-4	サウンドの再生	108
	サウンド再生制御を奪う	109
	サウンドデータを WebAudio 用にダウンロードする	113
	サウンドデータを WebAudio で再生する	117
	そのほかの WebAudio サウンド制御	119
	サウンドのボリュームの制御	122
3-5	フォントを利用する	124
	TTF フォントを利用できるようにする	124
	webfontloader によるフォントのダウンロード	127
3-6	メインループ	129
	Ticker	129
	TitleScene のテキストを明滅させる	133

4 章 ゲームを作り込む　136

4-1	PIXI.js による描画	136
	PIXI.js のゲームでの利用	136
	PIXI.js の描画処理ウォークスルー	137
	PIXI.js のリソース取得処理	140
4-2	UI システムを作る	141
	「UI」の定義	142
	ランタイム実装の概要	143
	「UI」の分離	144
	UI 要素ファクトリの実装	145

カスタム UI の実装 152

4-3　スプライトシートによるアニメーション 157
　　　何がアニメーションするかの検討 157
　　　ユニットのスプライトシートアニメーション 158
　　　PIXI.js オブジェクトのスプライトシートアニメーション 162
　　　アニメーション遷移 166

4-4　タッチ操作と連動する背景 170
　　　スプライトの表示 170
　　　ユニットの配置 176

4-5　ユニットをスポーンするゲームロジックの実装 181
　　　ゲームが完成するまで 181
　　　ユニットコストの蓄積 182
　　　ゲームロジックの全体像の確認 187
　　　デリゲータメソッドの定義と実装 188
　　　ユニットボタンの配置 191
　　　ユニットのパラメータと、各要素の接続図 197
　　　リモートからマスタデータの取得 200
　　　ユニットのスポーン処理の実装 202
　　　シェーダーの利用 204

4-6　ユニットを対戦させるゲームロジックの実装 208
　　　ユニットの理論上の状態 208
　　　状態定義から歩かせるまで 210
　　　ユニットが歩行するまでの処理の流れ 215
　　　敵ユニットの準備 218
　　　敵ユニットのスポーン 222
　　　ユニット同士を接敵させる 223
　　　ユニット同士を攻撃させる 227
　　　攻撃判定の発生とダメージ処理 229
　　　戦闘状態の動作の確認と、ルールの調整 232

4-7　拠点の追加・勝敗判定のゲームロジックの実装 239
　　　ユニットと拠点 239
　　　拠点のスポーン 243
　　　勝敗を決める 246

応用編

5章 ゲームをデバッグする

5-1 Chrome のデベロッパーツールによるデバッグ ... 250
- Chrome デベロッパーツールの起動 ... 251
- Elements タブの確認 ... 251
- Console タブの確認 ... 253
- Sources タブの確認 ... 256
- Network タブの確認 ... 258
- Performance タブの確認 ... 260
- Memory タブの確認 ... 262
- Application タブの確認 ... 264
- Security タブの確認 ... 265
- Audits タブの確認 ... 265
- 実機でのデバッグ ... 266

5-2 Chrome 拡張の活用 ... 269
- Chrome 拡張の入手 ... 269
- PixiJS devtools ... 270
- Spector.js ... 271

6章 ゲームを最適化する

6-1 デバッグツールで検知できるパフォーマンスの解決 ... 274
- デバッグ対象ブランチ ... 274
- 「メモリ」の問題点の抽出と対策 ... 275
- 「CPU」の問題点の抽出と対策 ... 279
- 「通信」の問題点の抽出と対策 ... 281
- 「レンダリング」の問題点の抽出と対策 ... 293

6-2 ブラウザへの最適化：ライフサイクルイベント ... 298
- モバイル実機での表示が適切でない課題の解決 ... 298
- URL バーを非表示する ... 301
- サウンドが鳴り続ける問題の対処 ... 303

6-3 ブラウザへの最適化：ストレージの利用 ... 306
- Cookie の利用 ... 306
- WebStorage API の利用 ... 307
- Cache API の利用 ... 308
- Indexed DB の利用 ... 314

6-4 ブラウザへの最適化：データの秘匿 ... 317
　　暗号化の手法 ... 317
　　アクセス不可能なメモリ領域の利用 ... 320

索引 ... 322

▶ コラム一覧

オールインワンか、柔軟性か ... 028
CommonJS と ES6 ... 032
tslint の ESLint への移行 ... 040
TypeScript と node.js モジュール ... 039
HTML の読み込み ... 081
Web ページ表示速度とブラウザ ... 097
DOM の audio 要素 ... 107
ブラウザのメディア自動再生ポリシー ... 108
npm と型定義 ... 111
Chrome の自動再生ポリシー ... 112
Hoisting の仕様 ... 132
UI をデータで表現する ... 142
アニメーション遷移の責任者 ... 167
どのブラウザで Can I Use? ... 175
マウスホイールへの対応 ... 180
オブジェクトの生成タイミング ... 196
OOP、DOD、ECS... ... 209
DOM と WebGL の併用 ... 252
Safari でデバッグできない? ... 268
Chrome 拡張デバッグツール ... 273
RFC（Request for Comments） ... 289
「ホーム画面に追加」と Cookie ... 303
ブラウザとチート ... 321

準備編

 CHAPTER 1　HTML5 ゲームとは

　　1-1　　ブラウザゲームの変遷と現在
　　1-2　　本書で取り上げる PIXI.js とそのほかの JavaScript ライブラリ
　　1-3　　本書で制作する HTML5 ゲーム

 CHAPTER 2　開発環境の構築

　　2-1　　本書の開発環境の全体像
　　2-2　　PIXI.js と TypeScript の開発環境のインストールと構築
　　2-3　　PIXI.js でのゲーム制作の基本

準備編

CHAPTER 1

HTML5 ゲームとは

この章では、本書が目的する HTML5 ゲームの制作にあたって、そもそもブラウザゲームはどのように発展してきたのか、その歴史を振り返ってみます。また、HTML5 ゲーム制作の中核となる JavaScript ライブラリの概要を解説し、本書で利用する「PIXI.js」の特徴と選定理由について紹介します。

本書では、サンプルゲームとしてタワーディフェンス型ゲームを制作しますが、ゲームの概要や画面構成、ゲームシステムについても解説します。サンプルゲームの完成版は、公開していますので、まずは実際にサンプルゲームを遊んでみてください（この章の最終ページを参照）。これから制作するゲームの全体像を事前に掴んでおくことで、以降の章を読み進めていきやすくなるでしょう。

1 1 ブラウザゲームの変遷と現在

HTML5 ゲーム開発を行う前に、これから取り掛かろうとするゲームのプラットフォームに、どのような歴史や背景があるかを復習しておきましょう。ブラウザの技術で作られたゲームは、時間とともに形を変えていき、よりリッチな体験を提供していることが改めて認識できるはずです。

ブラウザゲームの変遷

今や当たり前のように使われているブラウザですが、筆者個人が物心ついてインターネットに触れ始めた 1990 年代からでも、ブラウザとそれを取り巻く環境は多くの変遷を辿っています。当時のブラウザといえば、Chrome など影も形もなく「NetScape」や「Internet Explorler」が主流の時代でした。

1990 年代後半では、ブラウザを経由して得られる情報は、テキストや画像によって表現されるものがほとんどでしたが、テキストのみの情報でも「リドルゲーム」と呼ばれるゲームは多く公開されていました。

リドルゲームとは、現代で言うところの脱出ゲームの体感に近いもので、画面上の隠しリンクを探したり、秘密の合言葉を入力させたりなどするものです。当時より、JavaScript も存在していましたが、まだまだその時代の TV ゲームを想起させるような水準のものを、ブラウザで作れるとは言い難いものでした。

徐々にブラウザで扱われる情報の幅は広がり、音楽や動画を再生するなどのエンターテイメントの側面を持つ新たな表現が Web でも実現できるようになっていきます。今日の YouTube や Spotify などのようなエンターテイメントプラットフォームが出現するのはまだまだ先ですが、当時においては「Flash」と呼ばれる革新的な技術が出現した時代でもありました。

　画像、アニメーション、サウンド、それらをプログラムによる制御まで行える Flash の登場で、インタラクティブなコンテンツが作れるようになりました。そして、Flash コンテンツを制作するための IDE が普及することにより、インターネット上のコンテンツ制作の難易度が下がり、品質も大きく向上しました。

　当然、新たな体感の「遊び」も展開され、Flash を中心としたリンク集や素材集などの周辺コンテンツも飛躍的に増えていきます。ゲーム系のコンテンツも多く創出され、脱出ゲームと呼ばれる 1 ジャンルが築き上げられたのもこの頃かと思われます。

　時を同じくして携帯電話が広く普及しはじめ、インターネット上のコンテンツが掌の上で展開できるようになります。2000 年代後半、国内で「ソーシャルゲーム」が流行りはじめたのはこの頃でしょう。ソーシャルゲームは、携帯電話で遊べるゲームとして主流になり、数多くのゲームが興隆を極めました。

　PC ブラウザでも、mixi アプリなどのプラットフォームが展開され、インターネットにより多くのユーザーが当たり前のように、ゲームコンテンツを享受できる場となりました。携帯電話のブラウザは、PC のそれとは大きく機能性が異なるものだったため、「ブラウザゲーム」という呼称はどちらかというと、PC で遊べるゲームに根付いている印象です。

　この頃からブラウザで遊べるゲームは、プラットフォーム然としてきており、ゲームコンテンツの配信元が集約されていきました。

　2010 年代、iPhone の出現とともに、Web とはまた異なる領域に新たなゲームのマーケットが出現しました。ご存知「App Store」と「Android Market」（当時）です。

　ゲームデベロッパーにとっては、ゲーム開発に関わる技術スタックの大きな変換期でしたが、iOS と Android のどちらの技術も「WebView」での Web ブラウジングを許容していたため、これまでの Web 技術を利用したいわゆる「ガワネイティブアプリ」もしばらく見られます。

　ネイティブアプリを HTML などの Web 技術で構築できる PhoneGap などのフレームワークも登場していましたが、ゲームにおいては、間もなくスマートフォンネイティブ向けのゲームエンジンが確立したこともあり、ガワネイティブによるゲームアプリは徐々に姿を消していきました。

　ここからは、スマートフォンで遊ぶゲームと言えばネイティブゲーム、というのが主流の時代が続きます。一方、PC では変わらずゲーム系プラットフォームが健在で、利用されている技術もまだまだ「Flash」が根強い人気でした。

　そして本書執筆時点の 2010 年代後半。Chrome にはじまる主要ブラウザの急速な進化と、スマートフォン端末のスペック向上が巻き興ります。

　また、これまで確固たる地位を築いていた Flash も、2020 年には終了するという

Adobeからの発表があり、よりHTML5でのコンテンツ開発の機運が高まっています。それらの技術的な背景に後押しされ、「enza」や「LINE QUICK GAME」「Facebook Instant Games」「WeChat」のミニプログラムなどのスマートフォンで遊べるブラウザゲームプラットフォームが勃興してきました。

「enza」は、Chromeなどのブラウザでそのままゲームを遊べますが、「LINE QUICK GAME」などはWebViewを介してゲームを提供しています。WebViewを利用すること自体はかつてのガワネイティブと変わりありませんが、技術スタックは1990年代から由来するソーシャルゲームの文脈からは異なり、よりHTML5の色味が強くなっています。

HTML5ゲームは、その動作環境をブラウザに限定しません。たとえば、WebViewやelectronなどのDOMレンダリングができて、JavaScriptエンジンが動作する環境であれば、HTML5のポータビリティを発揮することができます。

HTML5技術とネイティブ技術

「WebGL」をご存知でしょうか。「1.0」は2011年に正式リリースされ、現在は「2.0」が使われています。スマートフォンネイティブに詳しい方は「OpenGL ES」と言ったほうがわかりやすいかもしれませんが、WebGLはそれをベースとした描画に関する標準仕様です。

既にほとんどのブラウザでは、WebGLのJavaScript APIが提供されており、WebGLを利用した描画ライブラリもオープンソースで多く公開されています。

たとえば、「three.js」という3D描画を支援するライブラリが存在しますが、そのサンプルだけでも表現の豊富さが見て取れるでしょう。2Dでは、本書で扱う「PIXI.js」がパフォーマンスに優れています。

一般に描画系フレームワークなどが提供する高級APIを利用することは、多少のオーバーヘッドを犠牲に利便性や効率を選択することと同じですが、既に世の中に公開されていて、かつこのようなライブラリを利用しているHTML5ゲームの中には、ネイティブアプリの表現と比較しても、遜色のない水準を満たしているものもあります。

HTML5では、音響表現においては「Web Audio」という仕様が提供されており、単純なサウンドの再生はもちろん、ミキシングやフィルタリングまで行うことができます。

ファイルシステムの利用は、セキュリティやプライバシーの問題もあり、HTML5ではまだブラウザに実装されていませんが、ストレージ系の仕様および実装がある程度の代替手段となり得るでしょう。

ネイティブアプリと比較して扱う技術こそ違えども、実現できる表現や機能はおおよそネイティブのそれと遜色のない域にまで達しています。

Cocos CreatorやPlayCanvasなどのゲームエンジンも商用実績を上げ始めており、HTML5向けのゲームを作るための環境は整っていると言っても過言ではありません。

WebやHTML5に関わる技術は、すべて仕様が定義・公開されているため、ブラウザの多様性は担保されつつも、提供されるAPIは仕様に基づいた共通のものとなります。

HTML5 ゲームの今後

　技術的な実現性が実証され、開発環境も整ったならば、あとは HTML5 ゲームがビジネスとして妥当かどうか、という観点で値踏みされるのが常です。現状はお世辞にも、大手がこぞって参入を競うくらい魅力のある市場とは言えないでしょう。

　一方、小規模プロダクトやインディーズ向けの市場として考えた場合には、WeChat や Facebook Instant Games のような小規模コンテンツが主力のプラットフォームは非常に魅力的です。

　いずれもプラットフォーム的な制約でカジュアル系ゲームの展開が中心となっていますが、そんな中でも収益性の高いゲームモデルやマネタイズ手段が確立されたら、これらのプラットフォームへの参入価値は格段に上がるでしょう。

　どのプラットフォームが売れるか、どのプラットフォームが生き残るかは、本書で予測するには大げさな話題ですが、昨今の新規 HTML5 系プラットフォームの出現により、HTML5 市場全体が伸長していく期待が高まっていることは事実でしょう。

　そして、HTML5 によってユーザーが享受できる恩恵も少なくありません。クリックするだけで、インストールすることなくすぐにゲームを始められ、ブラウザさえあればどのような端末でも同じアカウントでゲームを続けることができます。

　エンジニアにとっても、HTML5 技術のポータビリティは非常に高いため、個別プラットフォームの盛衰を前提としたとしても、HTML5 技術への習熟自体は、エンジニアのキャリアの中でも決してサンクコストにはならないと思います。

1　2　本書で取り上げる PIXI.js とそのほかの JavaScript ライブラリ

　2018 年のハロウィーンの「Doodle」が何だったかをご存知でしょうか。その日の Doodle は、プレイアブルなオンライン対戦形式のゲームでしたが、描画部分は PIXI.js によって実装されたものでした。

　本書では、HTML5 ゲームを開発するためのライブラリとして「PIXI.js」を用います。主な選定理由は、以下のとおりです。

- 描画ライブラリであり、サウンドなどの機能を持ち合わせていないため、Web や HTML5 の基礎的な部分をしっかり学習するのにはよい題材である
- パフォーマンス的に優れており、現時点でスマートフォン向けに表現力を最大限まで引き出そうと思った場合に、ほかの選択を取りづらい
- シンプルかつわかりやすい API であり、フレームワーク然としておらず、自由度も高いためゲーム開発経験者でなくとも導入しやすい

そのほかの主要ゲームライブラリ

本書では取り扱いませんが、PIXI.js 以外にも素晴らしいライブラリは存在します。ここでは、そららのライブラリの概要を紹介します。

three.js

three.js は、軽量な 3D 描画ライブラリで、パフォーマンスにも優れています。提供される機能は、3D 描画関連が中心で、それ以外の機能提供は必要最低限に留められています。

サンプルが充実しており、ライブラリとして提供されていないリソースダウンロード系などのモジュールも利用することができます。また、機能性には乏しいもののブラウザ上で動作する IDE も提供されています。

- three.js の公式サイト
  https://threejs.org/

phaser

phaser は、2D 向けのゲームエンジンです。phaser は過去に、PIXI.js をカスタマイズしたものをレンダリング部分に用いていました。インターフェースが独特な反面、サウンド系や物理演算などのモジュール種別も豊富に提供されています。

公式からは、豊富なサービスやパッケージも提供されており、コメントがていねいに付けられたサンプルゲームや、IDE なども有償ですが手に入れることができます。

- phaser の公式サイト
  https://phaser.io/

Babylon.js

Babylon.js は、おそらく Web 向けの 3D レンダリングエンジンとしては最も有名でしょう。PBR などの 3D 表現も実現できるほか、サウンド系などの周辺機能も提供されています。ブラウザ上で動作する IDE も用意されており、開発環境としてはかなりリッチな部類でしょう。

大きなエンジンであるが故に、Babylon.js 自体の JavaScript コードボリュームが大きかったり、スマートフォン向けにパフォーマンス面での懸念がありますが、PC ブラウザのみを対象とした場合には心強いエンジンです。

- Babylon.js の公式サイト
  https://www.babylonjs.com/

PlayCanvas

PlayCanvas は、ここ最近で頭角を現してきた 3D ゲームエンジンですが、2D 系の機

能強化も行われはじめています。開発は、ブラウザ上の IDE で完結し、パブリッシングもブラウザ上から行うことができます。

中～大規模なゲームを開発する場合にはまだ課題がありますが、軽量なゲームを作る分には非常にパワフルで、高い開発スピードを保てるゲームエンジンです。

- PlayCanvas の公式サイト
  https://playcanvas.com/

Cocos Creator

Cocos Creator は、もともとはネイティブアプリ向けのゲームエンジンである「cocos2d-x」から派生した HTML5 向けのゲームエンジンです。cocos の名称を引き継いでいるものの、I/F がノードベースからコンポーネントベースに変わっているなどしているため、異なるゲームエンジンとして取り組んだほうがよいでしょう。

クライアントアプリケーションとして動作する IDE の完成度が高く、開発効率に優れています。中国国内のカジュアルゲームで、多くの利用実績を挙げているようです。

- Cocos Creator の公式サイト
  https://cocos2d-x.org/creator

本書で学べること

本書は、PIXI.js を利用したゲーム開発を通し、ブラウザや HTML5 に関する技術的な基礎部分の習熟という、ポータビリティの高い知識を獲得することを目的としています。

そのために本書では、PIXI.js の使い方やゲーム開発手法のみならず、ブラウザの開発者ツールの利用方法や、開発を支援するための Chrome 拡張にも訴求します。

1.3 本書で制作するHTML5ゲーム

本書では、順を追って解説を進めながら、最終的に HTML5 ゲームを完成させますが、ここではまず開発するゲームの概要やゴールの状態を示します。ゲームの仕様や技術的要件を理解することで、今後やっていくことのイメージを掴みましょう。

サンプルゲームの概要

本書で開発するゲームは、「AI ユニット召喚バトル」と題したタワーディフェンス型のゲームです。スマートフォンアプリで提供されている「にゃんこ大戦争」（ポノス株式会社）を想像していただくとわかりやすいでしょう。

タワーディフェンスゲームは、プレイヤーと敵 AI の拠点があり、相手の拠点を破壊すると勝利というゲームです。プレイヤーは自軍のユニットを編成し、敵 AI の攻撃を抑え

られるようなタイミングでユニットを出陣させ、相手の拠点への攻撃を目指します。

　しかし、ユニットを出陣させるには、時間経過でしか産出されないコストの消費を要するため、調子に乗って多くのユニットを出陣させ続けるとすぐにコストが尽き、本当に必要なタイミングでのユニットの出陣を行うことができなくなります。

　そのため、このゲームは敵 AI の攻撃パターンを覚え、正しいコストの使い方をしなければならない戦略性の高いゲームとなっています。

サンプルゲームの画面構成

　画面はあまり多くなく、「タイトル」「ユニット編成」「バトル」の 3 種類のみです。図 1-3-1 に、画面遷移と構成を示します。

図 1-3-1 サンプルゲームの画面遷移

　タイトル画面はゲーム起動時にのみ表示され、以降はユニット編成画面とバトル画面の往来のみとなります。

　ユニット編成画面で編隊を作り、バトル画面で敵 AI と戦います。勝敗が決まると、バトル画面に結果が表示され、タップでユニット編成画面に戻ります。

タイトル画面の構成

　タイトル画面は、以下の要素で構成されます。

図 1-3-2 タイトル画面のラフ

図 1-3-3 タイトル画面の完成画面

BGM
- タイトル画面、ユニット編成画面に共通の BGM が再生されます。

UI
- バトル画面の背景画像が表示されます。
- 画面中央に「TAP TO START」というテキストが表示されます。
- 「TAP TO START」のテキストは、一定間隔で明滅します。

- 「TAP TO START」およびゲーム内のテキストに利用するフォントは、システムフォントではなく8ビット調のフォントを用います。
- 画面遷移は、フェード表現を伴います。

ユーザーインタラクション
- 画面のどこでもいいのでタップすると、ユニット編成画面に遷移します。

ユニット編成画面の構成

ユニット編成画面は、以下の要素で構成されます。

図1-3-4 ユニット編成画面のラフ

図1-3-5 ユニット編成画面の完成画面

BGM
- タイトル画面、ユニット編成画面に、共通のBGMが再生されます。
- タイトル画面から遷移した場合は、タイトル画面から流れているBGM再生が継続されます。

UI
- 画面上部に、ユニット選択枠が5つ表示されます。
- ユニット選択枠には、ユニットのスポーンに必要なコスト（MP）が表示されます。
- 画面中央には、ステージ選択枠が表示されます。
- 画面右下に、「バトル」ボタンが配置されます。
- ユニット編成画面の遷移時は、ユニット選択枠もステージ選択枠も最後に選択した内容が、初期値として表示されます。
- ユニット編成画面への遷移が初回の場合は、すべてのユニット選択枠がユニット選択なし、ステージ番号は1で設定されます。
- 画面遷移は、フェード表現を伴います。

ユーザーインタラクション
- ユニット選択枠の左右の矢印ボタンを押下すると、ユニット選択枠に表示されているユニット種別が1つずつ切り替わります。
- 同じユニットを選択状態にすることができます。
- ステージ選択枠の左右の矢印ボタンを押下すると、ステージ番号が1つずつ切り替わります。

- 「バトル」ボタンを押下すると、バトル画面へ遷移します。

データリソース
- ユーザーが選択可能なユニットやステージは、リモートから取得されます。
- ただし、本書の範囲内で作成するユニットやステージは、あらかじめすべて選択可能とします。
- 本書では、5種類のユニット、3種類のステージを設定します。
- ユニットの画像も、ユーザーが選択可能なユニットに応じて取得されます。

バトル画面の構成

バトル編成画面は、以下の要素で構成されます。

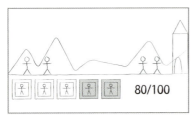

図 1-3-6 バトル画面のラフ

図 1-3-7 バトル画面の完成画面

BGM
- バトル画面用 BGM が再生されます。

UI
- 画面下部に、プレイヤーが編成したユニット枠5つが表示されます。
- ユニット枠には、コスト（MP）が併記されます。
- 画面右下には、利用可能なコストと最大コストが表示されます。
- 利用可能なコストは、一定間隔で貯まります。
- 現在のコストがユニット枠のコストを下回っている場合には、そのユニット枠がグレーアウトされます。
- ゲームの勝敗が決まると、結果を伝える画像が表示されます。

ユーザーインタラクション
- ユニット枠をタップすると、コストが十分な場合には、ユニットが画面上にスポーンします。
- バトル背景画面をスワイプすると、味方拠点と敵拠点の間の視点を自由に移動することができます。

データリソース

- 編成されたユニットのユニット画像が、リモートから取得されます。
- 編成されたユニットのステータスが、リモートから取得されます。
- ステージ番号に応じた敵拠点画像が、リモートから取得されます。
- ステージ番号に応じた敵AIなどのステージ情報が、リモートから取得されます。

バトル画面（結果表示時）の構成

バトル編成画面（結果表示）は、以下の要素で構成されます。

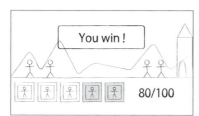

図1-3-8 バトル画面（結果表示時）のラフ

図1-3-9 バトル画面（結果表示時）の完成画面

BGM

- BGM再生は停止し、勝敗に応じたジングルが再生されます。

UI

- 結果に応じた画像が表示されます。
- 画面遷移は、フェード表現を伴います。

ユーザーインタラクション

- 画面のどこでもいいのでタップすると、ユニット編成画面に遷移します。

サンプルゲームのゲームシステム

サンプルゲームの画面構成と要素がわかったところで、ゲームシステムを整理しておきます。

ユニットのスポーン

ユーザーは所有するコストのなかで、ユニットを編成することができます。

- ユニットは、ユニットごとに設定されたコストを消費することで、スポーンさせることができます。
- スポーンする位置は、各ユニットの陣営の拠点の位置です。
- コストが不足している場合には、スポーンすることができません。
- 敵AIのユニットは、リモートから取得したステージ情報に基づいて自動的にスポー

ンされます。

ユニットの状態

ユニットは状態を持ち、それぞれの状態に応じた行動を自律的に行いますので、ユーザーがアクションを起こす必要はありません。また、パラメータの変動などによって、自律的に状態が変化します。

表 1-3-1 ユニットの状態概要

名称	概要	遷移条件
IDLE	非戦闘状態	・デフォルトの状態
	前進する	・ENGAGED状態から敵を倒す ・ENGAGED状態の敵がKNOCK_BACK状態になる ・KNOCK_BACK状態から所定フレーム経過後に体力が1以上の場合
ENGAGED	戦闘中	・IDLE状態で敵と接触する
KNOCK_BACK	ノックバック中	・ENGAGED状態から一定割合のダメージを受ける
DEAD	死亡	・KNOCK_BACK状態から所定フレーム経過後に体力が1未満の場合
WAIT	待機	・システムからのみ遷移

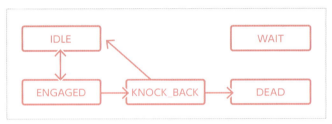

図 1-3-10 ユニットの状態と遷移

ユニットのパラメータ

ユニットは個別にパラメータを有し、それらはマスタデータとテンポラリデータの2種類に分類されます。

マスタデータは、リモートから取得される情報をもとにした固定値で、テンポラリデータはゲームの進行状況に応じて更新されます。

表 1-3-2 ユニットのパラメータ

名前	用途	種別
unitId	ユニットID	マスタデータ
cost	ユニットコスト	マスタデータ
maxHealth	最大体力	マスタデータ
power	攻撃力	マスタデータ
speed	移動速度	マスタデータ
knockBackFrames	ノックバックフレーム数	マスタデータ
knockBackSpeed	ノックバック移動速度	マスタデータ

id	スポーン毎に発行されるID	テンポラリデータ
isPlayer	プレイヤー側であるかどうか	テンポラリデータ
state	ユニットの状態	テンポラリデータ
currentHealth	現在の体力	テンポラリデータ
currentFrameDamage	現在のフレームで受けているダメージ累積（ノックバック判定に利用）	テンポラリデータ
currentKnockBackFrameCount	ノックバック経過フレーム数	テンポラリデータ
distance	拠点からの論理距離	テンポラリデータ
engagedEntity	接敵中のエンティティ	テンポラリデータ

拠点

拠点も攻撃対象であるという意味では、ユニットと大きな部分で違いはありません。ユニットが拠点に対して攻撃をしている場合でも、基本的には図 1-3-10 のような状態遷移を行います。

拠点側も、図 1-3-10 の状態遷移を行いますが、歩行はせず攻撃の手段を持っていないので、攻撃を受けるだけとなります。差分は、表 1-3-3 のとおりです。

表 1-3-3 ユニットと拠点の差分

ユニット	拠点
移動する	移動しない
体力を持つ	体力を持つ
攻撃する	攻撃しない
ノックバックする	ノックバックしない
ダメージを受ける	ダメージを受ける
状態遷移を行う	状態遷移を行う
任意でスポーン	あらかじめスポーン

ゲームの勝敗

プレイヤーか敵 AI の拠点の体力が 0 以下になり、破壊された時点でゲーム終了です。破壊された側の陣営が、敗北となります。そのほかの勝利条件はありません。勝敗を示す画面が表示された後、画面をタップすると編成画面に遷移し、編成をやり直すか異なるステージに挑むことができます。

サンプルリポジトリの master ブランチでは、あらかじめ「3 ステージ分」のデータをサンプルとして用意していますが、データを調整するだけで読者任意のステージを構成することもできます。

サンプルゲームのユーザー体験

これらのゲームシステムを通して目指す、プレイヤーが享受する体験は、以下のとおりです。

- 短いサイクルで繰り返し遊ぶことのできる快適さ
- ステージに応じて変化する敵ユニットの出現パターンを学習し、対策されたユニット編成を行う計画の楽しさ
- 編成したユニットを適切なタイミングでスポーンさせ、戦略どおりに勝利するというゲームコントロールの快感

▶ ACHIEVEMENT

　これから作るゲームの仕様やシステムを予習したことで、ある程度どのようなゲームを作るかのイメージが湧いたでしょうか？ githubで公開しているリポジトリには完成形もあるので、先にゲームで遊んでみると、さらに理解できると思います。
　次の2章から早速ゲームづくりに入りたいところですが、まずはそのゲームを作るための環境構築と、構築した環境の動作確認も兼ねて、簡単なゲームプログラムを作るところからはじめていきます。

- サンプルゲーム「AIユニット召喚バトル」
https://dolow.github.io/games/tower-diffense/

準備編

1

HTML5ゲームとは

準備編

CHAPTER 2

 開発環境の構築

1章では、本書が目指すHTML5ゲームを作るための概要と制作するサンプルゲームについて紹介しました。この章では、HTML5ゲームを開発していくための環境構築を行います。

開発環境としては、本書では「PIXI.js」「TypeScript」を使い、実行環境としてnode.jsとローカルにWebサーバも構築します。また、開発を効率よく進めるためのパッケージなども合わせてインストールします。これらの手順を順を追って解説していきます。

開発環境の準備ができたら、確認の意味も含めて簡単なサンプルゲームを作成し、ゲーム開発の大まかな流れを追って見ましょう。以降の章では、PIXI.jsを本格的に使っていきますが、その前段階として、PIXI.jsの主な機能やAPIについても本章で解説しておきます。

2-1 本書の開発環境の全体像

これからHTML5ゲーム開発を行っていきますが、最初に本書での開発環境の全体像を示しておきます。具体的なインストールや環境設定は、以降の節で解説します。

表 2-1-1 本書で使用する開発環境

分類	開発環境	概要
開発言語関連	TypeScript	JavaScriptに静的型付けなどの拡張を行ったオープンソースのプログラミング言語
	TypeDoc	TypeScriptのドキュメント生成ツール
	TSLint	TypeScriptのリントツール（構文チェッカー）
	tslint-config-airbnb	TSLintルールのテンプレート
描画ライブラリ	PIXI.js	2D描画ライブラリ
	@types/pixi.js	PIXI.jsのTypeScrpit向け型定義
JavaScript実行環境	node.jp	JavaScript実行環境
	npm	Node.jsパッケージマネージャ
バンドラ	webpack	JavaScriptファイルバンドラ
	webpack-cli	webpackのCLI実装
	ts-loader	webpackでTypeScriptをトランスパイルできるようにするためのプラグイン
Webサーバ	webpack-dev-server	ローカル環境での開発用のWebサーバ

図 2-1-1 に、開発の流れを示します。大まかに言うと、TypeScript でソースコードを記述して、ビルド・デプロイし、その成果物を確認して配信することと、ソースコードの Lint とドキュメンテーションが行えるようにします。

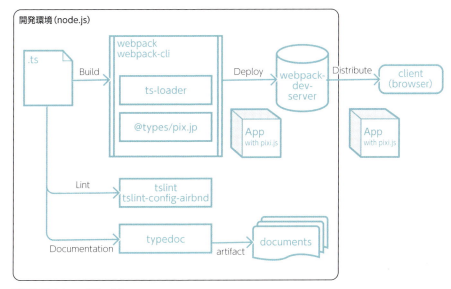

図 2-1-1 本書での開発の流れ

> **COLUMN　オールインワンか、柔軟性か**
>
> npm には、「ゲームエンジン」という大きなくくりでのモジュールで、メジャーなものはまだ存在しません。「ゲームエンジン」と呼ばれるものの多くは、独立したアプリケーションか、npm 以外の手段で提供されるケースが多く見られます。
>
> そういったゲームエンジンでは、npm が使えるかどうか、あるいは TypeScript で開発ができるかどうか、という部分までゲームエンジンの仕様、あるいは制約として定められる場合があります。
>
> npm モジュールを組み合わせて快適な開発環境を整えることは、フロントエンドや HTML5 に入門したばかりのエンジニアにとって難易度は低くないとは思いますが、その分、開発環境の柔軟性を担保できる手法でもあります。

2-2 PIXI.js と TypeScript の開発環境のインストールと構築

それでは、開発環境のインストールと環境設定を行っていきます。

JavaScriptでのアプリケーション開発環境は、馴染みのない読者もいるかもしれませんが、npmによって非常に柔軟な環境構築が可能です。本節では必要最低限のJavaScript実行環境と、アプリケーションを開発するために必要なモジュールを準備し、それらのセットアップ方法を詳解します。

node.js のインストールと実行

node.jsとは、JavaScript実行環境とライブラリのパッケージであり、これから開発するゲームでも「npm（node package manager）」というパッケージ管理ツールや、ゲームのビルドにも用いる環境になります。

node.js の環境構築

node.jsは、さまざまな実行環境向けのパッケージが配布されており、開発機として主要なWindowやmacOS向けにもパッケージが提供されています。

インストールの方法はさまざまで、node.jsのWebサイト上で配布されているインストーラを利用したり、CLI経由でのインストールを行うこともできます。詳細なインストール手順は、本書では割愛しますので、公式サイトが示す手順に従ってください。

本書執筆時点でのパッケージ配布は、以下のWebサイトとなります。

● node.js のダウンロードサイト

https://nodejs.org/en/download/

図 2-2-1 node.js は Windows、macOS、Linux 用が提供されている

CLIよりインストールする場合は、同じく公式の手順に従ってください。

●パッケージマネージャでのnode.jsのインストール
https://nodejs.org/en/download/package-manager/

インストール後は、macOSであれば「ターミナル」、Windowであれば「コマンドプロンプト」上で、nodeコマンドにパスが通っていれば、インストール成功です。

リスト2-2-1　インストールされているかどうかの確認
```
$ node -v
v8.11.3
```

node.jsは、JavaScriptランタイムとして、ChromeのV8エンジンをベースとしています。試しに、リスト2-2-2の1行を記述したスクリプトを「hello_world.js」として用意してみましょう。

リスト2-2-2　hello_world.js
```
console.log('hello world!');
```

nodeコマンドでこのスクリプトを実行すると、「hello world!」と出力され、JavaScriptコードが実行されていることが確認できます。

リスト2-2-3　nodeコマンドでのhello_world.jsの実行結果
```
$ node hello_world.js
hello world!
```

node.jsモジュールの利用

次に、node.jsの提供するモジュールを利用してみましょう。

node.jsでは、デフォルトで多様なモジュールが提供されており、JavaScriptからは「require」で読み込むことができます。リスト2-2-2のファイルの内容に続けて、リスト2-2-4の内容を追記してみましょう。

リスト2-2-4　hello_world.jsへの追記
```
const path = require('path');
console.log(path.basename(__filename));
```

再びhello_world.jsを実行すると、下記のように出力されるはずです。

リスト2-2-5　編集後のhello_world.jsの実行結果
```
$ node hello_world.js
hello world!
hello_world.js
```

「path」はファイルパスを扱うモジュールで、何かと煩雑なパス文字列に関する高級なAPIを提供するモジュールです。

node.js 自体がさまざまな実行環境に対応しているため、Windows と POSIX 系のパスのデリミタの違いは内部実装で解決されており、差分を意識する必要はありません。このように、node.js 単体だけでも非常に強力なモジュール群が提供されています。

また、ほかの node.js 環境でも、この JavaScript ファイルを実行させれば、同じ結果を得ることができます。JavaScript は、C/C++ などの言語とは違いコンパイルを要さない言語ですので、機能やモジュールの共有は JavaScript ファイルの頒布のみで実現できます。

> **COLUMN**
>
> ### CommonJS と ES6
>
> この節ではモジュールのインポートに「require」を用いましたが、本書では主に「import」を用います。
>
> これらは、CommonJS と ES6（ECMA Script Ver.6）のそれぞれ異なる仕様で定義されているモジュールのインポート方法で、JavaScript 実行環境ごとにサポートされている仕様が異なります。
>
> node.js では、CommonJS 形式の「require」がサポートされているため、特に何もインストールしなくても require を利用することができます。一方の「import」は ES6 で定義されており、まだ対応している実行環境は多くありません。
>
> 本書で開発するゲームでは、モジュール読み込みに「import」がサポートされた ES6 構文でコードを記述しますが、吐き出される JavaScript コードは、多くのブラウザでサポートされる古いバージョンに変換して動作させることを前提としています。

node.js パッケージのセットアップ

JavaScript の実行環境である node.js のインストールと構築ができました。続いて、「npm（node package manager）」での開発環境を構築しましょう。

npm とは、node.js に付随するパッケージマネージャで、node.js 用のモジュールを管理するためのツールであり、python での pip、Ruby での gem、Objective-C での cocoa pods のような存在です。

npm を利用しなくても JavaScript での開発は行なえますが、依存モジュールの管理を行うためには、次のパッケージ化をしておいた方が利点が多いでしょう。

npm パッケージの作成

node パッケージは、npm パッケージレジストリである「https://www.npmjs.com/」などにモジュールを登録・公開するためのフォーマットですが、パッケージとして一般に頒布しなくてもその利便性にあやかることができます。

まずは、npm パッケージを新規作成しましょう。任意のディレクトリに移動し、「npm init」と実行すると、対話式でパッケージ情報の入力が促されます。

リスト2-2-6　npm initの入力例

```
$ npm init
This utility will walk you through creating a package.json file.
It only covers the most common items, and tries to guess sensible defaults.

See `npm help json` for definitive documentation on these fields
and exactly what they do.

Use `npm install <pkg>` afterwards to install a package and
save it as a dependency in the package.json file.

Press ^C at any time to quit.
package name: (test_npm)
version: (1.0.0)
description: this is a test package!
entry point: (index.js)
test command:
git repository:
keywords:
author: Smith
license: (ISC) MIT
About to write to /Users/Smith/workspace/test_npm/package.json:

{
  "name": "test_npm",
  "version": "1.0.0",
  "description": "this is a test package!",
  "main": "index.js",
  "scripts": {
    "test": "echo ¥"Error: no test specified¥" && exit 1"
  },
  "author": "Smith",
  "license": "MIT"
}

Is this OK? (yes)
```

　ここでの入力は後からでも変えられるので、わからない項目があっても、エンターキーを押下し続けていれば、デフォルトの値で設定してくれます。

　ここで出力されているとおり、npm initの入力内容は「package.json」として静的なファイルに出力され、直接編集しても問題ありません。

「give-me-a-joke」モジュールのインストールと実行

　次に、npmで公開されているnode.jsモジュールをインストールし、利用してみましょう。先ほど作成したパッケージと同じディレクトリ（package.jsonと同じディレクトリ）で以下を実行します。

リスト2-2-7　node.jsモジュールのインストール

```
$ npm install --save give-me-a-joke
```

「--save」オプションを付けることで、現在のディレクトリのパッケージにインストールしたモジュールを依存モジュールとして保存することができます。

package.json を見てみると、dependencies ディレクティブに、いまインストールしたモジュールが追加されます。

リスト2-2-8　dependenciesの追加

```
"dependencies": {
  "give-me-a-joke": "^0.1.2"
}
```

先ほどの hello_world.js で、このモジュールを利用してみましょう。リスト 2-2-9 のスクリプトを追加し、実行すると、リスト 2-2-10 のような結果が得られます。

リスト2-2-9　give-me-a-jokeモジュールの利用（hello_workd.jsへの追記）

```
var giveMeAJoke = require('give-me-a-joke');
giveMeAJoke.getRandomDadJoke (function(joke) {
  console.log(joke);
});
```

リスト2-2-10　node.jsモジュール追加後のhello_world.jsの実行結果

```
$ node hello_world.js
hello world!
hello_world.js
body-parser deprecated bodyParser: use individual json/urlencoded middlewares
node_modules/give-me-a-joke/index.js:6:9
body-parser deprecated undefined extended: provide extended option node_modules/
body-parser/index.js:105:29
This is my step ladder. I never knew my real ladder.
```

本書執筆時点での「give-me-a-joke」モジュールでは警告が出ているようですが、これはジョークに対しての警告ではなく、deprecated となっている API を利用しているがために出力されているようです。モジュール本来の機能であるジョークの出力は、最下部に確認できます。

node.js のモジュールの依存関係

node コマンドは、npm パッケージ配下でインストールされた node.js パッケージを自動的にロードすることができるため、同じディレクトリに位置する hello_world.js でもインストールしたモジュールを利用できるようになっています。

試しに、hello_world.js をこのパッケージのディレクトリから出して実行すると、give-me-a-joke モジュールが見つからないとして、実行時エラーを出力するでしょう。node.jsモジュールの実体がどこにあるかというと、リスト 2-2-7 のコマンドでインストールされた場合は、npm パッケージのディレクトリに位置する「node_modules」ディレクトリ以下にインストールされます。

ここには直接インストールしたモジュールのほか、そのモジュールが依存するモジュール、さらにそのモジュールが依存するモジュール…と、すべての依存関係にあるモジュー

ルがインストールされ、格納されます。

　先ほどの give-me-a-joke モジュールは、ジョークをリモートの URL から取得するために、HTTP フレームワークである「express」を利用しています。現在の node_modules 以下のディレクトリの数を見るとわかるように、give-me-a-joke や express のために数多くの依存モジュールがインストールされたことがわかります。

「give-me-a-joke」モジュールのアンインストール

　モジュールをアンインストールするには、次のように実行します。

リスト2-2-11　node.jsモジュールのアンインストール

```
$ npm uninstall give-me-a-joke
```

　モジュールをアンインストールすると、package.json からも dependencies の要素が取り除かれ、node_module ディレクトリからもモジュールが削除されていることが確認できます。
　このように、npm はモジュール同士の依存関係を解決しつつ、パッケージへの追加や削除を簡便に実現してくれる機能を有しています。

本書で必要な node.js モジュールのインストール

　本書では、PIXI.js を用いたゲーム開発を行っていくための必要なモジュールを紹介していきましょう。ここでは説明せずに、後の節で追加するモジュールもあります。

TypeScrip と JavaScript の違い

　まず本書では、「JavaScript」そのものではなく「TypeScript」で開発を行うため、まずは TypeScript と関連するモジュールが必要です。TypeScript は、インタプリタ言語として直接実行されるものではなく、JavaScript に変換（トランスパイル）するための高級言語です。

　JavaScript と比較して静的型付けの要素が非常に強く、トランスパイルのタイミングで型に関するエラーを事前に検知することができます。
　JavaScript も柔軟で非常に強力な言語ですが、型安全でない言語で書かれたプロダクトコードは、開発規模が大きくなるに連れてバグを生み出しやすくなるでしょう。入出力の型が明示されているだけでも、ランタイムで実処理を行わなければならない型に関するバリデーション処理が省略できることになります。

　次のリストは、足し算をするだけの関数について、「JavaScript」と「TypeScript」で書き分けた例ですが、リスト 2-2-12 のコードの場合、sum 関数の引数はおそらく開発者の意図どおりではありませんが、JavaScript は実行時にのみ値を評価し、かつ string と number の「＋演算子」による結合を許容するため、sum 関数の返り値は「1foo」となります。

| リスト2-2-12 | 「JavaScript」での足し算関数の実装 |

```
function sum(v1, v2) {
    return v1+v2;
}

const n = 1;
const s = 'foo';

const result = sum(n, s); // "1foo"
console.log(result);
```

TypeScriptで同様の実装をリスト2-2-13のように行った場合、JavaScriptにトランスパイルしようとするタイミングでエラーが発生します。

これは、引数に「number」を受ける関数に対して、「string」を渡していることがトランスパイル時点で明確であるためです。このように、TypeScriptは実行時ではなく、トランスパイル時点で型に関する厳密さを担保する特性があります。

| リスト2-2-13 | 「TypeScript」での足し算関数の実装 |

```
function sum(v1: number, v2: number): number {
    return v1+v2;
}

const n = 1;
const s = 'foo';

const result = sum(n, s); // error !
console.log(result);
```

TypeScript関連モジュールのインストール

本書で利用するTypeScript関連モジュールは、以下のとおりです。これらをインストールして、1つずつ使ってみましょう。

- typescript
- tslint
- tslint-config-airbnb
- typedoc

| リスト2-2-14 | TypeScript関連モジュールのインストール |

```
$ npm i --save-dev typescript tslint tslint-config-airbnb typedoc
```

これらのモジュールは開発環境のみでの利用となるため、「--save-dev」オプションでインストールします。

「--save」オプションでも使えないことはないですが、プロダクトコードに開発環境でしか利用しないコードが混入すると、不必要にアプリケーションのファイルサイズを圧迫することになります。

TypeScript モジュールの実行と設定

本書のサンプルゲームを開発する本体である「TypeScript」の実行と、本書での開発環境の設定を行います。

TypeScript モジュールの実行

それでは早速、インストールした「TypeScript」を使ってみましょう。今後のためにも、TypeScript 用の設定ファイルを用意します。

まずは、リスト 2-2-15 の最低限の設定を「tsconfig.json」として package.json と同じディレクトリに保存します。

リスト2-2-15　tsconfig.json
```
{
    "compilerOptions": {
        "target": "es5"
    },
    "files": [
        "index.ts"
    ]
}
```

次に、先ほどの足し算のスクリプトを正しくトランスパイルできる形に直して、「index.ts」として保存します。

リスト2-2-16　index.ts
```
function sum(v1: number, v2: number): number {
    return v1+v2;
}

const n = 1;
const s = 2;

const result = sum(n, s);
console.log(result);
```

ここまでできたら、TypeScript のトランスパイルを実行しましょう。CLI から直接実行する場合は、「./node_modules/.bin/tsc」に配置されているコマンドから、トランスパイルすることができます。

リスト2-2-17　tscコマンドの実行
```
$ ./node_modules/.bin/tsc -p .
```

トランスパイル結果である「index.js」が生成されるので、これが元の TypeScript どおりの実行結果になることを確認します。

リスト2-2-18　トランスパイルされたJavaSciptの実行
```
$ node index.js
3
```

tsconfig.json の設定

実際に開発で利用する「tsconfig.json」は設定項目が多岐に渡りますが、ここでの解説は設定意図のみ紹介します。以下が、これから開発するゲーム向けの設定です。

リスト2-2-19　プロダクト向けtsconfig.json
```
{
    "compilerOptions": {
        "target": "es5",
        "module": "esnext",
        "lib": [
            "esnext",
            "dom"
        ],
        "baseUrl": "./src",
        "outDir": "./lib-ts",
        "declaration": true,
        "sourceMap": true,
        "allowJs": false,
        "forceConsistentCasingInFileNames": true,
        "allowSyntheticDefaultImports": false,
        "moduleResolution": "node",
        "strict": true,
        "alwaysStrict": true,
        "noImplicitReturns": true,
        "noFallthroughCasesInSwitch": false,
        "noUnusedLocals": true,
        "noUnusedParameters": true,
        "preserveConstEnums": false
    },
    "compileOnSave": true,
    "include": [
        "src/**/*"
    ],
    "exclude": [
        ".git",
        "node_modules",
        "lib"
    ]
}
```

表 2-2-1 tsconfig.json の設定意図

項目	設定意図
target	動作環境がブラウザであるため「es5」を指定（古いバージョンのブラウザでは、es6のAPIを利用すると動作しないため）。これは開発時のスクリプティングに用いるバージョンではなく、実行環境向けに吐き出されるJavaScriptが準拠するバージョンとなる
lib	DOMのAPIを利用するため明示
declaration	TypeScript型定義ファイルを生成。開発物の一部を外部に提供する場合、TypeScript型定義ファイルが存在すれば、受け入れ先の開発環境が同じように同じ型情報を扱うことができる
forceConsistentCasingInFileNames	Windowsなどの環境ではパス指定時の大文字・小文字の違いは区別されないが、これが問題になる環境もあるためtrueに設定

　これら以外の設定に関しては、コード規約的な要素もあり、読者において任意の設定をして問題ありません。

　個別の設定項目の詳細に関しては、TypeScript 公式ドキュメントを参照してください。以下の URL は、CLI オプションに関するマニュアルですが、tsconfig.json においても同じ名称と値で設定することができます。

● TypeScript のコンパイラオプション

https://www.typescriptlang.org/docs/handbook/compiler-options.html

---

COLUMN　TypeScript と node.js モジュール

　npm のエコシステムでは、多彩な TypeScript 向けのモジュールが提供されています。その 1 つとして、本書では取り扱いませんが「ts-node」というモジュールがあります。

　これは、その名のとおり node コマンドの TypeScript 版のようなものです。任意の TypeScript ファイルやワンライナーのスクリプトを実行したり、REPL（対話型実行環境）まで利用することができます。開発用の細かいスクリプト類も TypeScript で書きたい、などの場合は重宝するでしょう。

---

tslint モジュールの実行と設定

　TypeScript のインストール時にいっしょにインストールした「tslint」と「tslint-config-airbnb」は、いわゆる lint 系のモジュールです。

　lint とは、プログラミングをする上で遵守されていないコード規約や、トランスパイルエラーにはならないが論理的に不具合の原因となりそうなコードを抽出してくれるソフトウェア全般を指します。tslint も lint に定義される機能を有しているモジュールであり、tslint-config-airbnb はその tslint 設定のテンプレートとなります。

　それでは、実際に使ってみましょう。次の内容で「tslint.json」を作成し、package.

jsonと同じディレクトリに配置します。

リスト2-2-20　tslint.json
```
{
    "defaultSeverity": "error",
    "extends": [
        "tslint-config-airbnb"
    ]
}
```

tslint.jsonが作成できれば、tslintを実行する準備が整います。リスト2-2-21のコマンドを実行すると、検査対象となった「index.ts」は、tslintエラーを含んでいることがわかります。

リスト2-2-21　tslint実行結果（index.ts）
```
$ ./node_modules/.bin/tslint -p .

ERROR: /Users/Smith/workspace/test_npm/index.ts:2:12 - missing whitespace
ERROR: /Users/Smith/workspace/test_npm/index.ts:2:13 - missing whitespace
```

tslint-config-airbnbでは、+演算子の前後にスペースを入れることを設定しているために発生したエラーのようです。+演算子の前後にスペースを入れることで、このエラーが発生しなくなることが確認できます。

> **COLUMN**
>
> **tslintのESLintへの移行**
>
> 2019年1月、TypeScript開発チームより、tslintをESLintに移行するという声明がありました。本書執筆時点でも「@typescript-eslint/eslint-plugin」などのESLint用プラグインが提供されており、eslintでTypeScriptのlintを実行することができます。
>
> そのため、今からでもeslintの利用を推奨したいところですが、TypeScriptの一部構文で意図しないlintエラーが検知されるなどが確認されているため、本書ではtslintを使っています。

typedocモジュールの実行と設定

インストールした最後のモジュールである「typedoc」を使ってみましょう。typedocは名前のとおり、TypeScriptコードのドキュメント生成を行うことができるモジュールです。

typedocに関する設定は、先ほど作成した「tsconfig.json」に行うことができます。リスト2-2-22の内容をtsconfig.jsonに追記しましょう。

リスト2-2-22　typedoc設定の追記（tsconfig.json）
```
"typedocOptions": {
    "name": "test_npm",
    "mode": "file",
    "out": "./docs"
}
```

　その後、リスト 2-2-23 のように typedoc コマンドを実行することで、ドキュメントを生成することができます。

リスト2-2-23　typedocコマンドの実行
```
$ ./node_modules/.bin/typedoc -p .
```

　現時点では、グローバルスコープに関数や変数が定義されているだけなので、ドキュメントとしては簡素な内容となっていますが、実装内容に基づいたドキュメントが生成されていることが確認できると思います。

scripts の設定によるコンパイル設定

　これまで利用してきたコマンド類を、毎回 node_modules 以下のパスを指定して利用するのは少し手間です。package.json の scripts ディレクティブを利用して、コマンド実行のエイリアスをリスト 2-2-24 のように設定してみましょう。

リスト2-2-24　scriptsディレクティブの設定（package.json）
```
"scripts": {
    "tsc": "tsc -p .",
    "tslint": "tslint -p .",
    "typedoc": "typedoc -p ."
},
```

　scripts に記載するスクリプトの実行時には、パッケージにインストールされているモジュールの実行コマンドのディレクトリまでパスが通っているため、より直感的にモジュールのコマンドまでアクセスすることができます。
　scripts に設定したスクリプトは、「npm run <script name>」という形式で実行することで、先ほど設定したコマンドを動作させることができます。

リスト2-2-25　npm scriptsの実行
```
$ npm run tsc
$ npm run tslint
$ npm run typedoc
```

ブラウザで実行するためのファイルのバンドル

　node.js 実行環境では、トランスパイルされた JavaScript ファイル同士は、require などで読み込むことができますが、ブラウザ上で動作させるゲームではそうはいきません。

アプリケーションコードや node_module 配下の依存モジュールは、すべてアクセスできるように単一のファイルにまとめる（バンドルする）必要があります。この機能を有するのがバンドラとして区分されるモジュールで、代表的なものに「webpack」があります。

webpack は、非常に多彩な機能を持っており、webpack の設定だけで TypeScript の JavaScript トランスパイルから、ソースコードのバンドルまで実現することができます。そこで、webpack に関するモジュールをインストールしましょう。

これらも開発環境のみでの利用となるため、「--save-dev」オプションでインストールします。

リスト2-2-26 webpack関連モジュールのインストール

```
$ npm i --save-dev webpack webpack-cli webpack-dev-server  ts-loader
```

webpack を利用する場合、設定ファイルを作成したほうがよいでしょう。「webpack.config.js」として、以下の内容を package.json と同じディレクトリに作成します。

リスト2-2-27 webpack.config.js

```js
const path = require('path');

module.exports = (env, argv) => {
    return {
        mode: 'production',
        entry: {
            index: path.join(__dirname, 'index.ts'),
        },

        output: {
            path: path.join(__dirname, 'www'),
            filename: 'test_npm.js',
            library: 'test_npm',
            libraryTarget: 'umd'
        },

        module: {
            rules: [
                {
                    test: /¥.ts$/,
                    use: [{ loader: 'ts-loader' }]
                }
            ]
        }
    }
};
```

package.json の scripts ディレクティブに webpack を追加し、npm で実行すると、ディレクトリ以下に JavaScript にトランスパイルされ、圧縮されたソースコードが生成されていることが確認できます。

リスト2-2-28　scriptsディレクティブへのwebpackコマンドの追加（pckage.json）

```
"webpack": "webpack"
```

リスト2-2-29　webpackの実行

```
$ npm run webpack
```

> **TIPS**　webpack で圧縮された JavaScript が生成されましたが、なぜわざわざ可読性の低い形式で出力されているのでしょうか。
> これは難読化の意図もありますが、それはどちらかというと副産物で、主な目的はダウンロード流量の削減であり、このように圧縮することを「minify」と呼びます。
> minify は、不要なインデントや改行、変数や関数名を短縮することでコード量を削減するため、コード量が増えるにつれてその効果を発揮します。

バンドラと呼ばれる所以を体感するために、複数ファイルに分かれた TypeScript プログラムを作ってみましょう。

リスト2-2-30　deps.ts

```
export default function sum(v1: number, v2: number): void {
    console.log(v1 + v2);
}
```

リスト2-2-31　index.ts

```
import sum from './deps.ts';
sum(1, 2);
```

これら 2 つのファイルを用意して webpack を実行すると、出力先である www 以下には単一の「test_npm.js」ファイルのみが出力されているはずです。

このように、複数ファイルをまとめてそれぞれの依存関係を解決してくれるのが、webpack に代表されるバンドラになります。

開発用 Web サーバの構築

webpack で生成された JavaScript ファイルは、ブラウザ向けのバンドルであるため、node.js で実行しようとしても window オブジェクトがないという理由でエラーになります。そこで、ブラウザでの開発環境を準備しましょう。

HTML ファイルを記述して直接ブラウザで開いてもよいのですが、それだと実際にゲームを配信するサーバ環境とは大きく条件が異なります。

ここでは、「webpack-dev-server」というモジュールをインストールして、簡易にローカルサーバを構築します。

リスト2-2-32　webpack-dev-serverのインストール

```
$ npm i --save-dev webpack-dev-server
```

webpack-dev-server の設定は、webpack.config.js に包括することができます。ここでは、ドキュメントルートと利用するポート番号を明示します。

リスト2-2-33　webpack-dev-server設定（webpack.config.js）
```
devServer: {
    contentBase: 'www',
    port: 8080
}
```

次に、ブラウザページである HTML を用意します。

リスト2-2-34　www/index.html
```html
<!DOCTYPE html>
<html>
<head>
    <meta charset="utf-8">
    <script type='text/javascript' src='/test_npm.js'></script>
<head/>
<body></body>
</html>
```

ここまで用意できたら、「webpack-dev-server」コマンドを package.json に登録して実行してみましょう。ローカル環境で Web サーバが起動します。

リスト2-2-35　scriptsディレクティブへのwebpack-dev-serverコマンドの追加（package.json）
```
"server": "webpack-dev-server"
```

リスト2-2-36　webpack-dev-serverの実行
```
$ npm run server
```

今回作成したスクリプトは、ログ出力のみを行うものなので、Chrome の「devtools」の Console タブから出力内容が確認できます。Mac であれば「command+option+I」、Windows であれば「Control+Shift+I」で起動できます。

コンソールに「3」と表示されていれば成功です。

webpack-dev-server は、ただローカルサーバを立ち上げるだけのモジュールではありません。アプリケーションに差分が生じた場合は自動的に再度トランスパイルとバンドルを行い、ブラウザをリロードします。これにより、エディタなどで行った修正などの即時反映と動作確認を行うことができます。

実際に動きを見るために、index.ts で呼び出している sum 関数の引数を任意の値に変更してみましょう。ファイルを保存すると、webpack-dev-server を起動している CLI ウィンドウでコンパイル中であることを知らせるログが流れ、完了するとブラウザのページがリロードされます。

devtool に出力されている値も、新しい引数の演算結果であることが確認できます。なお、コンパイルに失敗した場合などは、エラーログが devtool のコンソールに出力されます。

PIXI.jsのインストール

最後に、PIXI.jsをインストールしておきましょう。また、TypeScriptで用いる型定義ファイルもいっしょにインストールします。今回は、ランタイムでも用いるモジュールであるため、「--save」オプションを利用します。

リスト2-2-37　PIXI.js関連モジュールのインストール
```
$ npm i --save pixi.js
$ npm i --save-dev @types/pixi.js
```

本書でサポートしているPIXI.jsのバージョンは、バージョン「4系」と「5系」になります。もし、それ以上のバージョンがインストールされてしまう場合は、「pixi.js@4.8.3」のようにバージョン番号を付けてインストールするバージョンを指定してください。

さて、PIXI.jsを用いて、おなじみの「Hello World」をやってみましょう。index.tsの内容をリスト2-2-38のように書き換えます。

リスト2-2-38　Hello World！（PIXI.js版）
```
import * as PIXI from 'pixi.js';

window.onload = () => {
    const app = new PIXI.Application({ width: 400, height: 200 });
    document.body.append(app.view);

    const text = new PIXI.Text('Hello World !');
    text.style.fill = '#ffffff';
    app.stage.addChild(text);
};
```

図2-2-2のように表示されれば、完成です。

図2-2-2　PIXI.js版の「Hello World！」の実行結果

▶ ACHIEVEMENT

お疲れ様でした。本節で、最低限必要な開発環境が構築できました。
次の節では、本書の主題である「PIXI.js」を利用し、本格的なゲーム開発の前に簡単なゲームを開発してウォーミングアップします。
興味のある読者は、「tsconfig.json」や「webpack.config.js」の設定を深掘りして、より自身の開発スタイルへの最適化を試みてもよいでしょう。

2-3 PIXI.js でのゲーム制作の基本

前節で PIXI.js と TypeScript による、ゲーム開発を行うための環境が整いました。この節では、簡単なゲームを作りながら、大まかな開発の流れを確認していきます。また、PIXI.js の各機能や API についての概要を紹介しますが、後の章で詳しく解説を行います。

エントリーポイントの変更

これまでは、index.ts や deps.ts などをプロジェクトディレクトリ直下に配置しましたが、ソースコードはソースコードとして収めておくためのディレクトリを「src」として切り、既存の index.ts と deps.ts を移動させておきましょう。設定ファイル類も、それに合わせて更新します。

「tsconfig.json」は、files ディレクティブではなく include ディレクティブを利用します。リスト 2-3-1、リスト 2-3-2 は、変更差分です。webpack の設定を書き換えたので、「webpack-dev-server」を起動し直すのを忘れないようにしてください。webpack-dev-server は、「Ctrl+C」で停止することができます。

リスト2-3-1 webpack.config.jsの変更差分
```
// 変更前
index: path.join(__dirname, 'index.ts'),
↓
// 変更後
index: path.join(__dirname, 'src', 'index.ts'),
```

リスト2-3-2 tsconfig.jsonの変更差分
```
// 変更前
"files": [
    "index.ts"
],
↓
// 変更後
"include": [
    "src/**/*"
],
```

また、コード上の import 構文でのローカルファイル参照は拡張子を省くことが通例であるため、webpack の設定もそのように書き換えます。リスト 2-3-3 の設定を追加してください。

リスト2-3-3 モジュールパス解決設定の追加（webpack.config.js）
```
resolve: {
    extensions: ['.ts', '.js'],
    modules: [
        "node_modules"
```

```
    ]
},
```

今回の開発ではTypeScriptのみを用いますが、extensionsに「.js」を追加しているのは、デフォルトで設定されていた拡張子であるためです。

ほとんどのnpmパッケージは、成果物を.jsファイルとして配信しているため、この設定を上書きして「.ts」拡張子のみを解決するようにしてしまうと、node_modules以下のモジュールの参照が失敗するようになってしまいます。

modulesの「node_modules」も、本来はデフォルト値です。modulesの設定は、C/C++コンパイルオプションのINCLUDE_PATHに近く、import構文でnode_modulesディレクトリ以下を参照したい場合に、逐一「./node_modules」と書かなくても済むようにするためのものです。

> **TIPS** これからは、プログラムを複数のファイルに分けたりnode.jsモジュールを参照する機会が増えます。
> webpack.config.jsのresolve.modulesにsrcディレクトリを追加することで、頭の「./」を必要とすることなく外部ファイルを読み込むことができるようになります。
> ただしこの設定は、プロジェクトがローカル環境に存在するほかの開発中のnode.jsモジュールに依存している場合などで、予期せぬ参照がなされる場合があるので注意してください。

もう1つ、tsconfig.jsonの「compilerOptions」ディレクティブに設定を追加しておきます。

リスト2-3-4　モジュールパス解決ルールの追加（tsconfig.json）
```
"moduleResolution": "node",
```

「moduleResolution」は、モジュールのインポートを指示されたときに、どのように探索するかの基本ロジックを指定するルールです。

リスト2-3-3で追加した「resolve」と似たような設定ですが、resolveがプロジェクト固有のファイルや拡張子を指定するのに対し、moduleResolutionではどのディレクトリをどの順番で探索するかのロジックの名称を指定します。

この値は、targetの値が「es5」か「es6」かでデフォルト値が変わってしまい、「es6」の場合はデフォルト値だと、node_modules以下の読み込みがそのままでは成功しない設定に変わるため、明示的に固定値を入れておきます。

> **TIPS** moduleResolutionのロジックの違いについては、本書では割愛しますが、興味のある読者は公式のドキュメントを参照してみてください。
> ● TypeScriptのModule Resolution
>   https://www.typescriptlang.org/docs/handbook/module-resolution.html

スロットゲームの制作の概要と準備

以降では、今後の本格的なゲーム開発の手習いに、カジノのスロットを題材としたゲー

ムを制作してみます。

とは言っても完全にゼロから開発するのではなく、PIXI.jsの提供するサンプル集で既に提供されているスロットのソースコードを参考にします。

PIXI.jsのサンプルは、サンプルとしての役割を最大限こなせるように一覧性と可用性を重視した実装がされているため、プロダクトコードとしての実装からは遠い内容です。このサンプルをクラスなどを用いて、構造的に実装し直します。

なお、以降のソースコードはgithubで公開しています。ダウンロード先などは、本章の最終ページを確認してください。

●PIXI.jsのサンプル「Slots」

https://pixijs.io/examples/#/demos-advanced/slots.js

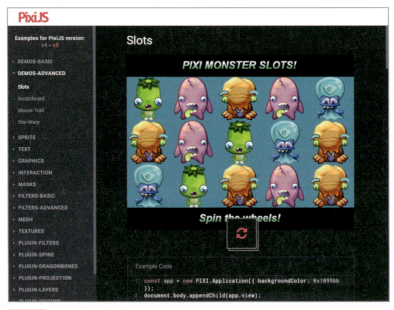

図 2-3-1 PIXI.js のサンプル「Slots」のWeb画面

「npm run server」でwebpack-dev-serverを起動しておき、まずはPIXI.jsのサンプルコードをindex.tsにコピーしてきて、画像素材とURLをライセンス的に安全なものに差し替えましょう。

現時点でトランスパイルされたスクリプトは、HTMLのhead内で読み込んでいるので、ソースコード全体をwindow.onloadのコールバックとして実装するようにします。

また、本書では「いらすとや」様より画像素材をお借りしています。以下のWebサイトで、利用許諾などをご確認の上、ダウンロードしてください。もちろん、ご自身で画像素材などを用意してもらっても構いません。

●かわいいフリー素材集 いらすとや

https://www.irasutoya.com/

リスト 2-3-5 は、画像差し替え部分を含めた「webpack」構成での実装例です。
　JavaScript コードをそのままコピーし、ほとんど改修せずに動作することから、TypeScript は JavaScript と高い互換性を有することが確認できます。

リスト2-3-5　PIXI.jsのサンプルのコピー後の変更箇所（index.ts）

```typescript
import * as PIXI from 'pixi.js';
window.onload = () => {
    const app = new PIXI.Application({ backgroundColor: 0x1099bb });
    document.body.appendChild(app.view);

    app.loader
        .add('/assets/animalface_kangaroo.png')
        .add('/assets/animalface_kirin.png')
        .add('/assets/animalface_tanuki.png')
        .add('/assets/animalface_usagi.png')
        .load(onAssetsLoaded);

    (中略)

    const slotTextures = [
        PIXI.Texture.from('/assets/animalface_kangaroo.png'),
        PIXI.Texture.from('/assets/animalface_kirin.png'),
        PIXI.Texture.from('/assets/animalface_tanuki.png'),
        PIXI.Texture.from('/assets/animalface_usagi.png'),
    ];

    (中略)

};
```

図 2-3-2 リスト 2-3-5 でのスロットサンプルの動作

　このソースコードに整理をかけながら、TypeScript 開発の基本要素と、PIXI.js の基本的な API の利用方法を学んでいきましょう。

なお、これより TypeScript コードの表記が頻繁に誌面に出現することになりますが、コード規約などは tslint のルールの 1 つである tslint-config-airbnb を採用し、視認上の問題がない限りは可能な限り準拠しての表記となります（前節のリスト 2-2-14 で、tslint-config-airbnb はインストール済み）。

クラスと I/F の設計

さて、PIXI.js のスロットのサンプルコードを読んでみると、OOP（オブジェクト指向プログラミング：Object Oriented Programming）的に、必要な登場人物がいくつか見えてきたので、これらをシステム上で扱うための命名をします。

表 2-3-1 サンプル上の OOP 的役務とシステム上の名称

役務	システム上の名称（クラス名）
スロットの各リール（Reel）	Reel
アニメーションシステム（Tween）	Tween
UI要素を統括・制御する存在	UI
UI以外のゲーム全体を制御する存在	SlotGame

そして、各クラスとその I/F を設計しておきましょう。

TypeScript には、「interface」や「abstract」という構文があり、ほかの言語の同名の構文とほぼ同じ機能を有しますが、本節のスロットゲームの規模ではあまり効果を発揮しないため、通常のクラスを最低限の空実装で用意します。

最初に、Reel クラスを「Reel.ts」として書いたものをリスト 2-3-6 として提示します。ここで使われる基本的な TypeScript、および ES6 の構文を押さえておきましょう。

リスト2-3-6 src/Reel.ts

```typescript
import * as PIXI from 'pixi.js';

export default class Reel extends PIXI.Container {
    constructor(index: number) {
        super();
    }

    public update(): void {
    }

    private updateSymbol(symbol: PIXI.Sprite): void {
    }
}
```

import / export 構文

「import」と「export」は、任意のモジュールを外部と受け渡しするための「ES6」でサポートされている構文です。

リスト2-3-7　import構文

```
import * as PIXI from 'pixi.js';
```

　import ／ export 構文は、前節でも登場しましたが深く触れませんでした。import 文は、外部モジュールを読み込むための構文で、ここでは「npm install」でインストールされた pixi.js のすべての API を読み込んでいます。

　以下は、モジュールのエクスポートとインポートの構文のまとめです。

表 2-3-2　インポート／エクスポート記法のまとめ

種別	インポート／エクスポート	記述例
default export	エクスポート	`export default class Mod {};`
		`class Mod {};` `export default Mod;`
	インポート	`import Mod from ./'mod';`
	別名でインポート	`import MyMod from ./'mod';`
named export	エクスポート	`export class ModA {};` `export class ModB {};`

		`class ModA {};`
		`class ModB {};`
		`export { ModA, ModB };`

	APIを指定したインポート	`import { ModB } from ./'mod';`
	任意オブジェクトにインポート	`import * as Mod from ./'mod';`
	別名でインポート	`import { ModB as MyMod } from ./'mod';`

(mix)	エクスポート	`class ModA {};`
		`class ModB {};`
		`export default ModA;`
		`export { ModB };`

	混合でインポート	`import Mod, { ModB } from ./'mod';`

　単一の API や役務のみを提供する場合は、「default export」が好ましいでしょう。

　反面、default export されたモジュールのインポートは、インポート先の命名には言語仕様的な制約が課されません。たとえば、Mod としてエクスポートされているモジュールのインポートを「Mod」としても「MyMod」としても、構文的にはインポート側任意の命名として扱われるためです。

　import 時点で typo などした場合でもトランスパイルエラーにはならないため、typoが脈々と受け継がれてしまう可能性もあり、潜在的な不具合リスクにもなります。無名関数が default export できるところを見ると、理解しやすいでしょう（リスト 2-3-8、リスト 2-3-9）。

　なお、本書では特筆すべきことがない限りはリスト表記での「import 構文」を省略します。

リスト2-3-8　モジュールのインポート先での命名

```
// エクスポート（mod.ts）
export default () => console.log('hello world');
```

```
// インポート(main.ts)
import aaaa from './mod';
aaaa();
```

リスト2-3-9 main.jtsの実行結果

```
$ ts-node main.ts
'hello world'
```

> **TIPS** 本文では、default export の保守性の観点でのデメリットを紹介しましたが、これは tslint の「match-default-export-name」ルールで機械的に抑止することができますので、tslint が正しく運用されているプロジェクトでは、大きな問題にはならないでしょう。

class 構文

class 構文は、ES6 よりサポートされている構文です。

リスト2-3-10 class構文

```
export default class Reel extends PIXI.Container {
```

ここではクラスの export も行っていますが、上記で説明しているので割愛します。

class や extends は、JavaScript 以外の言語に習熟されている方でも見慣れた構文でしょう。TypeScript コードを書いたりする分には、既知のクラスの概念と同じ感覚で扱って問題ありません。

1つ、覚えておきたいのがトランスパイルの概念です。JavaScript（ECMA Script）では、class は ES6 より登場した比較的新しい仕様です。そのため、古いバージョンのブラウザなどの一部の実行環境では、class などの ES6 仕様を有する JavaScript プログラムを実行するとエラーとなります。

前節で用意した tsconfig.json では target を「es5」としているため、トランスパイル後は class 構文の存在しない ES5 環境でも動作するようになります。

tsconfig.json の target を es5 と es6 に切り替えながら、それぞれの設定「npm run tsc」を実行し、生成された js ファイルを比較して見るとわかりやすいでしょう。リスト2-3-11 は、target を「es6」にした場合の結果ですが、リスト 2-3-6 の実装が、ほぼそのまま吐き出されていることが確認できます。

リスト2-3-11 es6ターゲットでのReel.jsファイル

```
import * as PIXI from 'pixi.js';
export default class Reel extends PIXI.Container {
    constructor(index) {
        super();
    }
    update() {
    }
    updateSymbol(symbol) {
    }
}
```

target が「es5」(前節での設定)の場合の結果は大きく異なり、ES5 当時の言語仕様で class や extends の構文と同じ挙動になるようなソースコードが吐き出されています(リスト 2-3-12)。

リスト2-3-12　es5ターゲットでのReel.jsファイル

```javascript
"use strict";
var __extends = (this && this.__extends) || (function () {
    var extendStatics = function (d, b) {
        extendStatics = Object.setPrototypeOf ||
            ({ __proto__: [] } instanceof Array && function (d, b) { d.__proto__ = b; }) ||
            function (d, b) { for (var p in b) if (b.hasOwnProperty(p)) d[p] = b[p]; };
        return extendStatics(d, b);
    };
    return function (d, b) {
        extendStatics(d, b);
        function __() { this.constructor = d; }
        d.prototype = b === null ? Object.create(b) : (__.prototype = b.prototype, new __());
    };
})();
Object.defineProperty(exports, "__esModule", { value: true });
var PIXI = require("pixi.js");
var Reel = /** @class */ (function (_super) {
    __extends(Reel, _super);
    function Reel(index) {
        return _super.call(this) || this;
    }
    Reel.prototype.update = function () {
    };
    Reel.prototype.updateSymbol = function (symbol) {
    };
    return Reel;
}(PIXI.Container));
exports.default = Reel;
```

いずれも挙動としてはトランスパイル以前の実装意図と変わりませんが、ES5 向けトランスパイルのほうが JavaScript ランタイムで class 構文を擬似的に再構築している分、オーバーヘッドが発生しています。

とは言え、ES6 動作環境が浸透する中で、ES5 の構文での開発や最適化について習熟したり実践することは、その価値が発揮される期間やチーム開発時の ES5 ノウハウの平準化のコストを考えると茨の道でしょう。よほど特別な理由がない限りは、「ES6」での開発を推奨します。

constructor 構文

クラス定義内で宣言されている constructor も、C# などに見られるコンストラクタ処

理と同義です。

リスト2-3-13　constructor構文
```
constructor(index: number) {
    super();
}
```

　super は実行する必要があり、継承元のコンストラクタを行います。適宜引数を渡すこともできますが、Reelの親クラスである「PIXI.Sprite」は、number のみを引数に取るコンストラクタのシグニチャを持たないため、引数なしで呼び出しています。
　なお、super 実行以前の this へのアクセスは、this たらしめる親クラスの prototype が参照されていないため禁止されており、トランスパルエラーとなります。

メソッドの定義

　メソッド定義も C# や Java などと比較して、そこまで大きく異なる構文ではありません。

リスト2-3-14　メソッドの定義
```
private updateSymbol(symbol: PIXI.Sprite): void {
}
```

　TypeScriptでは、ES6の構文に加え、型を明示します。これがTypeScriptたる所以です。アクセススコープも TypeScript の構文ですが、省略した場合は「public」となります。メソッドの引数や返り値は、コロンに続けて宣言します。
　TypeScript の場合、最終出力結果が JavaScript であることもあり、曖昧な型である any や複数種類の型を指定することもできます。複数の型を指定した場合、その変数のメソッドを実行する際は型がいずれかであることが明確になっていなければ、トランスパイル時にエラーとなります。複数の型指定は、パイプで接続します。

リスト2-3-15　複数の型指定と型の明確化の例
```
public multipleTypes(value: string | number): void {
    if (typeof value === 'string') {
        value.replace('foo', 'bar');
    }
}
```

　型の明確化は、「as」を用いて単一の型にキャストすることでも解決されますが、こちらはキャストした型であることの確実性の担保が実装者に委ねられます。

リスト2-3-16　型キャストの例
```
public multipleTypes(value: string | number): void {
    (value as string).replace('foo', 'bar');
}
```

　メソッドの引数には、このほかにもオプションやデフォルト値などが利用できます。

リスト2-3-17　引数のオプションとデフォルト値
```
public argsVariants(defaultArg: number = 0, optionArg?: number): void {
    console.log(defaultArg + (optionArg || 0));
}
```

リスト2-3-18　リスト2-3-17で生まれるメソッドシグニチャ
```
argsVariants(): void;

argsVariants(defaultArg: number): void;

argsVariants(defaultArg: number, optionArg: number): void;
```

　　　型情報はメソッド引数だけではなく、通常の変数でも宣言することができますが、本書では変数アサイン時の右辺から自明である限りは、型を宣言しません。

リスト2-3-19　変数での型宣言
```
const value: string = 'foo';
```

残りのクラスの I/F

　残りのクラスもほとんど同じ構文で構成されているため、ここでは I/F を列挙するに留めておきます。
　まだどこからも参照されていないクラスであるため、更新しても webpack-dev-sever によるリロードは動作しません。

リスト2-3-20　src/Tween.ts
```
export default class Tween {
    constructor(
        object: any,
        property: string,
        target: number,
        time: number,
        easing: (t: number) => number,
        change: (tween: Tween) => void | null,
        complete: (tween: Tween) => void | null
    ) {
    }

    public static update(): void {
    }

    public static backout(amount: number): (t: number) => number {
        return (t: number) => 0;
    }

    public static lerp(a1: number, a2: number, t: number): number {
        return 0;
    }
}
```

リスト2-3-21　src/UI.ts

```typescript
export default class UI extends PIXI.Container {
    constructor() {
        super();
    }

    public startPlay(): void {
    }

    public update(): void {
    }
}
```

リスト2-3-22　src/SlotGame.ts

```typescript
export default class SlotGame {
    constructor() {
    }

    public start(): void {
    }
}
```

ゲームの起動処理

　SlotGame にゲームの起動処理を持ってきます。具体的に行わなければならないことは、以下のとおりです。

- PIXI.Application のインスタンス化
- canvas の DOM への追加
- リソースのロード
- リソースロード完了後の UI 構築
- 初期化完了の通知

　起動処理は、SlotGame のコンストラクタで行うようにします。

リスト2-3-23　ゲームの起動処理 (src/SlotGame.ts)

```typescript
import * as PIXI from 'pixi.js';
import UI from './UI';

export default class SlotGame {
    public static readonly width: number = 800;
    public static readonly height: number = 640;
    public static readonly resources: string[] = [
        '/assets/animalface_kangaroo.png',
        '/assets/animalface_kirin.png',
        '/assets/animalface_tanuki.png',
        '/assets/animalface_usagi.png'
```

```ts
    ];

    private app!: PIXI.Application;
    private ui!: UI;
    private onReady: () => void = () => {};

    constructor() {
        if (!document.body) {
            throw new Error('window is not ready');
        }
        this.app = new PIXI.Application({
            width: SlotGame.width,
            height: SlotGame.height,
            backgroundColor: 0x1099bb,
        });
        document.body.appendChild(this.app.view);

        for (let i = 0; i < SlotGame.resources.length; i++) {
            const resource = SlotGame.resources[i];
            this.app.loader.add(resource);
        }

        this.app.loader.load(() => {
            this.ui = new UI();
            this.onReady();
        });
    }

    (中略)
}
```

ES6 クラスプロパティ

クラスは、プロパティを持つことができます。

リスト2-3-24　SlotGameクラスのプロパティ (src/SlotGame.ts)

```ts
public static readonly width: number = 800;
public static readonly height: number = 640;
public static readonly resources: string[] = [
    '/assets/animalface_kangaroo.png',
    '/assets/animalface_kirin.png',
    '/assets/animalface_tanuki.png',
    '/assets/animalface_usagi.png'
];

private app!: PIXI.Application;
private ui!: UI;
private onReady: () => void = () => {};
```

プロパティもアクセススコープを持つことができたり、デフォルト値を割り当てることができます。

「static」は初出ですが、文字どおり静的なプロパティであることを意味します。「readonly」は TypeScript 構文ですが、こちらも文字どおり、読み取り専用であることを表しています。

一部のプロパティ名に付いているエクスクラメーションマークは、型宣言に対してデフォルト値がないという矛盾に対し、コンストラクタでのアサインを確実に行うことを約束する意味の「definite assignment」と呼ばれる TypeScript 構文です。なお、onReady で用いられている型は、関数を示すものです。

DOM 読み込みの判断

document.body がロード完了していない状態で、初期化された場合にはエラーを返すようにします。

リスト2-3-25　例外処理（src/SlotGame.ts）
```
if (!document.body) {
    throw new Error('window is not ready');
}
```

後続の処理で document.body に対して DOM 要素を追加していますが、その際に document.body のロードが未完了だとエラーとなってしまうためです。

SlotGame のインスタンス化のタイミング自体が自身で制御できないため、ここではエラーを発生させるのみに留めています。

PIXI.Application のインスタンス化

PIXI.js は、WebGL キャンバスとメインループ、最上位の pixi 描画物コンテナを有するクラスを PIXI.Application としています。引数では、WebGL 解像度と背景色を指定して初期化しています。

リスト2-3-26　PIXI.Applicationのインスタンス化（src/SlotGame.ts）
```
this.app = new PIXI.Application({
    width: SlotGame.width,
    height: SlotGame.height,
    backgroundColor: 0x1099bb,
});
```

この時点では初期化しているだけで、WebGL キャンバスの DOM への追加は、次の行で行われます。

リスト2-3-27　PIXI.ApplicationのHTMLCanvasElementの追加（src/SlotGame.ts）
```
document.body.appendChild(this.app.view);
```

PIXI.Application インスタンスは、view と stage プロパティを持ち、stage プロパティ

に追加された描画物は、すべてHTMLCanvasElementである「view」に書き出されます。

PIXI.jsでのリソースのダウンロード

PIXI.jsは、リモートにあるリソースを取得するためのAPIを提供しています。

リスト2-3-28　PIXI.jsのAPIを利用したリソースのダウンロード（src/SlotGame.ts）

```
for (let i = 0; i < SlotGame.resources.length; i++) {
    const resource = SlotGame.resources[i];
    this.app.loader.add(resource);
}

this.app.loader.load(() => {
    this.ui = new UI();
    this.onReady();
});
```

PIXI.Applicationのインスタンスが提供するloaderのaddメソッドに取得したいリソースのURLを渡し、loadメソッドでロード処理を開始します。リソースのURLは、SlotGameクラスの静的プロパティとして管理しています。

loadメソッドの引数は、リソースダウンロード完了時のコールバック処理です。ここでUIの初期化と、ゲームの初期化完了コールバックの実行を行っています。

ES6では、関数定義に従来のfunctionを利用する構文以外にも、「arrow functions」という構文が利用でき、もちろん無名関数も定義することができます。

arrow functionsは、関数定義の記法を簡略化する以外にも、関数内のthisコンテクストを維持するという効果を持ちます。「function」を利用した場合、thisはそのfunction自身を指します。

JavaScriptのfunctionは、newでインスタンス化することができるため、インスタンスが所有するプロパティを定義するために「this」が用いられます。

リスト2-3-29　functionのthis

```
function oldStyleFunction() {
    this.value = 'foo';
}
const fx = new oldStyleFunction();
console.log(fx.value); // foo
```

一方、arrow functionsの「this」は、arrow functionsが定義されたスコープのthisを維持するため、リスト2-3-28に記述したようなコールバック処理を行いたい場合には簡便です。

リスト2-3-30　arrow functionsのthis

```
const oldStyleFunction = () => {
    this.value = 'foo';
}
```

```
oldStyleFunction();
console.log(this.value); // foo
```

UI の初期化処理

リソースロードのコールバックで処理している UI のコンストラクタを実装します。この節での UI は、「静的 UI」と「アニメーション」「ボタンイベント」を包括します。

リスト2-3-31　UIクラスコンストラクタ（src/UI.ts）

```
import * as PIXI from 'pixi.js';
import SlotGame from './SlotGame';
import Reel from './Reel';

export default class UI extends PIXI.Container {
    public static readonly defaultTextStyle: PIXI.TextStyle = new PIXI.TextStyle({
        fontFamily: 'Arial',
        fontSize: 36,
        fontStyle: 'italic',
        fontWeight: 'bold',
        fill: ['#ffffff', '#00ff99'], // gradient
        stroke: '#4a1850',
        strokeThickness: 5,
        dropShadow: true,
        dropShadowColor: '#000000',
        dropShadowBlur: 4,
        dropShadowAngle: Math.PI / 6,
        dropShadowDistance: 6,
        wordWrap: true,
        wordWrapWidth: 440,
    });

    private reelContainer!: PIXI.Container;

    constructor() {
        super();

        const margin = (SlotGame.height - Reel.SYMBOL_SIZE * 3) / 2;

        this.reelContainer = new PIXI.Container();
        this.reelContainer.y = margin;
        this.reelContainer.x = Math.round(SlotGame.width - Reel.WIDTH * 5);

        for (let i = 0; i < 5; i++) {
            this.reelContainer.addChild(new Reel(i));
        }

        const coverTop = new PIXI.Graphics();
        coverTop.beginFill(0, 1);
```

```
            coverTop.drawRect(0, 0, SlotGame.width, margin);

        const coverBottom = new PIXI.Graphics();
        coverBottom.beginFill(0, 1);
        coverBottom.drawRect(0, Reel.SYMBOL_SIZE * 3 + margin, SlotGame.width,
 margin);

        const textTop = new PIXI.Text('PIXI MONSTER SLOTS!', UI.defaultTextStyle);
        textTop.x = Math.round((coverTop.width - textTop.width) / 2);
        textTop.y = Math.round((margin - textTop.height) / 2);

        const textBottom = new PIXI.Text('Spin the wheels!', UI.defaultTextStyle);
        textBottom.x = Math.round((coverBottom.width - textBottom.width) / 2);
        textBottom.y = SlotGame.height - margin + Math.round((margin - textBottom.
height) / 2);

        coverTop.addChild(textTop);
        coverBottom.addChild(textBottom);

        this.addChild(this.reelContainer);
        this.addChild(coverTop);
        this.addChild(coverBottom);

        coverBottom.interactive = true;
        coverBottom.buttonMode = true;
        coverBottom.addListener('pointerdown', () => this.startPlay());
    }

    (中略)
}
```

Reelのサイズに関する情報も欲しくなったので、ここで追加しておきます。

リスト2-3-32 Reelのサイズ関連情報の追加（src/Reel.ts）

```
export default class Reel extends PIXI.Container {
    public static readonly WIDTH: number = 160;
    public static readonly SYMBOL_SIZE: number = 150;

    (中略)
}
```

PIXI.js のテキスト

　PIXI.js のテキストは多様なスタイルを表現することができ、そのほぼすべては「PIXI.TextStyle」クラスで指定することができます。
　特にゲームシステムに影響する部分ではないため、読者の好みのスタイルを適用してもよいでしょう。

図 2-3-3 PIXI.TextStyle のサンプル①

リスト2-3-33　サンプル①のPIXI.TextStyleクラス

```
new PIXI.TextStyle({
    fontFamily: 'Arial',
    fontSize: 36,
    fontStyle: 'italic',
    fontWeight: 'bold',
    fill: ['#ffffff', '#00ff99'],
    stroke: '#4a1850',
    strokeThickness: 5,
    dropShadow: true,
    dropShadowColor: '#000000',
    dropShadowBlur: 4,
    dropShadowAngle: Math.PI / 6,
    dropShadowDistance: 6,
    wordWrap: true,
    wordWrapWidth: 440,
})
```

図 2-3-4 PIXI.TextStyle のサンプル②

リスト2-3-34　サンプル②のPIXI.TextStyleクラス

```
new PIXI.TextStyle({
    fontFamily: 'sans-serif',
    fontSize: 36,
    fill: '#ffaa77',
    stroke: '#886622',
    strokeThickness: 4
})
```

図 2-3-5 PIXI.TextStyle のサンプル③

リスト2-3-35　サンプル③のPIXI.TextStyleクラス

```
new PIXI.TextStyle({
    fontFamily: 'monospace',
    fontSize: 36,
    fill: '#000000',
    dropShadow: true,
    dropShadowColor: '#ffffff',
    dropShadowBlur: 0,
    dropShadowAngle: 1,
    dropShadowDistance: 2.5,
})
```

PIXI.jsの描画オブジェクトツリー

　PIXI.jsでは、描画対象のオブジェクトはPIXI.DisplayObjectを継承しており、PIXI.Applicationのインスタンスのstageプロパティに「addChild」することで描画されます。

　実際には多くの描画物は、PIXI.DisplayObjectを継承した「PIXI.Container」を継承しており、addChildもPIXI.Containerが提供するメソッドです。

　PIXI.Containerはネストすることができるため、UIを直感的な構造にすることが可能です。同じPIXI.Containerに追加された複数の要素は、追加された順に描画されます。以下は、簡単な例です。

リスト2-3-36　addChildと描画物のネスト例

```
container.addChild(kirin);
container.addChild(tanuki);

app.stage.addChild(kangaroo);
app.stage.addChild(container);
app.stage.addChild(usagi);
```

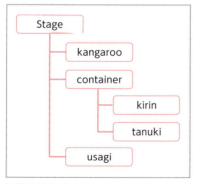

図 2-3-6 描画物の構造

図 2-3-7 描画結果

PIXI.jsにおけるユーザーインタラクション

先のリスト 2-3-31 の UI の実装では、ユーザー操作のイベント設定を登録しています。

リスト2-3-37　イベント設定（src/UI.ts）
```
coverBottom.interactive = true;
coverBottom.buttonMode = true;
coverBottom.addListener('pointerdown', () => this.startPlay());
```

　　　　PIXI.DisplayObject 継承クラスインスタンスの「interactive」プロパティを true にしておくと、ユーザーのタップ操作などが発生した際に対象のオブジェクトの描画領域に対して、タップ座標の当たり判定と発生したイベントの通知を行うようになります。逆に言うと、イベントリスナーだけを追加してもイベントはトリガーされません。
　　　　buttonMode は、マウスポインタが対象の描画物の上に置かれているときのカーソルのスタイルを変えるためのプロパティであり、イベントとは直接関係ありません。

SlotGame クラスの残り実装

　　　　残りの実装を行うことで、ゲームの初期化から起動までの実行ができるようになり、動作確認を行えるようになります。index.ts では、この初期化と起動処理を行うように書き換えます。

リスト2-3-38　startメソッドの実装（src/SlotGame.ts）
```
public start(): void {
    if (!this.ui) {
        this.onReady = () => this.start();
        return;
    }
    this.app.stage.addChild(this.ui);
    this.app.ticker.add(() => {
        this.ui.update();
    });
}
```

リスト2-3-39　index.tsの書き換え（src/index.ts）
```
import * as PIXI from 'pixi.js';
import SlotGame from './SlotGame';

window.onload = () => {
    const game = new SlotGame();
    game.start();
};
```

リソース取得とレースコンディション

HTML5 ゲームでは、リソースのリモートからの取得は頻繁に発生します。そのため SlotGame インスタンスの start メソッドの実行時には、まだリソースが取得中である可能性が高いです。

リソース取得が完了するタイミングは、プログラム上からの制御は不可能であるため、リソース取得の完了を前提とする処理の実行タイミングには注意を払う必要があります。

そこで、start メソッドの実装では、ui プロパティに値がアサインがされていない場合に「onReady」プロパティに this.start を実行する関数を設定しています。

PIXI.js のメインループ

SlotGame クラスの start メソッドでは、PIXI.js のメインループ処理を追加しています。

リスト2-3-40　メインループ処理（src/SlotGame.ts）
```
this.app.ticker.add(() => {
    this.ui.update();
});
```

PIXI.js では、PIXI.Application インスタンスの ticker プロパティがメインループを管理しており、add メソッドを用いてメインループで処理したい関数を追加することができます。

現時点の実装で、画面上下のカバーとテキストが表示されていれば成功です。

図 2-3-8 静的 UI の描画

Reel の実装

ゲームのメインとなる UI である「Reel」を追加します。まずは、ただ単に Reel 内の

シンボルを並べるまでのコードを追加します。

リスト2-3-41　Reel内のシンボルの表示（src/Reel.ts）

```typescript
import * as PIXI from 'pixi.js';
import SlotGame from './SlotGame';

export default class Reel extends PIXI.Container {
    public static readonly WIDTH: number = 160;
    public static readonly SYMBOL_SIZE: number = 150;

    public static get randomTexture(): PIXI.Texture {
        if (Reel.slotTextures.length === 0) {
            for (let i = 0; i < SlotGame.resources.length; i++) {
                const resource = SlotGame.resources[i];
                Reel.slotTextures.push(PIXI.Texture.from(resource));
            }
        }

        return Reel.slotTextures[Math.floor(Math.random() * Reel.slotTextures.length)];
    }

    private static slotTextures: PIXI.Texture[] = [];

    public blur: PIXI.filters.BlurFilter = new PIXI.filters.BlurFilter();

    constructor(index: number) {
        super();

        this.x = index * Reel.WIDTH;
        this.blur.blurX = 0;
        this.blur.blurY = 0;
        this.filters = [this.blur];

        for (let i = 0; i < 4; i++) {
            const symbol = new PIXI.Sprite();
            this.updateSymbol(symbol);
            this.addChild(symbol);
        }
    }

    public update(): void {
    }

    private updateSymbol(symbol: PIXI.Sprite): void {
        symbol.texture = Reel.randomTexture;
        symbol.scale.x = symbol.scale.y = Math.min(
            Reel.SYMBOL_SIZE / (symbol.width / symbol.scale.x),
            Reel.SYMBOL_SIZE / (symbol.height / symbol.scale.y),
        );
        symbol.x = Math.round((Reel.SYMBOL_SIZE - symbol.width) / 2);
```

```
    }
}
```

PIXI.js のシェーダー

PIXI.js では、PIXI.DisplayObject 継承クラスのインスタンスが保有する filters 配列に、シェーダーオブジェクトを追加することでシェーダーを適用することができます。

リスト2-3-42　シェーダーの適用（src/Reel.ts）
```
this.filters = [this.blur];
```

シェーダーは、一般的によく使われる表現であれば PIXI.js でもいくつか有しており、ここで利用している「ブラーエフェクト」も PIXI.js より提供されているものです。
もちろん、独自にシェーダーコードを記述して、適用することも可能です。

メインループ処理の追加

リスト 2-3-41 のコードでは、y 座標が調整されずシンボルが横一列に並ぶ形になります。Reel では、メインループメソッドである update で y 座標を調整しているため、Reel インスタンスのメインループが正しく回るように処理を加えます。

リスト2-3-43　ReelクラスのupdateメソッドをU実装（src/Reel.ts）
```
export default class Reel extends PIXI.Container {
    public index: number = 0;
    public previousIndex: number = 0;

    （中略）

    public update(): void {
        this.blur.blurY = (this.index - this.previousIndex) * 8;
        this.previousIndex = this.index;

        for (let i = 0; i < this.children.length; i++) {
            const symbol = this.children[i] as PIXI.Sprite;
            if (!symbol.texture) {
                continue;
            }

            const prevY = symbol.y;
            symbol.y = ((this.index + i) % this.children.length) * Reel.SYMBOL_
SIZE - Reel.SYMBOL_SIZE;

            if (prevY <= Reel.SYMBOL_SIZE) {
                continue;
            }
            if (symbol.y >= 0) {
```

```
            continue;
        }

        this.updateSymbol(symbol);
    }
  }
}
```

リスト2-3-44 UIクラスのupdateメソッドの実装（src/UI.ts）

```
public update(): void {
    const reels = this.reelContainer.children;
    for (let i = 0; i < reels.length; i++) {
        const reel = reels[i] as Reel;
        if (!reel.update) {
            continue;
        }
        reel.update();
    }

    Tween.update();
}
```

ボタン処理の追加

ここまでくれば、あとはボタン押下でスロットを回す操作を追加するのみです。スロットの回転は、Tween クラスで表現します。

リスト2-3-45 Tweenクラスの実装（src/Tween.ts）

```
export default class Tween {
    public static tweening: Tween[] = [];

    public propertyBeginValue: any;
    public start: number = Date.now();

    constructor(
        public object: any,
        public property: string,
        public target: number,
        public time: number,
        public easing: (t: number) => number,
        public change: (tween: Tween) => void | null,
        public complete: (tween: Tween) => void | null,
    ) {
        this.propertyBeginValue = object[property];
    }

    public static update(): void {
        const now = Date.now();
```

```
        const remove = [];
        for (let i = 0; i < Tween.tweening.length; i++) {
            const tween = Tween.tweening[i];
            const phase = Math.min(1, (now - tween.start) / tween.time);

            tween.object[tween.property] =
                Tween.lerp(tween.propertyBeginValue, tween.target, tween.easing(phase));
            if (tween.change) {
                tween.change(tween);
            }
            if (phase === 1) {
                tween.object[tween.property] = tween.target;
                if (tween.complete) {
                    tween.complete(tween);
                }
                remove.push(tween);
            }
        }
        for (let i = 0; i < remove.length; i++) {
            Tween.tweening.splice(Tween.tweening.indexOf(remove[i]), 1);
        }
    }

    public static backout(amount: number): (t: number) => number {
        return t => (--t * t * ((amount + 1) * t + amount) + 1);
    }

    public static lerp(a1: number, a2: number, t: number): number {
        return a1 * (1 - t) + a2 * t;
    }
}
```

プロパティ初期化のショートハンド

　TypeScript で記述できるショートハンドの 1 つに、コンストラクタ引数と同名のプロパティの自動アサインがあります。

リスト2-3-46　プロパティアサインのショートハンド（src/Tween.ts）

```
constructor(
    public object: any,
    public property: string,
    public target: number,
    public time: number,
    public easing: (t: number) => number,
    public change: (tween: Tween) => void | null,
    public complete: (tween: Tween) => void | null,
) {
```

```
        this.propertyBeginValue = object[property];
}
```

引数の前にアクセススコープを追加することで、自身のプロパティ表現と引数の代入を自動的に行います。

Tween の場合は、ほとんどのコンストラクタ引数がそのままプロパティにアサインされるため、このショートハンドを利用しています。

Tween の利用

UI クラスの startPlay メソッドで、この Tween を利用しスロットが回転するようにします。

リスト2-3-47　UIクラスのrtPlayメソッドの実装（src/UI.ts）

```
private reelsRunning: boolean = false;

（中略）

public startPlay(): void {
    if (this.reelsRunning) {
        return;
    }

    this.reelsRunning = true;

    const reels = this.reelContainer.children;
    for (let i = 0; i < reels.length; i++) {
        const reel = reels[i] as Reel;
        if (!reel.update) {
            continue;
        }
        const extra = Math.floor(Math.random() * 3);
        const target = reel.index + 10 + i * 5 + extra;
        const time = 2500 + i * 600 + extra * 600;
        const tween = new Tween(
            reel,
            'index',
            target,
            time,
            Tween.backout(0.5),
            null,
            i === reels.length - 1 ? () => { this.reelsRunning = false; } : null,
        );
        Tween.tweening.push(tween);
    }
}
```

これで、スロットゲームの実装を終えることができました。本家のサンプルと同様に

「Spin the wheels!」のテキストを押下すると、スロットが動作することが確認できるでしょう。

図 2-3-9 完成したスロットゲーム

▶ ACHIEVEMENT

いかがでしょう。1つずつ実装を行って動作確認する際、ファイルを保存するとTypeScript トランスパイルの実行とブラウザのリロードが行われ、比較的速いサイクルで動作確認を回すことができたかと思います。

本節ではスロットゲームを作りながら、TypeScript や PIXI.js の基本的な機能について解説しましたが、次の章からは本格的なゲーム開発が始まります。

なお、本節のスロットゲームとほぼ同じものは、筆者の github リポジトリにて公開しているので、合わせて参照してください。

- dolow/pixi-object-oriented-slot

　https://github.com/dolow/pixi-object-oriented-slot

基礎編

CHAPTER 3　ゲームづくりの基本要素

　　3-1　ゲーム要素とブラウザ技術
　　3-2　シーンを作る
　　3-3　リソースのダウンロード
　　3-4　サウンドの再生
　　3-5　フォントを利用する
　　3-6　メインループ

CHAPTER 4　ゲームを作り込む

　　4-1　PIXI.jsによる描画
　　4-2　UIシステムを作る
　　4-3　スプライトシートによるアニメーション
　　4-4　タッチ操作と連動する背景
　　4-5　ユニットをスポーンするゲームロジックの実装
　　4-6　ユニットを対戦させるゲームロジックの実装
　　4-7　拠点の追加・勝敗判定のゲームロジックの実装

基礎編　CHAPTER 3

 ゲームづくりの基本要素

　本章では「ゲームづくりの基本要素」と題して、ゲームの中身を作る上で必要な基盤機能の開発を行います。そのため、本章の工程を踏襲した後では、特にまだゲームらしいゲームとしては完成していないでしょう。
　しかし、本章で開発する機能群はいかなるゲームを開発する上でも利用する基本要素ですので、非常に重要です。また、ほとんどの機能についてブラウザやWebの仕様の理解が必要であるため、HTML5ゲーム開発における基礎知識が獲得できると思います。
　本章で開発する内容は、以下のとおりです。

- シーンの概念
- リソースダウンロードの仕組み
- サウンド再生制御
- フォントの利用
- メインループの仕組み

3.1 ゲーム要素とブラウザ技術

　ゲームづくりを始める前に、ゲームとは何か、ブラウザでどのようにゲームを実現できるのか、という根本的な部分を確認しておきましょう。
　本節を通して、ブラウザ向けのゲーム開発には、技術的な障壁があまりないことがわかるはずです。

ゲームとは何か？

　「ゲームとは何か？」という問いですが、ここではブラウザに限定せずコンシューマ機やスマートフォン、PCなどのデジタルデバイスを対象としたゲームが、ユーザーに提供する価値の定義を確認してみます。

　おなじみのスーパーマリオを例にして考えてみましょう。スーパーマリオは、ファミリーコンピューター（海外ではNES）というデバイスに専用のカートリッジを差し込むことで遊べるゲームです。
　ファミリーコンピューターには、ユーザーがゲームを操作するためのコントローラーが接続されており、コントローラーを操作すると、画面上のマリオが操作に従って動きます。

マリオがジャンプすると、ジャンプしたことを表現するサウンドが再生され、マリオを歩かせてステージを進めると、その進行度合いによって敵やブロックなどが出現するようになります。敵の種類も多彩で、一方向にただ歩くだけのクリボーや、上下にジャンプしながらハンマーを投げてくるハンマーブロスなどが存在します。
　ここまでの内容でも、スーパーマリオにはゲームとしてユーザーに提供している基本要素が詰まっていることがわかります。

- カートリッジ交換によって、1つのデバイスで複数のゲームを遊ぶことができる
- ディスプレイを介して、ゲーム状況を把握することができる
- サウンド出力によりBGMでのゲームの世界観を享受できたり、SEによりゲーム内で発生したイベントのフィードバックを受けることができる
- コントローラー入力によって、ゲーム内の状態を更新することができる
- 敵AIやステージ構成により、多様な難易度に挑むことができる

　ファミリーコンピューターが発売されたのは1983年ですが、スーパーマリオ以外のゲームでも、当時においてすでにコンピューターゲームで用いられる要素の大半は駆使されていました。

　現代におけるゲームでは、これに加えてネットワーク通信や機器の有するストレージへのデータアクセスなどができるようになっており、特にネットワーク通信の発達は、ゲームが提供できる価値の多様性の幅を大きく広げています。
　ここで大雑把に洗い出したゲーム要素を、ブラウザ技術やWeb仕様での実現方法に落とし込んでみましょう。

表3-1-1 ゲーム要素とブラウザ技術、Web仕様の対応表

ゲーム要素	対応するブラウザ技術やWeb仕様
1つのデバイスで複数のゲームを遊べる	URL毎に異なるコンテンツの提供
ゲーム状況の描画出力	HTML/DOMやWebGLを用いた描画
サウンド出力	audioタグ、WebAudio
コントローラ入力	タッチやキーボード入力のイベント制御
AIやステージ構成の表現	JavaScriptによるコンピューティングやメモリアクセス
ネットワーク通信	HTTP通信、WebSocketなど
ストレージアクセス	WebStorage、IndexedDBなど

　いかがでしょうか。各ゲーム要素に対応する技術や仕様がしっかり存在しているため、ゲームを作るためのプラットフォームとしては、Web環境は申し分ないと言えるでしょう。
　特に、ネットワーク通信はブラウザそのものの役割であるため得意分野でもあり、APIも高級なものが多く取り揃えられています。

ブラウザ技術の発展

こうしたブラウザ技術や Web 仕様は、今日のゲーム開発以前より多くのメディア用途に対して発展してきました。HTML の基本要素である画像読み込みは当たり前のように用いられ、今でも Instagram のような SNS で活用されています。

エンターテイメントとしては、Youtube に代表される動画配信メディアや Spotify などの楽曲配信メディアなど、ユーザーはブラウザというプラットフォームから多くのサービスを享受することができます。つい最近では、Google によるクラウドゲーミングサービスである「Stadia」など、非常にワクワクするサービスも登場していますが、こちらもブラウザとネットワーク環境があれば、どこでも遊ぶことができるとされています。

本書で開発していくゲームは、ブラウザ上のスクリプトで動作させるゲームとなりますが、WebGL という描画に関する仕様はゲームを作る上では非常に強い味方です。

Unity より提供されているサンプルゲームの「Angry Bots」は PC ブラウザ上でも動作するため、ブラウザ技術を用いたゲーム動作について、実証がされているよい例と言えます。Andry Bots は下記の URL か、「Angry Bots」で検索することで訪れることができます。

- PC ブラウザで遊べる「Angry Bots」
  https://beta.unity3d.com/jonas/AngryBots/

本書では「スマートフォンブラウザ向け」のゲーム開発技術、および「PIXI.js」への習熟を目的としているため、Unity などのゲームエンジンは利用せずに、Unity より低レイヤーの開発を中心に行います。

DOM とブラウザ技術

ブラウザにおいて、動画や画像、サウンドなどのリソースは「DOM」として扱うことができます。DOM とは、「Document Object Model」の略称で、いわゆる <video> のような HTML タグを JavaScript などからオブジェクトとして扱うためのものとして考えるとわかりやすいでしょう。

DOM は、バイナリの塊を指定したメディア種別に応じて、最適な形でロードできる非常に強力な仕様です。これらのタグを用いて取得したデータは、WebGL のテクスチャや WebAudio など、ブラウザにまつわる異なる技術の入力データとして取り扱うことができます。

代表例として、MDN Web Dpcs の WebGLRenderingContext.texImage2D() のドキュメントから、WebGL 2 のインターフェースの一部を引用します。

- MDN web docs
  https://developer.mozilla.org/en-US/docs/Web/API/WebGLRenderingContext/texImage2D

リスト3-1-1　WebGLRenderingContext.texImage2D()

```
void gl.texImage2D(target, level, internalformat, width, height, border, format,
type, HTMLCanvasElement source);
void gl.texImage2D(target, level, internalformat, width, height, border, format,
type, HTMLImageElement source);
void gl.texImage2D(target, level, internalformat, width, height, border, format,
type, HTMLVideoElement source);
```

ここでは、テクスチャのソースとしてDOM要素である「HTMLCanvasElement」「HTMLImageElement」「HTMLVideoElement」が利用できることがわかります。imgやvideoタグが読み込んだリソースのフォーマットが何であるかは意図していません。

ブラウザでは、このようにDOMと個別のWeb仕様との取り回しがよい例が要所で見られます。

▶ ACHIEVEMENT

この節では、ブラウザでのゲーム開発にまつわる技術やWeb仕様について触れてきました。

個別の技術を利用したゲーム機能の開発は、以降の節より行いますが、これから開発しようとするゲームがブラウザとWeb技術で、要件的に満たせることが理解できたかと思います。

エンジニアとして次に大きな懸念点としては、「JavaScript」という言語の取り扱いにあると思います。

本書では「TypeScript」を用いて開発して、ソースコードをJavaScriptへトランスパイルするため、JavaScriptの特性である動的型付け部分についてはあまり触れる機会はありませんが、TypeScriptにおいても留意すべき点は、機能を実装しながら少しずつ理解を深めていきます。

3.2 シーンを作る

　それでは、いよいよ本格的なゲーム制作に入っていきましょう。本節では、多くのゲームエンジンで取り入れられているシーンの概念を実装します。多くの場合、シーンは画面単位での設計となるため、ゲームを開発する上でも直感的でわかりやすい機能のまとまりを有することができます。

▶ PROBLEM

　準備編で実装したのは、PIXI.Container 継承クラスを単純に「app.stage」に追加するだけのものでした。すべてが1つの画面で完結する前提であったため、画面を切り替えるなどの操作はできません。
　本書で開発するのはゲームであり、任意の役割を持つ画面を複数有しますが、現在はそのための仕組みがありません。

▶ APPROACH

　この節では、シーンの概念、およびシーン遷移の仕組みを設計し、実装します。これを本書で開発するゲームの画面づくりのベースとし、以降のゲーム画面実装の粒度を揃えます。

ゲーム初期化処理

　ゲーム起動時に行っていた処理を改めてゲーム初期化処理として、シーンの概念とは分離します。最初のシーン表示までにやらなくてはならないことは、以下の項目です。

① PIXI.Application の生成
② DOM canvas の追加
③ メインループの実行

　これまでは「index.ts」に直接記述していたこれらの処理を、「GameManager」という新しいクラスの start メソッドとして実装します（リスト3-2-1）。

リスト3-2-1　GameManagerでのゲーム初期化（src/example/GameManager.ts）
ブランチ：feature/scene_primitive

```
export default class GameManager {
    // シングルトンインスタンス
    public static instance: GameManager;
    // PIXI.Applicationインスタンス
    public game!: PIXI.Application;

    /**
     * コンストラクタ
     * PIXI.Applicationインスタンスはユーザー任意のものを使用する
```

```
     */
    constructor(app: PIXI.Application) {
        if (GameManager.instance) {
            throw new Error('GameManager can be instantiate only once');
        }

        this.game = app;
    }

    /**
     * ゲームを起動する
     * 画面サイズやPIXI.ApplicationOptionsを渡すことができる
     */
    public static start(params: {
        glWidth: number,
        glHeight: number,
        option?: PIXI.ApplicationOptions
    }): void {
        // PIXI Application生成
        const game = new PIXI.Application(params.glWidth, params.glHeight, params.option);
        // GameManagerインスタンス生成
        GameManager.instance = new GameManager(game);

        // canvasをDOMに追加
        document.body.appendChild(game.view);

        game.ticker.add((delta: number) => {
            // メインループ
        });
    }
}
```

　PIXI.js v5系を利用している場合、本書執筆時点のPIXI.js v5.0.4では、まだPIXI.Applicationのコンストラクタ引数のoptionの型定義が提供されていません。anyとしてしまってもよいですが、気になる方は独自で引数の型を定義して利用することができます。

　リスト3-2-2の内容は、PIXI.js本体が提供する型定義ファイルから、PIXI.Applicationのコンストラクタ引数の情報を参照して作成した型情報です。

リスト3-2-2　PIXI.js v5系のoptionsの型定義

```
type PixiApplicationOptionsV5 = {
    autoStart?: boolean;
    width?: number;
    height?: number;
    view?: HTMLCanvasElement;
    transparent?: boolean;
    autoDensity?: boolean;
    antialias?: boolean;
    preserveDrawingBuffer?: boolean;
```

```
    resolution?: number;
    forceCanvas?: boolean;
    backgroundColor?: number;
    clearBeforeRender?: boolean;
    forceFXAA?: boolean;
    powerPreference?: string;
    sharedTicker?: boolean;
    sharedLoader?: boolean;
    resizeTo?: Window | HTMLElement;
};

export default PixiApplicationOptionsV5;
```

　GameManager はシングルトンとして利用するため、constructor でシングルトンインスタンスがすでに存在している場合は、エラーを投げるようにしています。

　start メソッド内では PIXI.Application をラップし、GameManager のシングルトンインスタンスに game というプロパティでアサインしています。HTMLCanvasElement（いわゆる canvas タグ）である「game.view」の追加もこの時点で行います。

　最後に、PIXI.Application の ticker に即時関数を渡し、このゲームにおけるメインループを起動しています。次に、GameManager.start をエントリーポイントの index.ts で実行するようにします（リスト 3-2-3）。

リスト3-2-3　GameManagerの利用（src/index.ts）
ブランチ：feature/scene_primitive

```
window.onload = () => {
    GameManager.start({
        glWidth: 1136,
        glHeight: 640,
        option: {
            backgroundColor: 0x222222
        }
    });
};
```

　window.onload は、HTML のすべての要素が読み込まれたら実行されるイベントです。これを契機に実行しない場合、ゲームの JavaScript がロードされた直後に起動処理が実行されることになり、その時に必要な HTML 要素やほかの JavaScript が存在せず、エラーが発生してしまう可能性があります。

> **COLUMN**
>
> **HTMLの読み込み**
>
> 必要なファイルやHTMLがすべてロードされることを保証したい場合、window.onloadでの実行の代わりにゲームのJavaScriptをロードするscriptタグをbodyの一番下に配置する、という手法もあります。これはブラウザがHTMLタグを出現順に処理することを利用したテクニックです。
>
> ただし、これはすべてのスクリプトやHTML要素が制御できる時に有効な手法ですので、不確定な要素や処理が予想される場合には「window.onload」を利用をしたほうがよいでしょう。

また、startメソッドの引数のoptionとして「backgroundColor」のみを渡していますが、optionオブジェクトのスキーマとしてPIXI.ApplicationOptionsを指定しているため（リスト3-2-1）、ほかにもさまざまなオプションが利用できます。

GameManagerは、ゲーム全体の主要部分を制御するクラスとなり、本書の以降の章では画面リサイズのイベントやフルスクリーン対応などでも利用します。

シーンの概念

ここからは本題のシーン作りに入りますが、まずはシーンの概念を定義してI/Fのアウトラインを形作ります。本書で取り扱うシーンは、以下の役割を持つものとします。

- 自身が描画物である（PIXI.Container派生クラス）
- 自身のメインループ処理（update）
- 任意オブジェクトのメインループでの更新処理（update）
- メインループでの更新処理を行う任意オブジェクトの登録、削除
- シーン遷移（トランジション）表現の実行と、完了イベントの発行

> **TIPS**
>
> 本書のシーンでは、シーンのchildrenを透過的にフレーム更新しません。たとえばUnityのように、childrenの各要素にupdateメソッドが定義されていたら実行する、などの手法で実現することは可能ですが、HTML5ゲームが動作する環境ではネイティブアプリよりもパフォーマンス要件がシビアになりがちなので、必要最低限のオブジェクトのみ明示的に更新するようにします。

上記から、大枠のI/Fに落とし込んだものがリスト3-2-4です。

リスト3-2-4 Scene I/F (src/example/Scene.ts)
ブランチ: feature/scene_primitive

```typescript
export default abstract class Scene extends PIXI.Container {
    // メインループ
    public update(delta: number): void {
        this.updateRegisteredObjects(delta);
    }
```

```
    // メインループで更新処理を行うべきオブジェクトの登録
    protected registerUpdatingObject(object: UpdateObject): void {
    }

    // registerUpdatingObjectで登録されたオブジェクトのフレーム更新
    protected updateRegisteredObjects(delta: number): void {
    }

    // シーン開始トランジション
    // 引数はトランジション終了時のコールバック
    public beginTransitionIn(onTransitionFinished: (scene: Scene) => void): void {
        onTransitionFinished(this);
    }

    // シーン終了トランジション
    // 引数はでトランジション終了時のコールバック
    public beginTransitionOut(onTransitionFinished: (scene: Scene) => void): void {
        onTransitionFinished(this);
    }
}
```

ここで、メインループで処理されるべきオブジェクトである「UpdateObject」のI/F定義が必要になったため、リスト3-2-5に示しています。

オブジェクトがすでに破棄されている場合、メインループ処理の対象から除外したいため、破棄されているかどうかを取得するためのI/Fも定義します。

リスト3-2-5 UpdateObject I/F (src/interfaces/UpdateObject.ts)
ブランチ：feature/scene_primitive

```
export default interface UpdateObject {
    isDestroyed(): boolean;
    update(dt: number): void;
}
```

シーンのロード

まずはシーンが表示されなくては、今後の実装の動作確認が行えません。最初にシーンのロード処理を実装します。

トランジション処理を考慮すると、古いシーンと新しいシーンの制御を行う必要があり、シーン単体での制御は困難であるため、シーンのロードはGameManagerで処理します。GameManagerに追加でリスト3-2-6の内容を実装します。

リスト3-2-6 GameManagerへのプロパティとメソッドの追加 (src/example/GameManager.ts)
ブランチ：feature/scene_primitive

```
// トランジションが完了しているかのフラグ
private sceneTransitionOutFinished: boolean = true;
```

```
// 現在のシーン
private currentScene?: Scene;

/**
 * 可能であれば新しいシーンへのトランジションを開始する
 */
public static transitionInIfPossible(newScene: Scene): boolean {
    const instance = GameManager.instance;

    if (!instance.sceneTransitionOutFinished) {
        return false;
    }

    if (instance.currentScene) {
        instance.currentScene.destroy();
    }
    instance.currentScene = newScene;

    if (instance.game) {
        instance.game.stage.addChild(newScene);
    }

    newScene.beginTransitionIn((_: Scene) => {});

    return true;
}

/**
 * シーンをロードする
 * 新しいシーンと古いシーンのトランジションを同時に開始する
 */
public static loadScene(newScene: Scene): void {
    const instance = GameManager.instance;

    if (instance.currentScene) {
        instance.sceneTransitionOutFinished = false;
        instance.currentScene.beginTransitionOut((_: Scene) => {
            instance.sceneTransitionOutFinished = true;
            GameManager.transitionInIfPossible(newScene);
        });
    } else {
        instance.sceneTransitionOutFinished = true;
        GameManager.transitionInIfPossible(newScene);
    }
}
```

　　　　トランジション開始を処理するメソッドの名称を「transitionInIfPossible」としているのは、トランジション開始処理の排他をこのメソッドで行っていることを明確にするためです。
　　　　新しいシーンのトランジション開始が排他される条件には、単純に前のシーンのトラン

ジション終了が完了していないという理由のほかに、新しいシーンで利用するリソースの取得が終わっておらず描画できない状態である、という理由なども考えられます。

図 3-2-1 は、現時点の実装で現在のシーンがある状態とない状態の状態遷移を表したものです。リソースの取得はまだ行っていないため、古いシーンのトランジションが完了次第、新しいシーンのトランジションが開始されます。

現在のシーンがない場合

現在のシーンがある場合

図 3-2-1 シーンの状態遷移

シーンの更新

シーンの更新は、リスト 3-2-4 で作成したモック I/F で、外部から update を実行することで実行できるように定義しました。

メインループは GameManager で起動しているので、update メソッドは GameManager からコールされる必要があります。現在実行中のシーンは、GameManager が「currentScene」として知っているので、GameManager.start メソッド内のメインループ処理にリスト 3-2-7 の内容を追加します。

リスト3-2-7 GameManagerメインループ内処理の追加（src/example/GameManager.ts）
ブランチ：feature/scene_primitive

```typescript
game.ticker.add((delta: number) => {
    if (instance.currentScene) {
        instance.currentScene.update(delta);
    }
});
```

ここまで実装した状態で、ゲーム起動から基礎的なシーン遷移とシーンの更新ができるようになりました。

実際にゲーム起動からシーン遷移まで動作確認を行うために、相互に遷移するテスト用のシーンである「FirstScene」と「SecondScene」を実装します。リスト 3-2-8 にFirstScene の実装を示しますが、SecondScene もほぼ同じ内容であるため掲載は割愛します。

リスト3-2-8 テストシーンの実装 (src/example/FirstScene.ts)
ブランチ：feature/scene_primitive

```typescript
export default class FirstScene extends Scene {
    private text!: PIXI.Text;
    // メインループ更新を確認するためのカウント
    private count: number = 0;

    /**
     * コンストラクタ
     * 描画物を初期化する
     */
    constructor() {
        super();

        const renderer = GameManager.instance.game.renderer;

        this.text = new PIXI.Text('second scene', new PIXI.TextStyle({
            fontSize: 64,
            fill: 0xffffff
        }));
        this.text.interactive = true;
        this.text.anchor.set(0.5, 0.5);
        this.text.position.set(renderer.width * 0.5, renderer.height * 0.5);
        this.text.on('pointerdown', this.nextScene);
        his.addChild(this.text);
    }

    /**
     * メインループ
     * 表示されているテキストの更新を行う
     */
    public update(dt: number): void {
        super.update(dt);
        this.text.text = `first scene ¥n${this.count++}`;
    }

    /**
     * SecondSceneのロード
     */
    public nextScene(): void {
        GameManager.loadScene(new SecondScene());
    }
}
```

テストシーンでは毎フレーム更新されるテキストを配置し、テキストをタップするともう一方のシーンへ遷移するようにしました。

テストシーンが実装できたら、index.ts で最初のシーンである FirstScene を起動するようにします。

```typescript
GameManager.loadScene(new FirstScene());
```

表示されているテキストの内容が毎フレーム更新され、テキストをタップするともう 1 つのシーンに遷移する、ということが確認できれば正常です。

実際にテストシーンを追加して、ゲーム起動からシーン遷移まで動作確認を行えるようにしたブランチが「feature/scene_primmitive」です。合わせて参照してください。

トランジションの追加

現状でもゲームを作る分には支障はありませんが、直ちに画面が切り替えられるだけなので、表現面での幅がありません。また、直ちに画面を切り替えるということは、新しいシーンのリソースの先読みの猶予もないということなので、ユーザー体感にも影響が出かねません。

そこで、ここからは非同期的に処理される「フェードイン」「フェードアウト」のトランジション表現を実装します。合わせて、「直ちに画面を切り替える」という表現もトランジションの一種として扱うようにします。

ここまで実装してきたなかで、現在のシーンのトランジション終了は、下記のように処理されるようにしました。

```
instance.currentScene.beginTransitionOut((_: Scene) => {
    instance.sceneTransitionOutFinished = true;
    GameManager.transitionInIfPossible(newScene);
});
```

これに、新たにトランジションを表現するオブジェクトを追加する場合は、以下の 2 つを満たせばよい、ということになります。

- シーンの beginTransitionOut を契機に、トランジション表現を開始
- トランジション表現終了時に、beginTransitionOut で渡されたコールバックを実行

新しいシーンのトランジション開始はもっと単純で、シーンの beginTransitionIn を契機にトランジションを実行するのみとなります。

コールバックは現状は利用していませんが、beginTransitionOut と I/F を合わせるために定義しています。

```
newScene.beginTransitionIn((_: Scene) => {});
```

処理フローのイメージを掴むために、まずは「直ちに画面を切り替える」というトランジションを実装します。その前に、いま開発しているゲームにおいて「トランジションとは何か？」を考えてみましょう。

このゲームにおけるトランジション
- 描画物を持つ
- メインループによる時間経過で描画物や状態を更新する
- 状態は外部から制御させない
- 処理終了時に実行するコールバックを設定できる
- 自然消滅する
- シーンを直接扱わない

これに基づいて、基底シーンの実装にトランジション処理のモックを追加します。基底シーンへの実装を行う理由は、すべてのシーンにおいてトランジションを透過的に扱えるようにするためです。

基底シーンに、トランジション用オブジェクトのためのプロパティを追加します。ここでは、シーン開始用と終了用の2種類を定義します（リスト3-2-9）。

リスト3-2-9 基底シーンのトランジション対応プロパティ（src/example/Scene.ts）
ブランチ：feature/scene_transition

```
protected transitionIn:  Transition = new Immediate();
protected transitionOut: Transition = new Immediate();
```

前のシーンが特定のシーンだった場合に、トランジション表現を変えたいなどの際には、このプロパティをpublicにしたり、アクセサを定義するなどでトランジション実行時に任意のトランジション表現に差し替えることができます。

本書で開発するゲームでは、シーンは自身でトランジション開始および終了時の表現を決定するものとします。続いて、トランジション用のメソッドの中身を実装します（リスト3-2-10）。

リスト3-2-10 基底シーンのトランジション対応メソッド（src/example/Scene.ts）
ブランチ：feature/scene_transition

```
/**
 * シーン追加トランジション開始
 * 引数でトランジション終了時のコールバックを指定できる
 */
public beginTransitionIn(onTransitionFinished: (scene: Scene) => void): void {
    this.transitionIn.setCallback(() => onTransitionFinished(this));

    const container = this.transitionIn.getContainer();
    if (container) {
        this.addChild(container);
    }

    this.transitionIn.begin();
}

/**
 * シーン削除トランジション開始
 * 引数でトランジション終了時のコールバックを指定できる
```

```
 */
public beginTransitionOut(onTransitionFinished: (scene: Scene) => void): void {
    this.transitionOut.setCallback(() => onTransitionFinished(this));

    const container = this.transitionOut.getContainer();
    if (container) {
        this.addChild(container);
    }

    this.transitionOut.begin();
}

/**
 * GameManagerによって、requestAnimationFrame毎に呼び出されるメソッド
 */
public update(delta: number): void {
    f (this.transitionIn.isActive()) {
        this.transitionIn.update(delta);
    } else if (this.transitionOut.isActive()) {
        this.transitionOut.update(delta);
    }
}
```

トランジション実行時に、トランジション完了時のコールバックをトランジション用のオブジェクトに渡し、描画物が存在する場合は「addChild」します。

メインループではトランジションを更新しますが、トランジションのアクティブ／非アクティブの状態遷移についてはシーンでは制御せず、必要に応じてトランジション用オブジェクトに問い合わせる形にしています。

同様に、トランジション用オブジェクトの描画物に関しても、シーンが明示的に破棄することはなく、トランジションオブジェクト内での自然消滅に委譲するようにしています。

直ちに画面を切り替えるトランジション

シーンの実装は完了しましたが、この状態ではリスト 3-2-10 で用いられている Transition の I/F や Immediate の実装が存在しないためビルドできません。

まずは Transition の I/F から定義しますが、こちらはリスト 3-2-10 の実装で想定したとおりの I/F に加え、isActive の条件を細分化した「isBegan」と「isFinished」を定義します（リスト 3-2-11）。

> **TIPS**
>
> トランジションのような量産が予想される要素を実装しようとした場合、まずは I/F を定義しておくと保守性が高まります。I/F のイメージがつかない場合は、この節で解説しているようにモックから作成するのも有効でしょう。
>
> I/F は同じ役割を持つ同じメソッドの実装を義務づけられるほか、クラスに本来定められている役割の範囲を超えたメソッドを有しているかどうかの指標となります。また、クラスの利用者側は I/F さえ知っていれば、その具体的な実装を感知する必要がなくなるため、オブジェクトの抽象度を上げることができます。
>
> 「interface」は言語的には TypeScript に限定した恩恵ではありませんが、少なくとも JavaScript には言語仕様として存在しない要素です。

リスト3-2-11　interface Transition（src/interfaces/Transition.ts）
ブランチ：feature/scene_transition

```
export default interface Transition {
    getContainer(): PIXI.Container | null;
    begin(): void;
    isBegan(): boolean;
    isFinished(): boolean;
    isActive(): boolean;
    update(dt: number): void;
    setCallback(callback: () => void): void;
}
```

リスト 3-2-11 で定義した I/F を「直ちに画面を切り替える」という表現をするクラスで実装します。「Immediate」という名前で新たにクラスを実装します（リスト 3-2-12）。

リスト3-2-12　Immediateクラス（src/example/transition/Immediate.ts）
ブランチ：feature/scene_transition

```
export default class Immediate implements Transition {
    private onTransitionFinished: () => void = () => {};
    private finished: boolean = false;

    /**
     * トランジション描画物を含むPIXI.Containerインスタンスを返す
     */
    public getContainer(): PIXI.Container | null {
        return null;
    }

    /**
     * トランジション開始処理
     * このトランジションは即時終了させる
     */
    public begin(): void {
        this.finished = true;
        this.onTransitionFinished();
    }

    /**
```

```
     * トランジションが開始しているかどうかを返す
     * このトランジションは即時終了するため、trueになることなはない
     */
    public isBegan(): boolean {
        return false;
    }

    /**
     * トランジションが終了しているかどうかを返す
     */
    public isFinished(): boolean {
        return this.finished;
    }

    /**
     * トランジションが実行中かどうかを返す
     * このトランジションは即時終了するため、trueになることなはない
     */
    public isActive(): boolean {
        return false;
    }

    /**
     * トランジションを更新する
     * このトランジションは即時終了するため、何も行わない
     */
    public update(_dt: number): void {
        return;
    }

    /**
     * トランジション終了時のコールバックを登録する
     */
    public setCallback(callback: () => void): void {
        this.onTransitionFinished = callback;
    }
}
```

　描画物がないため、getContainer の返り値は常に「null」です。また、トランジションは開始とともにすぐに終了するため、begin の直後に終了コールバックを実行しています。

　「トランジションを開始している」という状態になることはなく、isBegan の返り値も常に「false」です。同様に「トランジションがアクティブか」を示す isActive の返り値も常に「false」です。

　ここまで実装しできたら、実際に動作確認しましょう。挙動としてはこれまでと変わりませんが、直ちに画面が切り替わっている表現ですので正常です。

フェード表現をするトランジション

続いて、フェード処理を行うトランジションを作成します。すでに定義してある I/F に従って量産するだけなので、新規クラスの追加とシーンで利用するトランジションの指定の追加のみで対応可能です。

フェード処理は、画面全体を覆う「PIXI.Graphics」のアルファ値をメインループで更新する手法を採用します。リスト 3-2-13 に実装例を示します。

リスト3-2-13　Fade クラス (src/example/transition/Fade.ts)
ブランチ：feature/scene_transition

```
export default class Fade implements Transition {
    // フェード開始時の黒画面アルファ
    private alphaFrom!: number;
    // フェード終了時の黒画面アルファ
    private alphaTo!: number;
    // 1フレーム毎の黒画面アルファ加算値
    private alphaProgress: number;
    // 黒画面のコンテナ
    private container = new PIXI.Container();
    // 黒画面の描画
    private overlay = new PIXI.Graphics();
    // トランジション開始フラグ
    private transitionBegan: boolean = false;
    // トランジション終了フラグ
    private transitionFinished: boolean = false;
    // トランジション終了時コールバック
    private onTransitionFinished: () => void = () => {};

    constructor(alphaFrom: number, alphaTo: number, alphaProgress: number) {
        this.alphaFrom = alphaFrom;
        this.alphaTo = alphaTo;
        this.alphaProgress = alphaProgress;

        const width = GameManager.instance.game.view.width;
        const height = GameManager.instance.game.view.height;

        this.overlay.beginFill(0x000000);
        this.overlay.moveTo(0, 0);
        this.overlay.lineTo(width, 0);
        this.overlay.lineTo(width, height);
        this.overlay.lineTo(0, height);
        this.overlay.endFill();

        this.overlay.alpha = this.alphaFrom;

        this.container.addChild(this.overlay);
    }

    public getContainer(): PIXI.Container | null {
```

```
        return this.container;
    }

    public begin(): void {
        this.transitionBegan = true;
    }
    public isBegan(): boolean {
        return this.transitionBegan;
    }
    public isFinished(): boolean {
        return this.transitionFinished;
    }
    public isActive(): boolean {
        return this.isBegan() && !this.isFinished();
    }

    public update(_dt: number): void {
        if (!this.isBegan()) return;
        if (this.isFinished()) return;

        if (
            (this.alphaTo <= this.alphaFrom && this.overlay.alpha <= this.alphaTo)
            ||
            (this.alphaTo >= this.alphaFrom && this.overlay.alpha >= this.alphaTo)
        ) {
            this.onTransitionFinished();
            this.transitionFinished = true;
        } else {
            this.overlay.alpha += this.alphaProgress;
        }
    }

    public setCallback(callback: () => void): void {
        this.onTransitionFinished = callback;
    }
}
```

　コンストラクタでPIXI.Graphicsのインスタンスを生成し、自身が持つ「PIXI.Container」に追加します。メインループでは、PIXI.Graphicsインスタンスのアルファ値を、コンストラクタで渡された引数どおりに更新します。

　そしてFirstSceneで、ここで作成したFadeクラスを利用するようにします。コンストラクタで指定する場合は、以下のようになります。

```
this.transitionIn  = new Fade(1.0, 0.0, -0.01);
this.transitionOut = new Fade(0.0, 1.0, 0.01);
```

メインループを処理させるオブジェクト

最後に、メインループを処理させるオブジェクトの登録とメインループ実行、消し込みを実装します（リスト3-2-14）。この節では、まだメインループ処理させるべきオブジェクトが存在しないため、この機能は後ほど利用します。

リスト4-2-14 メインループ処理（src/example/Scene.ts）
ブランチ：feature/scene_transition

```
protected objectsToUpdate: UpdateObject[] = [];

protected registerUpdatingObject(object: UpdateObject): void {
    this.objectsToUpdate.push(object);
}

protected updateRegisteredObjects(delta: number): void {
    const nextObjectsToUpdate = [];

    for (let i = 0; i < this.objectsToUpdate.length; i++) {
        const obj = this.objectsToUpdate[i];
        if (!obj || obj.isDestroyed()) {
            continue;
        }
        obj.update(delta);
        nextObjectsToUpdate.push(obj);
    }

    this.objectsToUpdate = nextObjectsToUpdate;
}
```

▶ ACHIEVEMENT

この節で、FirstSceneのトランジション表現がフェード処理になりました。Second Scene は Immediate を利用しているので画面遷移としては不自然ですが、Second Scene も同様にフェード処理を指定すると自然な表現になるでしょう。

ここまでの実装とほぼ同じ状態のものを「feature/scene_transition」ブランチで公開しているので、合わせて参照してください。

▶ EXTRA STAGE

本節ではフェード表現しか実装していませんが、Transition インターフェースを利用してほかのトランジション表現を量産することができます。

また、クロスフェードなどの次のシーンの画面が前もって必要なトランジション表現を行いたい場合には、この節の処理フローでは実現できませんので、腕に自身のある読者はその実装にチャレンジしてみてください。

3.3 リソースのダウンロード

リソースと一口に言っても、画像やサウンド、json などのフォーマットで表現されたデータまでさまざまな種別が存在します。

本節では、リソースのダウンロードに関して PIXI.js の仕様の理解を深めるとともに、本書で開発するゲームにとって使いやすい仕組みを設計し、実装します。

▶ PROBLEM

準備編では、必要なリソースを一度読んで画面構築を行うといったシンプルな内容でした。ブラウザを動作環境とする HTML5 ゲームでは、ダウンロードしたリソースを保存しておく手法が限られており、またいずれもパフォーマンス的な課題や保存容量の制約があったりします。

そのため、必要なリソースを必要なタイミングで必要なだけ取得し、使い終わったら適切に破棄する、ということを徹底しなければならず、戦略的なリソースダウンロードの仕組みが必要となってきます。

前節ではシーンの概念を作り、複数の画面を遷移することができるようになりましたが、シーンで必要なリソース情報をどこで管理するか、リソースの URL はどのように集約するか、あるいはシーン読み込みフローとリソース読み込みフローをどのように適合するか、などが解決されていません。

▶ APPROACH

この節では、リソースダウンロードの仕組みを前節で実装したシーンに組み込みます。リソースダウンロード処理をシーンに紐づけることによって、各シーンが自身にとって必要なリソースの指定に対して責任を持てるようになります。

また、リソースの URL などはゲームの運用上変わりゆくものであるという前提のもと、シーンとは異なるエンティティに URL 情報を集約させます。

resource-loader のおさらい

準備編でも実際に利用しましたが、PIXI.js でリモートのリソースを取得する方法はシンプルです。

```
v4
PIXI.loader.add(assets).load(() => console.log('loaded !!'));

v5
GameManager.instance.game.loader.add(assets).load(() => console.log('loaded !!'));
```

この節では、リソースダウンロードの仕組みを考える前に、resource-loader の仕組みをもう少し深く見てみます。

本書で表記されるリストは、PIXI.js v4系とv5系との間で特筆すべき差分がある場合はそのコードを併記しますが、PIXI.loaderに関しては、利用箇所が多いため併記を割愛しています。適宜、v5なら「GameManager.instance.app.loader」、v4なら「PIXI.loader」と読み替えてください。

　PIXI.jsのgithubを見てもらうとわかるように、リソースロードの仕組み本体はPIXI.jsが提供するものではなく、「resource-loader」というPIXI.jsとは異なるnpmパッケージを利用しています。

　本書執筆時点のv2.2.3のコードを見てみましょう。

● PIXI.jsが利用するリソースローダー「resource-loader」
https://github.com/englercj/resource-loader/tree/v2.2.3

　上記のgithubの「/src/Resource.js#L1082」のresource-loaderのResourceクラス内部では、ダウンロードするリソースの種別に応じて、どのようにダウンロードするかの処理を分けています。「Resource._loadTypeMap」というオブジェクトには、拡張子別でロード種別が登録されています。

リスト3-3-1　https://github.com/englercj/resource-loader/blob/v2.2.3/src/Resource.js#L1082

```
Resource._loadTypeMap = {
    // images
    gif:    Resource.LOAD_TYPE.IMAGE,
    png:    Resource.LOAD_TYPE.IMAGE,

    (中略)

    // audio
    mp3:    Resource.LOAD_TYPE.AUDIO,
    ogg:    Resource.LOAD_TYPE.AUDIO,
    wav:    Resource.LOAD_TYPE.AUDIO,

    // videos
    mp4:    Resource.LOAD_TYPE.VIDEO,
    webm:   Resource.LOAD_TYPE.VIDEO,
};
```

　実際にこの値を利用している箇所を見てみると、大まかに「_loadElement」「_loadSourceElement」「_loadXdr」「_loadXhr」と処理が分かれているのが確認できます。

リスト3-3-2　https://github.com/englercj/resource-loader/blob/v2.2.3/src/Resource.js#L446

```
switch (this.loadType) {
    case Resource.LOAD_TYPE.IMAGE:
        this.type = Resource.TYPE.IMAGE;
        this._loadElement('image');
        break;
```

```
    case Resource.LOAD_TYPE.AUDIO:
        this.type = Resource.TYPE.AUDIO;
        this._loadSourceElement('audio');
        break;

    case Resource.LOAD_TYPE.VIDEO:
        this.type = Resource.TYPE.VIDEO;
        this._loadSourceElement('video');
        break;

    case Resource.LOAD_TYPE.XHR:
        /* falls through */
    default:
        if (useXdr && this.crossOrigin) {
            this._loadXdr();
        }
        else {
            this._loadXhr();
        }
        break;
}
```

　一番下の「_loadXdr」は内部的にはXDomainRequestというAPIを利用していますが、こちらは非推奨のAPIですので、本書では取り扱いません。その下の「_loadXhr」では、XHttpRequest（以降xhr）というJavaScriptの基本的なHTTPリクエストAPIを利用しています。

　一方、「_loadElement」や「_loadSourceElement」は、DOMのimgタグやaudioタグの仕様を利用してリソースのダウンロードを行っています。

　xhrではなくDOM要素を利用している理由はいくつか考えられますが、主に以下のメリットを享受するためと考えられます。

- xhrと比較して、HTTP/1環境下でも並列ダウンロード処理数が多い
- DOMスレッドが利用できる
- ダウンロードデータをブラウザが適切に解釈してくれる

> **COLUMN**
>
> ### Webページ表示速度とブラウザ
>
> Webページの表示と一口に言っても、サーバへのリクエストやレスポンスのパース、JavaScriptコンパイルやCSSの適用など、ブラウザがやるべきことはさまざまです。
>
> ある程度の規模のWebサービスのように、多くのHTML、CSS、JavaScriptを利用している場合、その表示速度を速めるためにブラウザがどのようにリクエストを投げ、レスポンスをパースし、どのタイミングでDOMに紐づいたリソースをダウンロードするか、などを正しく理解してページを構築する必要があります。
>
> 本書でも、以降の章でパフォーマンス・チューニングについて触れますが、DOMに関する領域は本書で解説する範囲とは異なり、またトピックとしても大きいものとなるので、本書では必要最低限の解説に止めます。

さて、「resource-loader」には、もう1つ面白い特色があります。ソース上では、middlewareと称されていますが、Loaderによるダウンロード処理の前後にユーザー任意の処理を挟むことができるようになっています（リスト3-3-3、3-3-4）。

リスト3-3-3　https://github.com/englercj/resource-loader/blob/v2.2.3/src/Loader.js#L656
```
Loader.pre = function LoaderPreStatic(fn) {
    Loader._defaultBeforeMiddleware.push(fn);

    return Loader;
};
```

リスト3-3-4　https://github.com/englercj/resource-loader/blob/v2.2.3/src/Loader.js#L670
```
Loader.use = function LoaderUseStatic(fn) {
    Loader._defaultAfterMiddleware.push(fn);

    return Loader;
};
```

PIXI.jsではこれを利用して、Imageリソースを取得できたタイミングでTextureインスタンスをResourceインスタンスのプロパティに割り当てています。

PIXI.jsは、描画エンジンであってゲームエンジンではないため、サウンドデータを扱いませんが、本書では後ほどresource-loaderのmiddlewareの仕組みを利用してサウンドデータに後処理を施し、ゲーム内でWebAudio経由で利用できるようにします。

ダウンロードに関わる役割分担

リソースダウンロードの仕組みを作っていく上で、何をしなければならないのか、誰が責任を持って処理すべきかを洗い出します。

▶ DO

① **Scene**：ダウンロードするリソースを指定する
② **Scene 基底クラス**：ダウンロード処理をする
③ **GameManager**：ダウンロード処理をトリガーする
④ **Scene**：ダウンロード結果をハンドリングする
⑤ **新しいエンティティ**：リソースの URL を提供する

　リソースの URL を提供するエンティティは、現時点では存在しないので新しく作ります。ダウンロード処理は、さまざまな箇所で自由に行われると統制できなくなるため、シーンの基底クラスに集約されているほうがよいでしょう。
　また、ダウンロード処理自体の開始はシーン単体で行ってもよいのですが、前節で実装したトランジション処理中のリソース先読みの恩恵を受けるために、GameManager から実行させます。
　以降は、上記の順に実装を進めます。

①ダウンロードするリソースを指定する

　すでに実装してあるシーンの基底クラスに、リスト 3-3-5 に示したメソッドを追加します。
　「createInitialResourceList」としているのは、リソースダウンロードは必ずしも単純な一往復で済む性質のものばかりではないため、あらかじめ複数回のダウンロードを前提として最初のリソースリストを意図するためです。

リスト3-3-5 Sceneへのリソースリスト取得メソッド追加（src/example/Scene.ts）
ブランチ：feature/resource_download_interface

```
protected createInitialResourceList(): (LoaderAddParam | string)[] {
    return [];
}
```

　このメソッドは、個別シーン実装でリソース情報を含む配列を返すことを想定していますが、デフォルトでは空配列を返します。
　「LoaderAddParam」は、PIXI.js の Loader の add メソッドが受けるパラメータを表しており、リスト 3-3-6 のような型定義となります。

リスト3-3-6 addメソッドの引数型定義の補完（src/interfaces/PixiTypePolyfill/LoaderAddParam.ts）
ブランチ：feature/resource_download_interface

```
interface LoaderAddParam {
    name: string;
    url: string;
}
```

②ダウンロード処理フローの実装

同じくシーンの基底クラスに、リスト 3-3-7 に示したメソッドを追加します。

リスト3-3-7 Sceneへのリソース関連メソッド追加（src/example/Scene.ts）
ブランチ：feature/resource_download_interface

```typescript
/**
 * リソースダウンロードのフローを実行する
 */
public beginLoadResource(onLoaded: () => void): Promise<void> {
    return new Promise((resolve) => {
        this.loadInitialResource(() => resolve());
    }).then(() => {
        onLoaded();
    }).then(() => {
        this.onResourceLoaded();
    });
}

/**
 * 最初に指定されたリソースをダウンロードする
 */
protected loadInitialResource(onLoaded: () => void): void {
    const assets = this.createInitialResourceList();
    const filteredAssets = this.filterLoadedAssets(assets);

    if (filteredAssets.length > 0) {
        PIXI.loader.add(filteredAssets).load(() => onLoaded());
    } else {
        onLoaded();
    }
}

/**
 * beginLoadResource完了時のコールバックメソッド
 */
protected onResourceLoaded(): void {
}

/**
 * 渡されたアセットのリストから、ロード済みのものをフィルタリングする
 */
private filterLoadedAssets(assets: (LoaderAddParam | string)[]): LoaderAddParam[]
{
    const assetMap = new Map<string, LoaderAddParam>();

    for (let i = 0; i < assets.length; i++) {
        const asset = assets[i];
        if (typeof asset === 'string') {
            if (!PIXI.loader.resources[asset] && !assetMap.has(asset)) {
```

```
                assetMap.set(asset, { name: asset, url: asset });
            }
        } else {
            if (!PIXI.loader.resources[asset.name] && !assetMap.has(asset.name)) {
                assetMap.set(asset.name, asset);
            }
        }
    }

    return Array.from(assetMap.values());
}
```

loadInitialResource、beginLoadResourceと類似したメソッドがありますが、「beginLoadResource」はリソースダウンロード全体のワークフローを、「loadInitialResource」はダウンロード個別処理を行う、という棲み分けです。

「filterLoadedAssets」は、ダウンロード予定のリソースのリストとダウンロード済のリソースから重複を取り除くためのメソッドです。

resource-loader の仕様として、すでにダウンロード済みのリソースをダウンロードしようとした場合にエラーが発生してしまうため、利用する側で事前に取り除きます。

③ダウンロード処理のトリガー

トランジション処理と合わせて制御するために、この処理は GameManager に組み込みます。新しくプロパティを追加し、前節で実装した「loadScene」の中身を改修します（リスト3-3-8）。

リスト3-3-8 GameManager.loadSceneの改修（src/example/GameManager.ts）
ブランチ：feature/resource_download_interface

```
private sceneResourceLoaded: boolean = true;

(中略)

/**
 * シーンをロードする
 * 新しいシーンのリソース読み込みと、古いシーンのトランジションを同時に開始する
 * いずれも完了したら、新しいシーンのトランジションを開始する
 */
public static loadScene(newScene: Scene): void {
    const instance = GameManager.instance;

    if (instance.currentScene) {
        instance.sceneResourceLoaded = false;
        instance.sceneTransitionOutFinished = false;
        newScene.beginLoadResource(() => {
            instance.sceneResourceLoaded = true;
            GameManager.transitionInIfPossible(newScene);
        });
```

```
        instance.currentScene.beginTransitionOut((_: Scene) => {
            instance.sceneTransitionOutFinished = true;
            GameManager.transitionInIfPossible(newScene);
        });
    } else {
        instance.sceneTransitionOutFinished = true;
        newScene.beginLoadResource(() => {
            instance.sceneResourceLoaded = true;
            GameManager.transitionInIfPossible(newScene);
        });
    }
}
```

　古いシーンが存在する場合、リソースのロードと古いシーンのトランジション処理を同時に開始し、いずれの処理が完了したとしても「transitionInIfPossible」を実行するようにします。

　古いシーンがなければリソースのロードが完了次第、そのまま「transitionInIfPossible」を実行します。transitionInIfPossible の中身も、「sceneResourceLoaded」を評価するように変えましょう（リスト3-3-9）。

リスト3-3-9　GameManager.transitionInIfPossibleの改修（src/example/GameManager.ts）
　　　　　　ブランチ：feature/resource_download_interface

```
public static transitionInIfPossible(newScene: Scene): boolean {
    const instance = GameManager.instance;

    if (!instance.sceneResourceLoaded || !instance.sceneTransitionOutFinished) {
        return false;
    }

    (中略)
}
```

　ここまでの実装で、既存の動作を変えずにシーンの読み込みができているはずです。
　同じ内容のソースコードを「feature/resource_download_interface」ブランチの「src/example」以下にコミットしているので、合わせて参照してください。

④ダウンロードするリソースの指定

　ここでは、実際にゲームのタイトル画面のシーンを作り、リソースをダウンロードして表示します。まずは、新たに「'TOUCH TO START'」とだけ表示する「TitleScene.ts」を用意します。

リスト3-3-10　ゲームのタイトル画面（src/example/TitleScene.ts）
　　　　　　　ブランチ：feature/title_resource_download

```
export default class TitleScene extends Scene {
    private text!: PIXI.Text;

    constructor() {
```

```
        super();

        this.transitionIn  = new Fade(1.0, 0.0, -0.02);
        this.transitionOut = new Fade(0.0, 1.0, 0.02);

        const renderer = GameManager.instance.game.renderer;

        this.text = new PIXI.Text('TOUCH TO START', new PIXI.TextStyle({
            fontSize: 64,
            fill: 0xffffff
        }));
        this.text.anchor.set(0.5, 0.5);
        this.text.position.set(renderer.width * 0.5, renderer.height * 0.5);
        this.addChild(this.text);

        this.interactive = true;
        this.on('pointerup', () => this.showOrderScene());
    }

    /**
     * リソースリストを作成し返却する
     */
    protected createInitialResourceList(): (LoaderAddParam | string)[] {
        const assets = super.createInitialResourceList();
        return assets;
    }

    /**
     * リソースがロードされた時のコールバック
     */
    protected onResourceLoaded(): void {
        super.onResourceLoaded();
    }

    /**
     * タップされたときのコールバック
     */
    public showOrderScene(): void {
        console.log("should go to order scene");
    }
}
```

　ここで、タイトルに表示する背景用の画像を「createInitialResourceList」で指定するようにします（リスト 3-3-11）。

リスト3-3-11 TitleScene背景リソースの指定（src/example/TitleScene.ts）
ブランチ：feature/title_resource_download

```
protected createInitialResourceList(): (LoaderAddParam | string)[] {
    const assets = super.createInitialResourceList();
    assets.push(assets/'battle/bg_1_1.png');
    assets.push(assets/'battle/bg_1_2.png');
    assets.push(assets/'battle/bg_1_3.png');
    assets.push(assets/'battle/bg_2_1.png');
    assets.push(assets/'battle/bg_2_2.png');
    assets.push(assets/'battle/bg_2_3.png');
    assets.push(assets/'battle/bg_3_1.png');
    assets.push(assets/'battle/bg_3_2.png');
    assets.push(assets/'battle/bg_3_3.png');
    return assets;
}
```

　このままでも要件は満たしますが、URLの指定が直値であるのは問題です。そこで、リソースのURLを管理するオブジェクトを切り出します（リスト3-3-12）。

リスト3-3-12 リソース情報の切り出し（src/example/Resources.ts）
ブランチ：feature/title_resource_download

```
const Resource = Object.freeze({
    Static: {
        BattleBgFores: [
            'battle/bg_1_1.png',
            battle/bg_1_2.png',
            (中略)
        ],
        BattleBgMiddles: [
            (中略)
        ],
        BattleBgBacks: [
            (中略)
        ]
    }
});

export default Resource;
```

　リソースのURLエントリーポイントは「assets/」であるため、こちらをゲーム全体の設定として切り出します。ただし、この設定方法はPIXI.js v4であるかv5であるかで変わってきます。

　v4の場合は、PIXIオブジェクトが静的なプロパティとして共有のLoaderインスタンスを保持していますが、v5の場合はPIXI.Applicationインスタンスが共有のLoaderインスタンスを有しています。

　本書では、それぞれの定義箇所が異なるため、両パターンの設定方法をリスト3-3-13（V4）、3-3-14（V5）に記載します。

リスト3-3-13 v4での設定情報の切り出し（src/example/Config.ts）
ブランチ：feature/title_resource_download

```ts
import * as PIXI from 'pixi.js';

const Config = Object.freeze({
    ResourceBaseUrl: 'assets/'
});

// PIXIのloaderプロパティにbaseUrlを設定
PIXI.loader.baseUrl = Config.ResourceBaseUrl;

export default Config;
```

リスト3-3-14 v5での設定情報の切り出し（src/example/GameManager.ts）
ブランチ：feature/title_resource_download

```ts
public static start(params: {
    glWidth: number,
    glHeight: number,
    option?: PIXI.ApplicationOptions
}): void {
    const game = new PIXI.Application(params.glWidth, params.glHeight, params.option);
    // PIXI.ApplicationインスタンスのloaderプロパティにbaseUrlを設定
    game.loader.baseUrl = Config.ResourceBaseUrl;

    （中略）
}
```

これで、個別シーンでのリソース指定の抽象度を上げることができるようになりました（リスト 3-3-15）。

リスト3-3-15 TitleScene背景リソースの指定（src/example/TitleScene.ts）
ブランチ：feature/title_resource_download

```ts
protected createInitialResourceList(): (LoaderAddParam | string)[] {
    let assets = super.createInitialResourceList();
    const staticResource = Resource.Static;
    assets = assets.concat(staticResource.BattleBgFores.slice(0, 3));
    assets = assets.concat(staticResource.BattleBgMiddles.slice(0, 3));
    assets = assets.concat(staticResource.BattleBgBacks.slice(0, 3));
    return assets;
}
```

index.ts で Config をロードし、起動時のシーンを TitleScene になるようにします（リスト 3-3-16）。

リスト3-3-16 index.tsでのConfig読み込みと起動シーンの変更（src/index.ts）
ブランチ：feature/title_resource_download

```ts
import TitleScene from 'example/TitleScene';
import GameManager from 'example/GameManager';
import 'example/Config';
```

```
window.onload = () => {
    GameManager.start({
        glWidth: 1136,
        glHeight: 640,
        option: {
            backgroundColor: 0x222222
        }
    });
    // 最初のシーンの読み込み
    GameManager.loadScene(new TitleScene());
};
```

ここまでの実装で、Chrome の「devtool」から実際に背景画像に対する通信が発生していることが確認できます（図 3-3-1）。

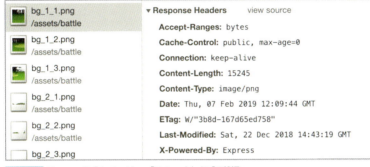

図 3-3-1 Chrome の「devtool」－「Network」タブの状況

実際にリソースが取得できていることを確認できたら、あとは表示するだけです。text も含めて「onResourceLoaded」で構築するようにします（リスト 3-3-17）。

リスト3-3-17 TitleScene背景リソースの指定 (src/example/TitleScene.ts)
ブランチ：feature/title_resource_download

```
protected onResourceLoaded(): (LoaderAddParam | string)[] {
    super.onResourceLoaded();
    const resources = PIXI.loader.resources;

    const bgOrder = [
        Resource.Static.BattleBgBacks,
        Resource.Static.BattleBgMiddles,
        Resource.Static.BattleBgFores
    ];

    for (let i = 0; i < bgOrder.length; i++) {
        const bgs = bgOrder[i];
        for (let j = 0; j < 3; j++) {
            const sprite = new PIXI.Sprite(resources[bgs[j]].texture);
            sprite.position.set(sprite.width * j, 0);
            this.addChild(sprite);
        }
    }
```

```
    }

    const renderer = GameManager.instance.game.renderer;

    this.text = new PIXI.Text('TOUCH TO START', new PIXI.TextStyle({
        fontSize: 64,
        fill: 0xffffff
    }));
    this.text.anchor.set(0.5, 0.5);
    this.text.position.set(renderer.width * 0.5, renderer.height * 0.5);
    this.addChild(this.text);

    this.interactive = true;
    this.on('pointerup', () => this.showOrderScene());
}
```

サウンドをダウンロードする

リソースダウンロードの仕組みができたので、サウンドデータであるmp3をダウンロードしてみましょう。Resourceにサウンドデータの定義を追加します。

リスト3-3-18 サウンドデータURLの定義(src/example/Resources.ts)
ブランチ：feature/title_resource_download

```
Audio: {
    Bgm: {
        Title: 'audio/bgm_title.mp3'
    },
    Se: {
    }
}
```

同様に、これを利用したリソースをシーンのリソースリストに追加します。

リスト3-3-19 サウンドデータダウンロード(src/example/TitleScene.ts)
ブランチ：feature/title_resource_download

```
assets.push(Resource.Audio.Bgm.Title);
```

この状態でdevtoolから、ダウンロードしたサウンドデータがどのような状態かを確認してみましょう。consoleで該当する「PIXI.loader.resources」の「dataプロパティ」を入力すると表示されます。

resource-loaderは、mp3をDOMのaudioとして取得しているため、dataプロパティには「audio」が割り当てられています（図3-3-2）。

```
> PIXI.loader.resources['audio/bgm_title.mp3'].data
< ▶<audio preload="auto">…</audio>
```

図3-3-2 Chromeの「devtool」－「Console」タブでのサウンドリソースの表示

▶ ACHIEVEMENT

　サウンドを含めたリソース取得から、シーンでの利用まで一通りできるようになりました。ここまでとほぼ同じ内容の実装を「feature/title_resource_download」ブランチにコミットしていますので、合わせて参照してください。
　現状では、静的な UI 作りの処理が手作業によるプログラミングに依存していますが、この問題は後ほど UI のためのシステムを開発して解決します。
　また、サウンドのリソースにおいても、現時点でも play メソッドなどの再生・停止の API は利用できますが、ブラウザの場合はメディアの自動再生ポリシーによって再生処理に制約があり、特にモバイルではダウンロード後にそのまま再生することはできません。この問題は次の節で解決します。

> **COLUMN**
>
> ### DOM の audio 要素
>
> 　本書ではほとんど触れませんが、DOM にはオーディオを扱うための「audio 要素」が存在します。WebAudio と比較して非常に簡便な API であるため、単純に音を鳴らすだけなら非常に使い勝手がよいでしょう。
> 　ブラウザでは諸々の事情があり、オーディオコーデックについてはブラウザ間で完全に共通でサポートされているものがありません。その事情を加味して、audio タグではサウンドリソースに複数のコーデックのリソースを指定することができます。

3.4 サウンドの再生

前節でリソースダウンロードを行ったものの、サウンドを再生するための基本的な仕組みにはまだ触れていませんでした。本節では、サウンドを「WebAudio」で再生制御するための基本的な仕組みを実装します。

▶ PROBLEM

モバイルブラウザにおけるサウンド再生は、ブラウザベンダー各社による自動再生ポリシーに則って、おおよその場合は自動再生が禁止されています。

また、resource-loader によるサウンドリソースのダウンロードは、自動的に DOM の audio として行われるようになっているため、そのままでは WebAudio として取り扱うことができません。

▶ APPROACH

サウンドの自動再生は許容されていないものの、ユーザーが画面をタップすればユーザー操作が発生したと見なされるため、以降はサウンドの再生制御が Web ページ側に委譲されるようになります。この仕様を利用して、サウンド再生制御をゲーム側で行えるようにします。

また、サウンドを「WebAudio」として利用するために、resource-loader のミドルウェアの機能を利用してサウンドファイルをバイナリに読み替えられるようにします。

サウンド再生自体は DOM の audio の利用でも実現できますが、DOM は JavaScript レイヤでの直接的なメモリ管理ができなかったり、細やかな再生制御や音響効果の実現では WebAudio に劣ったりするため、この節を通して WebAudio の基本理解や、再生制御するための基本的な仕組みを用意しておいたほうがよいでしょう。

COLUMN ブラウザのメディア自動再生ポリシー

自動再生は、サウンドだけでなく動画においても重要なファクターです。こちらもブラウザベンダー各社においてポリシーが異なりますが、サウンド再生が伴う動画の自動再生については、どちらかというと制約が厳しくなる傾向にあります。

たとえば Chrome の場合、特定条件下においては自動再生を許容するなどの仕様が入っています。

- Autoplay Policy Changes
  https://developers.google.com/web/updates/2017/09/autoplay-policy-changes

サウンド再生制御を奪う

実際に前節でダウンロードした BGM を「onResourceLoaded」で再生してみます。

```
PIXI.loader.resources[Resource.Audio.Bgm.Title].data.play();
```

環境によっては、意図したとおりに再生されないでしょう。本書執筆時点の「Android Chrome 72」でも再生されないことを確認しています。これは先に記述したブラウザの自動再生ポリシーが作用しているためです。

サウンドの再生はユーザーのタップ操作を契機に行えば、以降のサウンド再生制御はゲーム側に委譲されるため、実際にサウンドを再生しようがしまいが、ユーザーの最初のタップで擬似的にサウンド再生処理を行うようにします。

これを実現するために、俯瞰的にサウンドに関わる処理を行う存在として新たに「SoundManager」という名前でクラスを作成します（リスト 3-4-1）。

リスト3-4-1　SoundManagerの実装（src/example/SoundManager.ts）
ブランチ：feature/webaudio_sound_min_impl

```typescript
export default class SoundManager {
    // シングルトンインスタンス
    public static instance: SoundManager;

    // AudioCntextインスタンスのゲッタ
    public static get sharedContext(): AudioContext | null {
        return SoundManager.context;
    }

    // AudioCntextインスタンス実態
    private static context: AudioContext | null = null;

    constructor() {
        if (SoundManager.instance) {
            throw new Error('SoundManager can not be initialized twice');
        }
    }

    // 初期化処理、ユーザ指定のAudioContextインスタンスを受け入れる
    public static init(ctx?: AudioContext): void {
        if (SoundManager.instance) {
            return;
        }

        SoundManager.instance = new SoundManager();

        if (ctx) {
            SoundManager.context = ctx;
        } else {
```

```
        const AudioContextClass = (window as any).AudioContext
            || (window as any).webkitAudioContext;
        SoundManager.context = new AudioContextClass();
    }

    const browser = detect();
    if (!browser) {
        return;
    }

    SoundManager.setSoundInitializeEvent(browser);
}

// サウンドを初期化するためのイベントを登録する
public static setSoundInitializeEvent(
    browser: BrowserInfo | BotInfo | NodeInfo
): void {
}
}
```

　SoundManager は、シングルトンインスタンスとして機能させます。
　init 内では、ゲーム内共通で利用する「AudioContext」のインスタンスを生成しています。AudioContext とは、WebAudio におけるオーディオソースの生成やオーディオデータのデコードを行う API です。AudioContext はブラウザベンダーによってはプリフィックスが付いている可能性があるため、複数の名称で AudioContext を参照しています。
　init メソッドでは、将来的にサウンド系ミドルウェアを導入することを考慮し、そのミドルウェアが持つ AudioContext インスタンスの共用を可能にするため、引数で受け取れるようにしています。AudioContext インスタンスは 1 つあれば十分であるため、今回の実装においては単一のインスタンスのみを扱うようにしています。余談ですが、Chrome の過去のバージョンでは、AudioContext のインスタンス生成数に上限がありました。
　setSoundInitializeEvent の引数には、BrowserInfo などの見慣れない型が宣言されていますが、これは detect-browser というブラウザ情報を識別する npm が提供する型定義です。この節以降、ブラウザ情報の取得にはこのモジュールを利用するため、ここでインストールしておきましょう。

```
$ npm i detect-browser --save
```

　ブラウザ情報を取得するための npm モジュールはほかにもあるので、読者の好みに合ったモジュールを利用して構いません。

> **COLUMN**
>
> **npm と型定義**
>
> ここで利用している detect-browser は、パッケージに TypeScript 型定義ファイルも内包されていますが、npm で提供されているほかのモジュールは、必ずしもTypeScript の型定義が提供されているとは限りません。その場合、DefinetlyTypedという TypeScript 型定義のみを扱うリポジトリがあるので、まずはそこに存在しないかどうかを探すのがよいでしょう。
>
> ● DefinetlyTyped
>   https://github.com/DefinitelyTyped/DefinitelyTyped
>
> 多くの場合、npm パッケージ名は「@types/[モジュール名]」という命名規則で付けられているので、この命名規則に従えば、モジュールが存在する場合に npm インストールすることが可能です。
>
> PIXI.js も JavaScript で記述されたモジュールですが、この DefinetlyTyped に型定義がコミットされています。なお、DefinetlyTyped へのコミットはモジュール本体の作者が行っているとは限らず、有志によるコミットで成り立っているケースもあります。そのため、I/F は必ずしもモジュール本体のバージョンに追随できているとは限りません。
>
> もしも古い型定義を見つけた場合、DefinetlyTyped へ PR を送るなどして、OSS へ貢献することができます。

次に、実際にサウンドを擬似的に再生させる「setSoundInitializeEvent」の中身を実装していきます（リスト 3-4-2）。

リスト3-4-2 setSoundInitializeEventの実装（src/example/SoundManager.ts）
ブランチ：feature/webaudio_sound_min_impl

```typescript
public static setSoundInitializeEvent(browser: BrowserInfo | BotInfo | NodeInfo): void {
    const eventName = (document.ontouchend === undefined)
        ? 'mousedown'
        : 'touchend';
    let soundInitializer: () => void;

    const majorVersion = (browser.version) ? browser.version.split('.')[0] : '0';

    if (browser.name === 'chrome' && Number.parseInt(majorVersion, 10) >= 66) {
    } else if (browser.name === 'safari') {
    } else {
        return;
    }

    document.body.addEventListener(eventName, soundInitializer);
}
```

本書で対象とするブラウザは Chrome と Safari であるため、それぞれの処理を記述し

ます。

　Chromeはデベロッパーブログにおいても、ユーザーのタップを契機にAudioContextのresume()をコールすることで、サウンド再生ができるようになるということを明言しています。

● Chrome デベロッパーブログ
https://developers.google.com/web/updates/2018/11/web-audio-autoplay

　Chrome用の処理は、これに従って実装します（リスト3-4-3）。なお、自動再生ポリシーが厳格になったのはバージョン66以降ですので、この処理は66以降のみを対象にしています。

リスト3-4-3　Chrome用サウンド制御初期化処理（src/example/SoundManager.ts）
ブランチ：feature/webaudio_sound_min_impl

```
if (browser.name === 'chrome' && Number.parseInt(majorVersion, 10) >= 66) {
    soundInitializer = () => {
        if (SoundManager.sharedContext) {
            SoundManager.sharedContext.resume();
        }
        document.body.removeEventListener(eventName, soundInitializer);
    };
}
```

> **COLUMN　Chromeの自動再生ポリシー**
>
> 　Chromeのバージョン66以降から自動再生ポリシーが厳格になったと述べましたが、66の自動再生ポリシーはマイナーバージョンアップで取り下げられた経緯があり、厳密には66と71以降となります。
>
> 　デベロッパーブログでは、特にゲームを提供するWebページへの影響が大きかったことが要因である、との説明がなされています。
>
> ● Web Audio, Autoplay Policy and Games
> https://developers.google.com/web/updates/2018/11/web-audio-autoplay

　次に、Safari用の処理を実装します。Safariは無音のサウンドを作成し、再生後すぐに停止するという処理を行っています（リスト3-4-4）。

リスト3-4-4　Safari用サウンド制御初期化処理（src/example/SoundManager.ts）
ブランチ：feature/webaudio_sound_min_impl

```
} else if (browser.name === 'safari') {
    soundInitializer = () => {
        if (SoundManager.sharedContext) {
            const silentSource = SoundManager.sharedContext.createBufferSource();
            silentSource.buffer = SoundManager.sharedContext.createBuffer(1, 1, 44100);
            silentSource.connect(SoundManager.sharedContext.destination);
```

```
            silentSource.start(0);
            silentSource.disconnect();
        }

        document.body.removeEventListener(eventName, soundInitializer);
    };
}
```

setSoundInitializeEvent は、SoundManager.init 内で実行するようにしてあるので、ゲーム起動時に SoundManager.init を実行するようにします。GameManager の start 内で実行するのが適切でしょう（リスト 3-4-5）。

リスト3-4-5 ゲーム起動時のSoundManager初期化（src/example/GameManager.ts）
ブランチ：feature/webaudio_sound_min_impl

```
public static start(params: {
    glWidth: number,
    glHeight: number,
    option?: PIXI.ApplicationOptions
}): void {

    (中略)

    SoundManager.init();
    (中略)

}
```

サウンドデータを WebAudio 用にダウンロードする

現時点でサウンドデータは、DOM の audio としてダウンロードされますが、サウンドを DOM ではなく「WebAudio」で制御するために、ダウンロードしたリソースの後処理を加えます。ここからサウンドの再生まで、少しやらなければならないことが多いので最初に全体像を整理しましょう。

①resource-loader によるサウンドのダウンロードを DOM の audio ではなく、バッファ（application/octet-binary）としてダウンロードできるようにする
②resource-loader のミドルウェアでダウンロードしたバッファを、AudioContext で AudioBuffer にデコードする
③AudioSourceNode を扱う Sound クラスを実装し、AudioBuffer を再生できるようにする

このうち、まずはサウンドをバッファとしてダウンロードできるようにするために、SoundManager に useWebAudio というメソッドを追加し、init で実行するようにします（リスト 3-4-6）。

初期化済みであるかどうかのフラグと、SoundManager でサポートするサウンド

フォーマットを拡張子で指定したものも合わせてプロパティに持たせます。

リスト3-4-6　useWebAudioメソッド（src/example/SoundManager.ts）
ブランチ：feature/webaudio_sound_min_impl

```typescript
// SoundManagerがサポートするサウンドファイル拡張子
private static readonly supportedExtensions = ['mp3'];
// WebAudio利用の初期化済みフラグ
private static webAudioInitialized: boolean = false;

public static init(ctx?: AudioContext): void {
    （中略）
    SoundManager.useWebAudio(browser);
}

/**
 * オーディオデータをパースするためのPIXI.Loaderミドルウェアを登録する
 */
public static useWebAudio(browser: BrowserInfo | BotInfo | NodeInfo): void {
    if (SoundManager.webAudioInitialized) {
        return;
    }

    const supportedExtensions = SoundManager.supportedExtensions;

    // xhrでバッファとして取得する拡張子を登録
    for (let i = 0; i < supportedExtensions.length; i++) {
        const extension = supportedExtensions[i];
        const PixiResource = PIXI.loaders.Loader.Resource;
        PixiResource.setExtensionXhrType(
            extension,
            PixiResource.XHR_RESPONSE_TYPE.BUFFER
        );
        PixiResource.setExtensionLoadType(
            extension,
            PixiResource.LOAD_TYPE.XHR
        );
    }

    SoundManager.webAudioInitialized = true;
}
```

PIXI.js v5系では、PIXI.loaders.Loader.Resource の型定義を、以下のように読み替えてください。

```
v4
PIXI.loaders.Loader.Resource

v5
PIXI.LoaderResource
```

ここでは、ダウンロードする拡張子に対して resource-loader で扱うファイル種別を

どのように扱うかを設定しています。

　setExtensionXhrType の設定内容によって、ダウンロードするデータについてどのようなファイル種別として扱うべきか、また resource.data にダウンロードしたデータを詰める際にどのような後処理をすべきかが決定されます。setExtensionLoadType の設定では、どのような手段でリソースをダウンロードすべきかが決定されます。

　ここでは、拡張子に mp3 を持つファイルを「application/octet-binary」として扱い、xhr を利用してダウンロードするようにしています。

　これで、意図したデータとしてサウンドをダウンロードすることができるようになりましたが、setExtensionXhrType でバッファとしてダウンロードするようにしたため、AudioBuffer にデコードする後処理が必要です。resource-loader は、リソース毎に任意の後処理を追加することができるので、useWebAudio 内でその処理を追加してしまいます（リスト 3-4-7）。

リスト3-4-7　resource-loaderミドルウェアの追加（src/example/SoundManager.ts）
ブランチ：feature/webaudio_sound_min_impl

```typescript
public static useWebAudio(browser: BrowserInfo | BotInfo | NodeInfo): void {
    (中略)

    // Chromeの一部バージョンでサウンドのデコード方法が異なる
    const majorVersion = (browser.version) ? browser.version.split('.')[0] : '0';
    let methodName = 'decodeAudio';
    if (browser.name === 'chrome' && Number.parseInt(majorVersion, 10) === 64) {
        methodName = 'decodeAudioWithPromise';
    }

    // resource-loaderミドルウェアの登録
    PIXI.loader.use((resource: any, next: Function) => {
        const extension = resource.url.split('?')[0].split('.')[1];
        if (extension && supportedExtensions.indexOf(extension) !== -1) {
            // リソースにbufferという名前でプロパティを増やす
            (SoundManager as any)[methodName](resource.data, (buf: AudioBuffer) => {
                resource.buffer = buf;
                next();
            });
        } else {
            next();
        }
    });

    (中略)
}
```

　ここでは、ダウンロードしたリソースが SoundManager としてサポートするサウンドファイルであれば、SoundManager でオーディオデータとしてデコードし、リソースオブジェクトに「buffer」という名前でプロパティを追加する、という処理を行っています。

　デコード処理のメソッドを SoundManager で 2 種類持つ理由は、Chrome の特定のバージョンで、AudioContext の decodeAudioData メソッドのインターフェースが異

なるためです。バグか仕様かはわかりませんが、バージョン64でのみコールバックは引数に渡す形ではなく、返り値のPromiseで実行する形になっています。

なおSafariでは、Promiseを用いないほうのインターフェースで問題ありません。

リスト3-4-8 デコード処理の実装（src/example/SoundManager.ts）
ブランチ：feature/webaudio_sound_min_impl

```ts
/**
 * オーディオデータのデコード処理
 */
public static decodeAudio(
    binary: any,
    callback: (buf: AudioBuffer) => void
): void {
    if (SoundManager.sharedContext) {
        SoundManager.sharedContext.decodeAudioData(binary, callback);
    }
}

/**
 * オーディオデータのデコード処理
 * ブラウザ種別やバージョンによってはI/Fが異なるため、こちらを使う必要がある
 */
public static decodeAudioWithPromise(
    binary: any,
    callback: (buf: AudioBuffer) => void
): void {
    if (SoundManager.sharedContext) {
        SoundManager.sharedContext.decodeAudioData(binary).then(callback);
    }
}
```

さて、ここまででサウンドリソースのダウンロード処理をWebAudio向けに改修することができました。この状態で、前節の最後のようにChromeのdevotoolのConsoleからダウンロードしたリソースの情報を見てみましょう。「buffer」という名前でAudioBufferの実態が割り当てられていると思います（図3-4-1）。

```
> PIXI.loader.resources['audio/bgm_title.mp3'].buffer
< ▼AudioBuffer {length: 1950336, duration: 44.22530612244898, sampleRate: 44100, numberOfChannels: 2}
    duration: 44.22530612244898
    length: 1950336
    numberOfChannels: 2
    sampleRate: 44100
  ▶ __proto__: AudioBuffer
```

図3-4-1 bufferプロパティの内容を確認

これで、WebAudioで用いるためのデータとしてサウンドリソースをダウンロードできるようになりました。

サウンドデータを WebAudio で再生する

ここからは、AudioBuffer を利用してサウンドを再生するための仕組みを実装します。わかりやすく「Sound」という名前でクラスを作り、まずは空の実装でインターフェースだけを用意します（リスト 3-4-9）。

リスト3-4-9 Soundクラス（src/example/Sound.ts）
ブランチ：feature/webaudio_sound_min_impl

```typescript
export default class Sound {
    constructor(buf: AudioBuffer) {
    }

    public play(loop: boolean = false, offset: number = 0): void {
    }
    public stop(): void {
    }
    public pause(): void {
    }
    public resume(): void {
    }
}
```

次にコンストラクタと、再生を行う play メソッドを実装します（リスト 3-4-10）。後で利用する loop プロパティも合わせて定義しておきます。

リスト3-4-10 再生処理の実装（src/example/Sound.ts）
ブランチ：feature/webaudio_sound_min_impl

```typescript
public loop: boolean = false;

/**
 * コンストラクタ
 * AudioBufferはユーザー側で用意する
 */
constructor(buf: AudioBuffer) {
    if (!SoundManager.sharedContext) {
        return;
    }

    this.buffer = buf;
    this.gainNode = SoundManager.sharedContext.createGain();
}

/**
 * 再生開始
 */
public play(loop: boolean = false, offset: number = 0): void {
    const audioContext = SoundManager.sharedContext;
    if (!audioContext) {
        return;
    }
```

```
    this.loop = loop;

    // AudioSourceNodeの初期化
    this.source = audioContext.createBufferSource();
    // ループ情報の設定
    this.source.loop      = this.loop;
    this.source.loopStart = 0;
    this.source.loopEnd   = this.buffer.duration as number;
    // バッファを渡す
    this.source.buffer    = this.buffer;

    // AudioGainNodeをAudioContext出力先に接続
    this.gainNode.connect(audioContext.destination);
    // AudioSourceNodeをAudioGainNodeに接続
    this.source.connect(this.gainNode);
    // AudioSourceNode処理開始
    this.source.start(0, offset);
}
```

　WebAudio を利用したサウンド再生は、一般的なゲームエンジンのサウンド系 API の I/F とは様相が異なり、低レイヤな I/F が提供されています。WebAudio のコンセプトは、MDN のドキュメントなどで紹介されていますので、合わせて参照してください。

● MDN web docs
https://developer.mozilla.org/en-US/docs/Web/API/Web_Audio_API

　この play 内で登場する「AudioSourceNode」「AudioGainNode」「AudioContext.destination」の関係性は、次の図 3-4-2 のとおりです。

図 3-4-2　play 内の WebAudio 要素接続図

　ここまでの実装で、単純な WebAudio サウンドの再生が実現できるようになりました。
　TitleScene の onResourceLoaded に以下の行を追加して、実際にサウンドが再生されるかどうかを試してみましょう。自動再生ポリシーの制約がある場合、画面をタップすると再生されます。

```
new Sound((resources[Resource.Audio.Bgm.Title] as any).buffer).play();
```

　ここまでの実装を「feature/webaudio_sound_min_impl」ブランチの「src/example」配下にて実装しているので、合わせて参照してください。

そのほかの WebAudio サウンド制御

サウンドの再生はできるようになりましたが、一時停止などの再生制御や単純なボリューム変更にはまだ対応できていません。ここからは、残りのサウンド API らしい機能を実装していきます。

以下のリスト 3-4-11 では、サウンドの停止処理を実装しています。今後の一時停止と再生再開処理のために、再生開始しているかどうかのフラグとして「played」を追加し、適宜値を変更します。

ここで、AudioSourceNode に割り当てた buffer も null 代入して消し込んでいますが、Chrome バージョン 59 以下は、null 代入しようとするとエラーが発生する仕様のため、try/catch で捕捉しています。エラー発生時も後続の処理に問題はないため、そのままエラーを握りつぶしています。

また、再生済みの AudioSourceNode は再利用できないため、stop では破棄します。

リスト3-4-11　停止処理（src/example/Sound.ts）
ブランチ：feature/webaudio_sound_rest_features

```ts
private played: boolean = false;

/**
 * 再生開始
 */
public play(loop: boolean = false, offset: number = 0): void {
    (中略)

    this.played = true;
}

/**
 * 停止
 */
public stop(): void {
    if (!this.source || !this.played) {
        return;
    }

    this.source.disconnect();

    try {
        (this.source as any).buffer = null;
    } catch (_e) {
    }

    this.source.onended = null;
    this.source = null;
}
```

再生毎に AudioSourceNode を生成することは非効率に見えますが、AudioSourceNode は逐次作り直されることを前提に実装が最適化されています。

また、AudioSourceNode を確実に破棄するために、play 内で AudioSourceNode の onended コールバックとして stop を実行するようにします（リスト 3-4-12）。

リスト3-4-12　再生終了時コールバックの追加（src/example/Sound.ts）
ブランチ：feature/webaudio_sound_rest_features

```
public play(loop: boolean = false, offset: number = 0): void {
    (中略)

    this.source.onended = () => this.stop();
    (中略)
}
```

次に、一時停止と再開の操作を実装します。最初に、一時停止の実装をリスト 3-4-13 に示します。

リスト3-4-13　一時停止のための実装（src/example/Sound.ts）
ブランチ：feature/webaudio_sound_rest_features

```
private paused: boolean = false;
private offset: number = 0;
private playedAt: number = 0;

/**
 * サウンド再生時間を返す
 */
public get elapsedTime(): number {
    if (this.paused) {
        return this.offset;
    }

    const audioContext = SoundManager.sharedContext;
    if (!this.source || !audioContext) {
        return 0;
    }

    const playedTime = audioContext.currentTime - this.playedAt;

    // ループ再生の場合は合計の再生時間から割り出す
    if (this.loop) {
        const playLength = this.source.loopEnd - this.source.loopStart;
        if (playedTime > playLength) {
            return this.source.loopStart + (playedTime % playLength);
        }
    }
    return playedTime;
}

/**
 * 再生開始
```

```
 */
public play(loop: boolean = false, offset: number = 0): void {
    (中略)

    this.playedAt = audioContext.currentTime - offset;
    this.paused = false;
    (中略)

}

/**
 * 停止
 */
public stop(): void {
    (中略)

    this.paused = false;
    (中略)

}

/**
 * 一時停止
 */
public pause(): void {
    if (this.paused || !this.played || !this.source) {
        return;
    }
    this.offset = this.elapsedTime;
    this.stop();

    this.paused = true;
}
```

　一度再生した AudioSourceNode は再利用できないため、一時停止時も破棄して再開時に再生成する必要があります。ただし、停止ではなく一時停止であることを判別する必要があるため、「paused プロパティ」を定義し、true にしています。

　また、どこから再生を再開すべきかの情報として「offset プロパティ」を定義し、offset の値となる現在の再生地点を取得するための elapsedTime ゲッタも合わせて実装しています。

　elapsedTime 内部では、いつから再生開始したかを示す playedAt を参照していますが、こちらは AudioContext の currentTime を参照しています。

●W3C Editor's Draft：Web Audio API
　https://webaudio.github.io/web-audio-api/#dom-baseaudiocontext-currenttime

　currentTime は、簡単に説明すると絶対時間のようなもので、サウンド再生時にこの

値を保持することで一時停止時の相対的な再生時間が導出できるようにしています。

再開処理は、一時停止時に確保した offset の値をバッファの開始地点として指定して再生開始することで実現します。ループ再生時の再生時間は、単純な減算では導出できないので注意してください。

AudioSourceNode は loop プロパティを有していますが、play の第 1 引数に渡す段階では AudioSourceNode インスタンスが破棄されているため、play 実行時に確保しておいた loop フラグを渡すようにします（リスト 3-4-14）。

リスト3-4-14 再生再開の実装（src/example/Sound.ts）
ブランチ：feature/webaudio_sound_rest_features

```
public resume(): void {
    if (!this.paused || !this.played) {
        return;
    }
    this.play(this.loop, this.offset);

    this.paused = false;
}
```

サウンドのボリュームの制御

最後に、ボリュームを調整できるようにします。ボリュームは、サウンドデータの加工に該当するため、先に示した図 3-4-2 の Modification の要素である「GainNode」で制御します。

こちらは、再生や一時停止処理と比べると非常にシンプルです（リスト 3-4-15）。

リスト3-4-15 ボリュームの制御（src/example/Sound.ts）
ブランチ：feature/webaudio_sound_rest_features

```
public set volume(value: number) {
    if (this.gainNode) {
        this.gainNode.gain.value = value;
    }
}
public get volume(): number {
    return this.gainNode ? this.gainNode.gain.value : -1;
}
```

ここまでの実装内容を TitleScene で動作確認するために、リスト 3-4-16 の内容を TitleScene に加えます。音量が小さめの BGM が再生され、クリック毎に再生、一時停止が繰り返されるようになっていれば正常です。

リスト3-4-16 Sound実装の動作確認（src/example/TitleScene.ts）
ブランチ：feature/webaudio_sound_rest_features

```
private sound: Sound | null = null;

protected onResourceLoaded(): void {
    (中略)
```

```
    this.sound = new Sound((resources[Resource.Audio.Bgm.Title] as any).buffer);
    this.sound.volume = 0.25;
    this.sound.play();
}

public showOrderScene(): void {
    if (this.sound) {
        (this.sound.isPaused())
            ? this.sound.resume()
            : this.sound.pause();
    }
}
```

　この状態のソースコードを「feature/webaudio_sound_rest_features」ブランチの「src/example」以下にコミットしていますので、合わせて参照してください。

▶ ACHIEVEMENT

　本節では、基本的なサウンド制御を「WebAudio」を利用してできるようになりました。今後のゲーム内のサウンドは、Soundクラスを利用して再生することができきます。

　フェード処理や画面が非アクティブになった時の処理はまだ実装されていませんが、これらは後ほど解決します。

3.5 フォントを利用する

これまでテキストは、表示確認やデバッグの目的での用途としてしか利用してきませんでした。本節では、ゲームの世界観に合ったフォントを利用できるようにします。

▶ PROBLEM

PIXI.TextStyle には、フォントを指定するプロパティとして「fontFamily」が提供されています。しかし、ここで指定したフォントを実際に表示できるようにするには、これまでのリソースダウンロードの仕組みのみでは不十分です。

▶ APPROACH

WebGL に意図したフォントを表示するために、Web フォントや CSS を理解し、ゲーム起動時に必要なフォントを取得できるようにします。

TTF フォントを利用できるようにする

ブラウザで ttf フォントを利用できるようにするためには、CSS への記述が必要です。CSS とは、Web ページの HTML スタイルを定義するファイルで、たとえばテキストの大きさ、画像のサイズなどを指定するものです。

まずは、ゲームからは離れて、HTML で任意の ttf フォントを表示できるようにしてみます。base.css という名称で CSS ファイルを作成します（リスト 3-5-1）。

リスト3-5-1　スタイル定義（www/base.css）
ブランチ：feature/webfontloader_custom

```css
@font-face {
    font-family: 'MisakiGothic';
    src: url('assets/font/MisakiGothic.ttf') format('truetype');
}

p {
    font-family: 'MisakiGothic';
    color: #ff0000;
}
```

@font-face は、HTML で使用するフォントを指定しています。ローカル環境にインストールされているフォントファイルを利用することも可能で、その場合は src 要素に url ではなく、local 関数を利用します。

```
src: local('MisakiGothic');
```

src 要素は複数指定することもできるため、通信量削減のためにまずはローカル環境でフォントを探し、見つからなければリモートのフォントファイルを利用する、などのよう

な指定もできます。

「p {}」でくくられている宣言は、すべての p タグに適用するスタイルの宣言です。ここでは @font-face で指定したフォントを利用するようにし、テキストの色を赤くしています。

次に HTML でこの CSS を読み込むようにし、body 内で適当なテキストを p タグで囲って記述します（リスト 3-5-2）。

リスト3-5-2　テキスト表示（www/index.html）
ブランチ：feature/webfontloader_custom

```html
<!DOCTYPE html>
<html>
<head>
    <meta charset='utf-8'/>
    <meta name='viewport' content='width=device-width, initial-scale=1.0, user-scalable=no, viewport-fit=cover'/>
    <script type='text/javascript' src='tower-diffense.js'></script>
    <title>tower diffense</title>
</head>
<body>
    <p>test text</p>
</body>
</html>
```

p タグ内に記述したテキストにフォントが適用されていれば正常です。この状態で、TitleScene の「PIXI.TextStyle」に fontFamily の指定を追加します。

なお、PITX.TextStyle については、2 章の 2-3 節の「PIXI.js のテキスト」で解説しています。

```
this.text = new PIXI.Text('TOUCH TO START', new PIXI.TextStyle({
    fontFamily: 'MisakiGothic',
    fontSize: 64,
    fill: 0xffffff
}));
```

実行してみると、タイトルシーンで表示しているテキストにフォントが適用されていることが確認できますが、下部が切れています（図 3-5-1）。

図 3-5-1　ゲームの起動画面に指定したフォントで表示される

これは、PIXI のテキスト描画の問題で、類似の issue が何件か github で報告されています。

- PIXI.js の github
  https://github.com/pixijs/pixi.js/issues/4500

この issue でも会話されているとおり、本書執筆時点での解決方法は以下の 2 種類です。

- 適宜 padding の値を与える
- フォントサイズを測るための文字列を指定する

後者はフォント中で最も heigh が高いグリフを知っている必要があるため、それを理解していれば最適な手法となりますが、本書では padding の値で調整する手法を採用します。

先ほどの PIXI.TextStyle のパラメータに「padding」を追加します。

```
this.text = new PIXI.Text('TOUCH TO START', new PIXI.TextStyle({
    fontFamily: 'MisakiGothic',
    fontSize: 64,
    fill: 0xffffff,
    padding: 12
}));
```

これで、フォントが適切に表示されている状態になりました（図 3-5-2）。

図 3-5-2　正常に表示されたゲームの起動画面

ここで、先ほどの p タグ内のテキストは不要になったので、p タグに関する HTML の記述と CSS の記述を削除します。もう一度ゲームを起動すると、今度はフォントが適用されていないことが確認できます（図 3-5-3）。

図 3-5-3　p タグの記述を削除すると、フォントが適用されない

実は、CSS の @font-face の定義は、定義された段階ではフォントがダウンロードされません。先ほど HTML に記述した p タグのように、HTML 要素として実際にフォントを利用する要素が出現してはじめてダウンロードされます。

pタグは先ほど削除してしまったため、HTMLがフォントをダウンロードする契機が失われ、WebGL上のテキストでも利用できなくなってしまいました。

WebGL上でもフォントを利用するために、先ほどのpタグを残しておいてもよいのですが、本質的な問題解決には至っていないので、強制的にフォントをダウンロードさせるようにします。

webfontloaderによるフォントのダウンロード

フォントを強制的にダウンロードするため、「webfontloader」というモジュールを利用します。webfontloaderは、npmで提供されており、githubでソースコードも公開されています。

- webfontloader（npm）
  https://www.npmjs.com/package/webfontloader

- webfontloader（github）
  https://github.com/typekit/webfontloader

こちらをプロジェクトで利用するnpmとしてインストールします。詳しい利用方法は、githubのREADME.mdに記載があるので本書では割愛します。

```
$ npm i webfontloader --save
```

フォントは、ゲームが起動するよりも前に取得されていることが好ましいので、index.tsに処理を追加します。まずは、webfontloaderを利用したフォントのロード処理を追記します（リスト3-5-3）。

リスト3-5-3　webfontloaderの利用（www/index.ts）
ブランチ：feature/webfontloader_custom

```
let fontLoaded   = false;
let windowLoaded = false;

WebFont.load({
    custom: {
        families: [Resource.FontFamily.Default],
        urls: ['base.css']
    },
    active: () => {
        fontLoaded = true;
        if (windowLoaded) {
            initGame();
        }
    }
});
```

リソースのURLを利用する必要があるので、Resourceに適宜追記します。

フォントのロードは、window読み込みとシーケンシャルに実行する必要性はないた

め非同期にロードし、windowのロードとフォントのロードが完了していたらゲームを起動する、という初期化処理に変更します。

リスト3-5-4 window読み込みとフォントのロードの非同期化（www/index.ts）
ブランチ：feature/webfontloader_custom

```
window.onload = () => {
    windowLoaded = true;
    if (fontLoaded) {
        nitGame();
    }
}
```

最後に、これまでのゲーム起動処理を initGame という関数内で処理するようにします（リスト 3-5-5）。

リスト3-5-5 ゲーム起動処理の関数化（www/index.ts）
ブランチ：feature/webfontloader_custom

```
function initGame() {
    GameManager.start({...});
    （中略）

}
```

▶ ACHIEVEMENT

これで、WebGL 上のテキストにもフォントが適用できるようになりました。ほかにもフォントファイルをホスティングしていれば、CSS と webfontloader の追記のみで利用することができます。

この状態のコードを「feature/webfontloader_custom」ブランチにコミットしてありますので、合わせて参照してください。

▶ EXTRA STAGE

「webfontloader」は、Google と TypeKit（現 Adobe Font）による共同開発のモジュールです。そのため、あらかじめ Google Fonts や TypeKit を読み込むことに最適化された API が提供されています。

興味があれば、それらのフォントの利用なども試してみるとよいでしょう。

3.6 メインループ

本書では PIXI.js を利用しているため、メインループ処理の登録は PIXI.Application の「ticker」を利用していました。しかし、ブラウザのどのような仕組みを利用してメインループ処理を実現しているかについてはまだ触れていなかったので、その仕組みについて詳解しておきます。

Ticker

「3-2 シーンを作る」の節で利用した Ticker について、改めて深掘りしていきましょう。本書執筆時点での「PIXI.js 4.8.5」での ticker.add の中身はリスト 3-6-1 のようになっています。

リスト3-6-1 Tickerのaddメソッドの実装（src/core/ticker/Ticker.js）
ブランチ：feature/title_scene_mainloop

```
add(fn, context, priority = UPDATE_PRIORITY.NORMAL)
{
    return this._addListener(new TickerListener(fn, context, priority));
}
```

Listener という形でメインループ関数を登録しています。_addListener の中身を見てみると、TickerListener の connect メソッドを実行した後、_startIfPossible メソッドを実行しています（リスト 3-6-2）。

リスト3-6-2 Tickerの_addListenerメソッドの実装（src/core/ticker/Ticker.js）
ブランチ：feature/title_scene_mainloop

```
_addListener(listener)
{
    // For attaching to head
    let current = this._head.next;
    let previous = this._head;

    // Add the first item
    if (!current)
    {
        listener.connect(previous);
    }

    （中略）

    this._startIfPossible();

    return this;
}
```

TickerListener の connect の中身では、前後の TickerListener に自身を紐づけており、

これにより ticker.add への複数メソッドの登録や実行順序を制御しているようです（リスト 3-6-3）。

リスト3-6-3 TickerListenerのconnectメソッドの実装（src/core/ticker/TickerListener.js）
ブランチ：feature/title_scene_mainloop

```
connect(previous)
{
    this.previous = previous;
    if (previous.next)
    {
        previous.next.previous = this;
    }
    this.next = previous.next;
    previous.next = this;
}
```

Ticker の実装に戻ります。_addListener の最後で実行されていた _startIfPossible では、その名称どおりメインループの実行を行っているように見えます。

すでにメインループが起動している場合は _requestIfNeeded を実行し、そうでなければ start を実行しています。start では started フラグを立て、_requestIfNeeded を実行しています（リスト 3-6-4）。

リスト3-6-4 Tickerの_startIfPossibleとstartメソッドの実装（src/core/ticker/Ticker.js）
ブランチ：feature/title_scene_mainloop

```
_startIfPossible()
{
    if (this.started)
    {
        this._requestIfNeeded();
    }
    else if (this.autoStart)
    {
        this.start();
    }
}

(中略)

start()
{
    if (!this.started)
    {
        this.started = true;
        this._requestIfNeeded();
    }
}
```

_requestIfNeeded では、requestAnimationFrame を実行しています（リスト 3-6-5）。これで、ようやくメインループ処理の核心に到達しました。

リスト3-6-5	Tickerの_requestIfNeededメソッドの実装（src/core/ticker/Ticker.js） ブランチ：feature/title_scene_mainloop

```
_requestIfNeeded()
{
    if (this._requestId === null && this._head.next)
    {
        // ensure callbacks get correct delta
        this.lastTime = performance.now();
        this._requestId = requestAnimationFrame(this._tick);
    }
}
```

　requestAnimationFrame は、ブラウザの window オブジェクトが提供する API で、引数の関数を次のフレームで実行することをリクエストするためのメソッドです。多くの場合、引数の関数は 1/60 秒後に処理されますが、パフォーマンスやディスプレイのリフレッシュレートに影響を受ける場合があります。

　このほかにも、ウィンドウが非アクティブの状態では、requestAnimationFrame に渡された関数の実行の保留が起こります。本書では後ほど、ウィンドウが非アクティブ時の処理について実際に実装していきます。

　なお、requestAnimationFrame でメインループを実現するためには、requestAnimationFrame で渡した関数内で新たに requestAnimationFrame を実行する必要があります。最も簡単にメインループを実装しようとすると、リスト 3-6-6 のようなコードになるでしょう。

リスト3-6-6	requestAnimationFrameによるメインループ最小構成 ブランチ：feature/title_scene_mainloop

```
function mainLoop() {
    // do something
    requestAnimationFrame(mainLoop);
}

mainLoop();
```

> **COLUMN**
>
> ### Hoisting の仕様
>
> 本文の例で、mainLoop 関数の中で mainLoop 関数が実行されていることに疑問を感じた読者は多いと思います。これは、JavaScript の言語仕様によって Hoisting（巻き上げ）として定義されている仕様で、関数の定義が完了する前での任意関数の実行が実現できるものです。
>
> もっと極端な例では、次のようなコードも実行可能です。
>
> ```
> say('hello !!'); // prints 'hello !!' on console
>
> function say(somthing) {
>     console.log(somthing);
> }
> ```
>
> しかし、あまり多用するとコードとしての可読性に影響するため、本当に必要なときのみに利用するなど、節度を持って活用しましょう。

Ticker クラスにおいて requestAnimationFrame に渡す関数は、this._tick としてコンストラクタ内で定義されています（リスト 3-6-7）。

リスト3-6-7 _tickプロパティの関数実装（src/core/ticker/Ticker.js）
ブランチ：feature/title_scene_mainloop

```javascript
this._tick = (time) =>
{
    this._requestId = null;

    if (this.started)
    {
        // Invoke listeners now
        this.update(time);
        // Listener side effects may have modified ticker state.
        if (this.started && this._requestId === null && this._head.next)
        {
            this._requestId = requestAnimationFrame(this._tick);
        }
    }
};
```

この中でも requestAnimationFrame が実行されているので、メインループ起動時のrequestAnimationFrame と継続実行時の requestAnimationFrame は、明確に分けて処理しているようです。

this.update では、これまで登録した TickerListener の実行を行っていますが、TickerListener に渡す引数の deltaTime の算出は、以下のようになっています。

```
this.deltaTime = elapsedMS * settings.TARGET_FPMS * this.speed;
```

settings.TARGET_FPMS はデフォルトで「0.06」となっており、ミリ秒毎に経過させ

るフレーム数を表しています。つまり、デフォルトでは1フレームの経過に16.666…ミリ秒必要となり、これは「60FPS」に相当する値です。

elapsedMS は、requestAnimationFrame をブラウザが意図どおり 60FPS で更新してくれている場合は 16.666…ミリ秒になるため、「elapsedMS * settings.TARGET_FPMS」の結果は1フレームとなります。

これに対して speed を乗算し、経過フレーム数の加速や減速を表現できるようにしています。つまり、this.deltaTime には経過させるべきフレーム数が代入されており、これが各 TickerListener の引数として渡されます。

アニメーション系ミドルウェアなどを利用している場合、引数として渡される this.deltaTime を利用するかしないかで、フレーム単位でアニメーションさせるか、実時間でアニメーションさせるかの選択を行うことができます。また、アクションゲームを作る場合にも、実時間でメインループ処理を行うかどうかでゲーム性や難易度も変わってきます。

本書では、タワーディフェンス系ゲームを開発しますが、実時間ではなくフレーム単位での処理に統一します。

TitleScene のテキストを明滅させる

PIXI.js におけるメインループを理解したところで、改めて実際に使ってみます。

まずは、アニメーション用フレーム数がどれだけ経過したかを知るために、基底シーンクラスにプロパティを追加し、update メソッド内でインクリメントするようにします(リスト 3-6-8)。

もしも経過時間で処理させたい場合は、ここをインクリメントではなく elapsedFrameCount の値で加算するようにします。

リスト3-6-8 基底シーンクラスの拡張 (src/example/Scene.js)
ブランチ：feature/title_scene_mainloop

```
protected elapsedFrameCount: number = 0;

public update(delta: number): void {
    this.elapsedFrameCount++;
    (中略)

}
```

TitleScene では、この elapsedFrameCount の値を利用してテキストの明滅処理を行います。この節では、明滅する間隔を直値ではなく自身のプロパティとして定義します(リスト 3-6-9)。

リスト3-6-9 TitleSceneメインループでのテキスト明滅処理 (src/example/TitleScene.js)
ブランチ：feature/title_scene_mainloop

```
private readonly textAppealDuration: number = 20;

public update(dt: number): void {
    super.update(dt);
```

```
    if (this.elapsedFrameCount % this.textAppealDuration === 0) {
        const visible = this.text.visible;
        this.text.visible = !visible;
    }
}
```

ここまでのコードを「feature/title_scene_mainloop」にコミットしていますので、合わせて参照してください。

▶ ACHIEVEMENT

これで、タイトルのテキストが明滅するようになりました。紙面ではわかりにくいですが、ドット絵調の背景と相まってよりレトロな雰囲気が出ています（図 3-6-1）。

図 3-6-1 タイトルのテキストの明滅

▶ EXTRA STAGE

本節では、TitleScene 内で直接 PIXI.Text のインスタンスを生成し、メインループで処理させていましたが、基底シーンの registerUpdate の仕組みを利用してメインループ処理をテキストオブジェクトに委譲させることもできます。

TitleScene の実装を簡潔にしたい読者は、ぜひ試してみてください。

基礎編

3

ゲームづくりの基本要素

基礎編

CHAPTER 4

 ゲームを作り込む

本章では「ゲームを作り込む」と題し、第1章の「本書で作るゲーム」で示したタワーディフェンス型のサンプルゲームを実現できるように、これまで開発してきた基本機能を利用しつつ、ゲームロジックなどのゲームのコアとなる部分の開発を行います。

PIXI.jsを深く活用する章でもあるので、実践を通してPIXI.jsの理解が得られると思います。そのためHTML5ならではのノウハウを中心とする章とはなりませんが、ネイティブゲーム開発と比較した際に、随所でその差分への気づきがあると思います。

本章の工程終了時には、開発したゲームで一通りのゲームプレイができるようになりますが、それでも細かいエフェクトなどはmasterブランチとの差分が若干あります。基本的なゲームの実装をすべて終えた後、masterブランチを参考にしながら、エフェクトなどの読者任意の「味付け」をぜひ行ってみてください。

本章で開発する内容は、以下のとおりです。

- UIシステム
- スプライトシートを用いたアニメーションの再生制御
- タッチ操作と連動して動作するオブジェクト
- ゲームロジック

4.1 PIXI.jsによる描画

3章では、ゲームに必要な基本的な要素の実装を行ってきました。この章からは、より「ゲームっぽさ」を引き出すためのゲーム要素の開発を進めていきます。

この節ではまず、これから作り込んでいくゲーム機能の前提として、PIXI.jsが有する機能とそうでない機能を把握しておきましょう。

PIXI.jsのゲームでの利用

PIXI.jsは、「2D表現向けのレンダリングエンジン」で、ゲームライブラリではありません。すでに、3章でいくつかの機能を実装していますが、改めてゲーム要素の中からPIXI.jsでサポートしているものと、そうでないものに分けてみます。

PIXI.jsがサポートするゲーム要素を実現する機能
- パーティクル
- 9 slice
- テクスチャアトラス
- シェーダー
- タップなどのユーザーインタラクション
- オンメモリでのリソースのキャッシュ

PIXI.jsがサポートしないゲーム要素を実現する機能
- シーンの概念
- サウンドシステム
- コリジョン
- UIシステム
- 動作環境（ブラウザ）のServiceWorkerなどの固有機能やライフサイクルイベントの取扱い
- 任意ストレージでのリソースの保存
- ビルド、パブリッシュ、デプロイ

前章で実装したとおり、サウンドシステムなどはPIXI.jsでサポートされていないため、PIXI.jsのAPIは登場しませんでした。PIXI.jsでサポートしていない要素の多くは、ブラウザ技術と密接に関係のある要素です。

PIXI.jsの描画処理ウォークスルー

PIXI.jsが提供する2D描画系処理は、本書で扱うには少し大きいトピックですので詳細は割愛しますが、ここで全体像だけを把握しておきましょう。ここでは、「PIXI.js v4.8.3」をサンプルにします。

PIXI.jsのメインループは、Applicationインスタンスで回されますが、メインループではただrendererプロパティのrenderメソッドをコールしているだけです。

リスト4-1-1　https://github.com/pixijs/pixi.js/blob/v4.8.3/src/core/Application.js#L135-L138

```
render()
{
    this.renderer.render(this.stage);
}
```

rendererプロパティは、実行環境によって割り当てられるインスタンスが異なりますが、ここではWebGLRendererであるという前提でコードを追っていきます。

WebGLRendererのrenderメソッドの引数として、stageプロパティが渡されていますが、stageプロパティは描画すべきオブジェクトがすべて含まれているPIXI.

Containerインスタンスです。

PIXI.Containerは、PIXI.DisplayObjectを継承するクラスですが、ここではその名のとおり描画すべきオブジェクトと解釈します。WebGLRendererのrenderメソッドを見てみると、引数として渡されたオブジェクト自身がrenderWebGLメソッドをコールしていることがわかります。

リスト4-1-2　https://github.com/pixijs/pixi.js/blob/v4.8.3/src/core/renderers/webgl/WebGLRenderer.js#L329
```
displayObject.renderWebGL(this);
```

つまり、個別オブジェクトの描画処理や子要素の描画については、対象のオブジェクトに大きく委譲していることになります。

stageプロパティのコンストラクタであるContainerのrenderWebGLメソッドを見てみると、さらに自身の_renderWebGLメソッドと子要素のrenderWebGLをコールしていることがわかります。

リスト4-1-3　https://github.com/pixijs/pixi.js/blob/v4.8.3/src/core/display/Container.js#L409-L415
```
this._renderWebGL(renderer);

// simple render children!
for (let i = 0, j = this.children.length; i < j; ++i)
{
    this.children[i].renderWebGL(renderer);
}
```

Container自体は何も描画しないため、_renderWebGLの実装は空です。

リスト4-1-4　https://github.com/pixijs/pixi.js/blob/v4.8.3/src/core/display/Container.js#L489-L492
```
_renderWebGL(renderer) // eslint-disable-line no-unused-vars
{
    // this is where content itself gets rendered...
}
```

Spriteなど、Containerを継承するクラスで描画が発生するようなクラスでは、異なる実装がされていることが確認できます。ここでは、プラグインとして登録されているSpriteRendererのWebGL実装のrenderメソッドをコールしています。

リスト4-1-5　https://github.com/pixijs/pixi.js/blob/v4.8.3/src/core/sprites/Sprite.js#L323-L329
```
_renderWebGL(renderer)
{
    this.calculateVertices();

    renderer.setObjectRenderer(renderer.plugins[this.pluginName]);
    renderer.plugins[this.pluginName].render(this);
}
```

SpriteRenderer の render メソッド内では、スプライトの数が規定数を越えたら描画されるような処理が入っています。

リスト4-1-6　https://github.com/pixijs/pixi.js/blob/v4.8.3/src/core/sprites/webgl/SpriteRenderer.js#L172-L192

```
render(sprite)
{
    // TODO set blend modes..
    // check texture..
    if (this.currentIndex >= this.size)
    {
        this.flush();
    }

    // get the uvs for the texture

    // if the uvs have not updated then no point rendering just yet!
    if (!sprite._texture._uvs)
    {
        return;
    }

    // push a texture.
    // increment the batchsize
    this.sprites[this.currentIndex++] = sprite;
}
```

flush メソッドの中身が最も具体的な描画処理で、WebGL に対してドローコマンドが発行されていることが確認できます。

リスト4-1-7　https://github.com/pixijs/pixi.js/blob/v4.8.3/src/core/sprites/webgl/SpriteRenderer.js#L466

```
gl.drawElements(gl.TRIANGLES, group.size * 6, gl.UNSIGNED_SHORT, group.start * 6 * 2);
```

これまでの解説を踏まえ、全体像を図示すると図 4-1-1 のようになります。

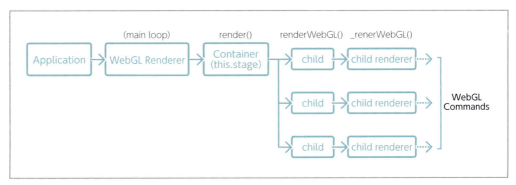

図 4-1-1　PIXI.js の描画処理フロー

JavaScript 上で操作する描画物と、それぞれのレンダラーが分離されていることがわかります。スプライト以外の描画物であるメッシュや 9 スライス、パーティクルなども同

様の構造で実装されています。

> **TIPS**　本書執筆時点で「PIXI.js v5 系」がリリースされていますが、v5.0.4 時点では大枠の描画処理フローに変更はありません。
> そのかわり WebGLRenderer が Renderer クラスに統合されていたり、SpriteRenderer が Btach Renderer に集約されていたりなど、個別クラスの名称や役割に変更があります。

これに対して、アプリケーション層でスプライトを表示したいと思った場合は、以下のようなコードで済ますことができます。

リスト4-1-8　スプライトを表示するためのサンプルコード

```
var app = new PIXI.Application(800, 600, { backgroundColor: 0x1099bb });
document.body.appendChild(app.view);

var bunny = PIXI.Sprite.fromImage('examples/assets/bunny.png');
bunny.position.set(100, 100);
app.stage.addChild(bunny);
```

このリストにあるように、PIXI.js の API を利用するだけのアプリケーション層では、描画に関わる処理をほとんど気にする必要がありません。

そのためデベロッパーは、描画物をどのタイミングでどの位置に表示するかなどのコンテンツそのもののロジックの開発に集中することが可能になります。

PIXI.js のリソース取得処理

ひとえに「画像を表示する」と言っても、画像リソースの取得は必須となります。PIXI.js では、ブラウザならではの画像リソース取得から表示を簡易に行えるようにするため、DOM を駆使していたり、resource-loader という npm モジュールを採用しています。

リスト 4-1-8 の例では、PIXI.Sprite.fromImage というメソッドを利用しましたが、このメソッドの内部実装では img タグを JavaScript 上で生成し、src 属性に引数の URL を割り当てています。img タグは load イベントを有するため、PIXI.js では画像のロード完了をトリガーにして、テクスチャの描画を更新しています。

異なる手法として、resource-loader を利用したリモートのリソース取得が挙げられます。resource-loader は不特定多数のリソースに対して、リソース種別に応じた適切なダウンロード処理を行ってくれるモジュールですが、これについては、以降の「リソースのダウンロード」の節で詳解します。

▶ ACHIEVEMENT

本節では、PIXI.js の描画処理の概要に触れました。

描画物とレンダラがそれぞれのクラスで分けられているため、描画処理をカスタマイズしたい場合はレンダラを個別に実装することで対応できることがわかりました。

本書では独自のレンダラ実装を行うことはありませんが、PIXI.js の拡張の作りやすさはある程度理解できたかと思います。

4-2 UIシステムを作る

前章では、「ゲームづくりの基本要素」と題して、一般的なゲームの必須要素とそれらの「HTML5」での利用方法を詳解しました。本節からは、これまでの内容を反復、あるいは応用・ブラッシュアップしながら、サンプルゲームの大枠を仕上げていきます。

ここでは、タイトルシーンから遷移する画面である「ユニット編成画面」のUI作りからはじめましょう。「ユニット編成画面」は、バトルに連れて行く味方ユニットを編成するための画面です。

▶ PROBLEM

本書で題材にしている「PIXI.js」では、Cocos CreatorのようなGUIでUI制作を行うことができるツールが提供されていません。

UI作りは、PIXI.jsの機能を使って行うこともできますが、現状ではデザイナーがプログラムを書けない限りは、UIの組み込み作業がエンジニアに依存することになります。組み込んだUIが正しいかどうかの判断は、デザイナーの担当になり、それぞれの作業の合間のコミュニケーションコストは低くありません。

また、ゲームを運用することを考慮した際に、UI更新の可能性は無視できないでしょう。UI組み込みをプログラム上で行っている場合、運用後もソースコードにUI更新に関する差分が発生するため、本来は抑制できるはずのエンバグのリスクが残ることになります。

▶ APPROACH

これらの問題を解決するために、ゼロからPIXI.js向けのGUIツールを開発することは現実的ではないため、本節では図4-2-1で示したユニット編成画面のUIをベースにして、このゲームでUIをデータで表現できるようにするまでを詳解します。

これによって、不要なプログラムの修正を避け、UI組み込み作業を簡略化します。また、組み込み作業を省略できる余地が生まれるので、UI制作から表示確認までをデザイナー作業のみで完結できる状態に近づけることができます。

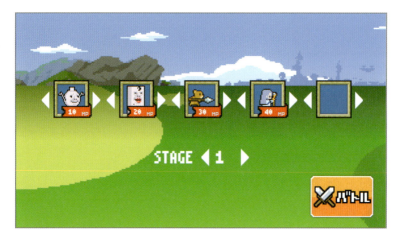
図 4-2-1 ユニット編成の UI 画面（ゴール）

COLUMN

UI をデータで表現する

UI のデータ表現は、Unity などの一般的なゲームエンジンで用いられている手法です。サードパーティのツールでも自作ツールでも、仕様どおりのデータを出力することができれば、対応するランタイムで UI を構築することが可能です。

本書では、HTML5 ゲーム開発においてプログラムで UI を実装する未来は予測していないため、「json」で表現されたデータから UI を構築する処理をできるだけゲーム本体から切り離すようにしています。

「UI」の定義

「UI をデータで表現する」と言っても、このゲームにおいての「UI とは何か」を定義しなければ進められません。そこで、このゲームでの UI を、次のように定義します。

- UI として表示される要素は、「画像」と「テキスト」である
- 座標などのパラメータ類は、ランタイムでの初期化時にすでに決定されている
- タップ操作などによる「イベント定義」を有することがある
- ランタイムで参照する任意のパラメータを有することがある

これに基づいて、UI を表現するデータのインターフェースを定義したものがリスト 4-2-1、リスト 4-2-2 です。同様に、type 毎に異なる params のスキーマを定義します（リスト 4-2-3、リスト 4-2-4）。

表現や運用面での都合によっては、anchor や alpha などのプロパティを任意で拡張してもよいでしょう。TextNodeParams の padding の値は、3 章「3-5 フォントを利用する」で表出した問題を解決するためのプロパティです。

なお、本節では設定可能なプロパティをホワイトリストとして定義していますが、より

柔軟に定義したい場合は、単に「[key: string]: any」と定義してもよいでしょう。

リスト4-2-1 UI要素の基本I/F (src/interfaces/UiGraph/Node.ts)
ブランチ：feature/ui_graph_min_example

```typescript
export default interface Node {
    "id": string;                    // 要素を識別するためのID
    "type": string;                  // sprite、textなどの表示物の種別
    "position": number[];            // 座標、インデックス順にx,y
    "params": {                      // type毎に特異なパラメータ
        [key: string]: number | string;
    };
    "events": Events[];              // イベント定義、複数の定義が可能
}
```

リスト4-2-2 イベントI/F (src/interfaces/UiGraph/Event.ts)
ブランチ：feature/ui_graph_min_example

```typescript
export default interface Event {
    "type": number;                  // pointerdownなどのイベント名
    "callback": string;              // イベント発火時のコールバックメソッド名
    "arguments": any[];              // コールバック引数
};
```

リスト4-2-3 spriteのparams (src/interfaces/UiGraph/SpriteNodeParams.ts)
ブランチ：feature/ui_graph_min_example

```typescript
export default interface SpriteNodeParams extends NodeParams {
    "textureName": string;  // テクスチャアトラスの場合のフレーム名
    "url": string;          // テクスチャを取得すべきURL
}
```

リスト4-2-4 textのparams (src/interfaces/UiGraph/TextNodeParams.ts)
ブランチ：feature/ui_graph_min_example

```typescript
export default interface TextNodeParams extends NodeParams {
    "family": string;       // フォント名
    "text": string;         // 表示テキスト
    "size": number;         // フォントのサイズ
    "color": string;        // テキストの色
    "padding": number;      // パディング
}
```

ランタイム実装の概要

データが定義できたので、これをもとにランタイム側でUIを表示する仕組みを開発します。大まかな処理の流れは、下記のとおりです。

① UI情報が定義されたjsonファイルをダウンロードする
② jsonファイル内の要素をパースしてインスタンス化する
③ インスタンスにjsonで定義されているパラメータやイベントを割り当てる
④ シーンにaddChildする

本書では割愛しますが、上記を単体のシーンの実装で満たしたものを「MinUiGraph Scene」として、「feature/ui_graph_min_example」ブランチの「src/example/MinUi GraphScene.ts」で実装していますので、参照してください。

「UI」の分離

イベント処理に対応した静的 UI をデータだけで構築できるようになりましたが、個別シーンに UI 構築処理を実装してしまっては、汎用性に欠けます。UI 構築はすべてのシーンで行う処理であるため、これを個別機能として切り離します。

これから開発する UI 構築モジュールを以降は「UI Graph」と称し、設計を行いましょう。現在行っている処理と、それを実行する責任を持つべき役割を整理するために、まずは「UI Graph」がやることとやらないことを明確にします。

▶ DO （UI Graph）

- UI 情報のデータスキーマを知っている
- UI 情報のパース
- インスタンス化すべきクラスの決定
- インスタンス化の実行
- インスタンスに UI 情報で定義されたパラメータを割り当てる
- インスタンスに UI 情報で定義されたイベントを割り当てる
- インスタンスを UI Graph 利用者に返す

▶ DON'T （UI Graph）

- UI 情報が配置されている URL を知っている

    リソース取得元の定義は、個別モジュールでなくリソース情報のマスターなどが管理すべきです。

- UI 情報のフォーマットが json であることを知っている

    本来は「UI Graph」が知り得ていてもよさそうですが、PIXI.js を利用している場合は resource-loader と json のパース処理が密結合であり、UI Graph が PIXI インターフェースを知り得ていなければならないことになるため、今回はやらないこととします。

- UI 情報のダウンロード処理
- テクスチャなどの追加リソースのダウンロード処理

    ダウンロード処理は、制御可能なように専用のモジュール、あるいはゲーム内の 1 箇所に集約されるべきです。

- 作成したインスタンスのキャッシュ

    最終的にはシーン上に配置されるオブジェクトの二重管理によるメモリリークのリスクを避けます。

- シーンへのインスタンスの addChild

    シーン下の要素の管理および制御は、シーンの役割です。

DOの「インスタンス化すべきクラスの決定」について、UI Graphで対応しているクラス以外を扱いたい場合に現状では代替手段がないため、UI Graph利用者側が任意のクラスを指定できるようにします。

また、DON'Tの「UI情報が配置されているURLを知っている」に記載しているように、リソース情報のマスターに相当するものが必要なことがわかりました。

これで、UI Graphとそれに関連したモジュールのインターフェースの全容が見えてきました。以降では、次の項目の実装について詳解します。

（1）各UI要素ファクトリ
（2）各ファクトリを外部に提供するクラス
（3）基底シーンへの組み込み、リソースロード処理の最適化
（4）基底シーンへの組み込み、UI構築処理

UI要素ファクトリの実装

まずは、UI要素のファクトリを実装しますが、ここでは基底クラスとPIXI.Sprite、およびPIXI.Textのファクトリをリスト4-2-5〜リスト4-2-8として示します。

リスト4-2-5 UI要素ファクトリ基本実装（src/example/factory/UiNodeFactory.ts）
ブランチ：feature/ui_graph_modulalize_example

```typescript
export default class UiNodeFactory {
    // パラメータを加味しないUI要素を返す
    public createUiNode(params?: UI.NodeParams): PIXI.Container | null {
        return new PIXI.Container();
    }

    // パラメータを加味したUI要素を返す
    public createUiNodeByGraphElement(nodeData: UI.Node): PIXI.Container | null {
        const node = this.createUiNode(nodeData.params);

        if (node) {
            node.name = nodeData.id;
            node.position.set(nodeData.position[0], nodeData.position[1]);
        }

        return node;
    }

    // イベントを定義する
    public attachUiEventByGraphElement(events: UI.Event[], node: PIXI.Container,
target: any): void {
        node.interactive = true;

        for (let i = 0; i < events.length; i++) {
            const event = events[i];
            const fx = target[event.callback];
            if (!fx) continue;
```

```
            node.on(event.type, () => fx.call(target, ...event.arguments));
        }
    }
}
```

リスト4-2-6　PIXI.Spriteのファクトリ (src/example/factory/SpriteFactory.ts)
ブランチ：feature/ui_graph_modulalize_example

```
export default class SpriteFactory extends UiNodeFactory {
    public createUiNode(nodeParams?: UI.SpriteNodeParams): PIXI.Container | null {
        const sprite = new PIXI.Sprite();

        if (nodeParams) {
            const textureName = nodeParams.textureName;
            if (textureName && PIXI.utils.TextureCache[textureName]) {
                sprite.texture = PIXI.utils.TextureCache[textureName];
            }
            if (nodeParams.anchor) {
                sprite.anchor.x = nodeParams.anchor[0];
                sprite.anchor.y = nodeParams.anchor[1];
            }
        }

        return sprite;
    }
}
```

リスト4-2-7　v4でのPIXI.Textのファクトリ (src/example/factory/TextFactory.ts)
ブランチ：feature/ui_graph_modulalize_example

```
export default class TextFactory extends UiNodeFactory {
    public createUiNode(nodeParams?: UI.TextNodeParams): PIXI.Container | null {
        const textStyleParams: PIXI.TextStyleOptions = {};

        const container = new PIXI.Text();

        if (nodeParams) {
            if (nodeParams.family !== undefined) {
                textStyleParams.fontFamily = nodeParams.family;
            }
            if (nodeParams.size !== undefined) {
                textStyleParams.fontSize = nodeParams.size;
            }
            if (nodeParams.color !== undefined) {
                textStyleParams.fill = nodeParams.color;
            }
            if (nodeParams.padding !== undefined) {
                textStyleParams.padding = nodeParams.padding;
            }
            if (nodeParams.anchor !== undefined) {
                container.anchor.set(...nodeParams.anchor);
```

```
            if (nodeParams.text !== undefined) {
                container.text = nodeParams.text;
            }
        }

        container.style = new PIXI.TextStyle(textStyleParams);

        return container;
    }
}
```

リスト4-2-8 v5でのPIXI.Textのファクトリ (src/example/factory/TextFactory.ts)
ブランチ：feature/ui_graph_modulalize_example

```
export default class TextFactory extends UiNodeFactory {
    public createUiNode(nodeParams?: UI.TextNodeParams): PIXI.Container | null {
        const textStyleParams: TextStyleOptionsV5 = {};

        if (nodeParams) {
            if (nodeParams.family !== undefined) {
                textStyleParams.fontFamily = nodeParams.family;
            }
            if (nodeParams.size !== undefined) {
                textStyleParams.fontSize = nodeParams.size;
            }
            if (nodeParams.color !== undefined) {
                textStyleParams.fill = nodeParams.color;
            }
            if (nodeParams.padding !== undefined) {
                textStyleParams.padding = nodeParams.padding;
            }
        }

        const style = new PIXI.TextStyle(textStyleParams);
        const container = new PIXI.Text(
            nodeParams && nodeParams.text ? nodeParams.text : '',
            style
        );

        if (nodeParams && nodeParams.anchor !== undefined) {
            container.anchor.set(...nodeParams.anchor);
        }

        return container;
    }
}
```

　PIXI.js v5系を利用している場合、本書執筆時点の「PIXI.js v5.0.4」では、まだv4の TextStyleOptions相当の型定義が提供されていません。anyの利用でも構いませんが、気になる方は独自で引数の型を定義して利用することができます。

リスト 4-2-9 の内容は、PIXI.js 本体が提供する型定義ファイルから、PIXI.TextStyle のコンストラクタ引数の情報を参照した作成した型情報です。

リスト4-2-9　PIXI.js v5系のPIXI.TextStyle引数型定義

```
type TextStyleOptionsV5 = {
    align?: string;
    breakWords?: boolean;
    dropShadow?: boolean;
    dropShadowAlpha?: number;
    dropShadowAngle?: number;
    dropShadowBlur?: number;
    dropShadowColor?: string | number;
    dropShadowDistance?: number;
    fill?: string | string[] | number | number[] | CanvasGradient | CanvasPattern;
    fillGradientType?: number;
    fillGradientStops?: number[];
    fontFamily?: string | string[];
    fontSize?: number | string;
    fontStyle?: string;
    fontVariant?: string;
    fontWeight?: string;
    leading?: number;
    letterSpacing?: number;
    lineHeight?: number;
    lineJoin?: string;
    miterLimit?: number;
    padding?: number;
    stroke?: string | number;
    strokeThickness?: number;
    trim?: boolean;
    textBaseline?: string;
    whiteSpace?: boolean;
    wordWrap?: boolean;
    wordWrapWidth?: number;
};

export default TextStyleOptionsV5;
```

次に、これらのファクトリを外部に提供するクラスを実装します。
UI Graph 利用者はこのクラスを通じることで、UI 要素の実態を意識せずに UI 系のオブジェクトを生成し、利用できるようになります。実装例をリスト 4-2-10 に示します。

リスト4-2-10　ファクトリを外部に提供するクラス（src/example/UiGraph.ts）
ブランチ：feature/ui_graph_modulalize_example

```
export default interface UiGraph {
    // UiNodeFactoryのキャッシュ
    private static cachedFactory: { [key: string]: UiNodeFactory; } = {};
    // ファクトリの取得
    static getFactory(type: string): UiNodeFactory | null {
        if (!UiGraph.cachedFactory[type]) {
```

```
            let Factory;

            switch (type) {
                case 'text':   Factory = TextFactory;   break;
                case 'sprite': Factory = SpriteFactory; break;
            }

            if (!Factory) return null;

            UiGraph.cachedFactory[type] = new Factory();
        }

        return UiGraph.cachedFactory[type];
    }
}
```

最後に、これまで実装してきた機能をシーンの基底クラスに共通処理として組み込みます。

シーン初期化のフローとして、リソースのロードには UI Graph で用いるリソースを加味するようになり、また初期画面構築時に、UI Graph を用いて生成した UI の配置処理が組み込まれます。

リソースダウンロードのフローは、すでに本節より前に実装されていますが、UI Graph を組み込むためにリファクタリングします（リスト 4-2-11）。

リスト4-2-11 基底クラスリソースダウンロードのフロー (src/example/Scene.ts)
ブランチ：feature/ui_graph_modulalize_example

```
public beginLoadResource(onLoaded: () => void): Promise<void> {
    return new Promise((resolve) => {
        this.loadInitialResource(() => resolve());
    }).then(() => {
        return new Promise((resolve) => {
            const additionalAssets = this.onInitialResourceLoaded();
            this.loadAdditionalResource(additionalAssets, () => resolve());
        });
    }).then(() => {
        this.onAdditionalResourceLoaded();
        onLoaded();
        this.onResourceLoaded();
    });
}
```

loadInitialResource は、最初に取得すべきリソースのダウンロードを開始することに変わりはありませんが、Ui Graph のデータダウンロードもこの中で行います。

次いで、loadInitialResource で取得したリソースが依存するリソースがある場合に、追加のダウンロードを行います。基底クラスでは、UI Graph のスプライトのテクスチャをここでダウンロードしますが、こちらも個別シーンの実装でオーバーライドすることで、任意のリソースを差し込むことができるようにします。

最後に、各種ダウンロード完了コールバックを実行します（リスト 4-2-12）。loadInitial

ResourceでUI Graphの情報を取得するので、ResourceにURLを提供するオブジェクトを追加します（リスト4-2-13）。

リスト4-2-12 基底クラスリソースダウンロードと完了時のコールバック（src/example/Scene.ts）
ブランチ：feature/ui_graph_modulalize_example

```
// UI Graph以外に利用するリソースがある場合に派生クラスで実装する
protected createInitialResourceList(): string[] {
    return [];
}

// UiGraph情報とcreateInitialResourceListで指定されたリソースのロードを行う
protected loadInitialResource(onLoaded: () => void): void {
    const assets = this.createInitialResourceList();
    const name = Resource.SceneUiGraph(this);
    assets.push(name);
    PIXI.loader.add(this.filterLoadedAssets(assets)).load(() => onLoaded());
}

// loadInitialResource完了時のコールバックメソッド
// 追加でロードしなければならないテクスチャなどの情報を返す
protected onInitialResourceLoaded(): string[] | LoaderAddParam[] {
    const additionalAssets = [];

    const name = Resource.SceneUiGraph(this);
    const uiGraph = PIXI.loader.resources[name];
    for (let i = 0; i < uiGraph.data.nodes.length; i++) {
        const node = uiGraph.data.nodes[i];
        if (node.type === 'sprite') {
            additionalAssets.push({ name: node.params.textureName, url: node.params.url });
        }
    }

    return additionalAssets;
}

// onInitialResourceLoadedで発生した追加のリソースをロードする
protected loadAdditionalResource(assets: string[] | LoaderAddParam[], onLoaded: () => void) {
    PIXI.loader.add(this.filterLoadedAssets(assets)).load(() => onLoaded());
}

// 追加のリソースロード完了時のコールバック。基底クラスでは何もしない
protected onAdditionalResourceLoaded(): void {
}

// すべてのリソースロード処理完了時のコールバック
protected onResourceLoaded(): void {
    const sceneUiGraphName = Resource.SceneUiGraph(this);
    const json = PIXI.loader.resources[sceneUiGraphName].data;
    this.prepareUiGraphContainer();
    this.addChild(this.uiGraphContainer);
}
```

リスト4-2-13 シーンごとのUI GraphデータURL（example/Resource.ts）
ブランチ：feature/ui_graph_modulalize_example

```
SceneUiGraph: (scene: Scene): string => {
    const snake_case = scene.constructor.name.replace(
        /([A-Z])/g,
        (s) => { return `_${s.charAt(0).toLowerCase()}`; }
    ).replace(/^_/, '');

    return `ui_graph/${snake_case}.json`;
},
```

　loadInitialResource 内で実行している「filterLoadedAssets」というメソッドは、ロード済アセットの排他処理を行う処理で、実装の表記は割愛します。
　onResourceLoaded のタイミングで、取得した UI Graph 情報を利用し、実際にシーン上に構築します。prepareUiGraphContainer という名称で実装されたメソッド内では、UI Graph 各要素のファクトリの取得とオブジェクト生成、およびシーンへの配置を行っています。
　シーン独自のファクトリを定義して利用できるように、「getCustomUiGraphFactory」というメソッドも合わせて提供しています（リスト 4-2-14）。

リスト4-2-14 UI Graphの構築（src/example/Scene.ts）
ブランチ：feature/ui_graph_modulalize_example

```
protected prepareUiGraphContainer(uiData: UI.Graph): void {
    for (let i = 0; i < uiData.nodes.length; i++) {
        const nodeData = uiData.nodes[i];

        let factory =
            UiGraph.getFactory(nodeData.type) ||
                this.getCustomUiGraphFactory(nodeData.type);
        if (!factory) continue;

        const node = factory.createUiNodeByGraphElement(nodeData);
        if (!node) continue;

        if (nodeData.events) {
            factory.attachUiEventByGraphElement(nodeData.events, node, this);
        }

        this.uiGraph[nodeData.id] = node;
        this.uiGraphContainer.addChild(node);
    }
}

protected getCustomUiGraphFactory(_type: string): UiNodeFactory | null {
    return null;
}
```

　以上で、UI Graph 自体の実装と、基底クラスへの UI Graph の組み込みが完了しました。UI をデータで表現するためのフレームワークの原型の完成です。

これらとほぼ同内容のコードを「feature/ui_graph_modulalize_example」ブランチの「src/example/」以下で実装しています。

カスタム UI の実装

ここまでで、UI 情報が json で表現できるようになり、新たに作成した UI 構築処理専用モジュールを Scene クラスで利用できるようにしました。

以降は、UI Graph 用の json さえ定義してしまえば、Scene 継承クラスで透過的に UI Graph を利用して、UI 情報を取得し構築することができます。しかし、図 4-2-2 にあるように、この状態ではユニット画像の赤帯の部分に本来表示されるべきユニットのコストが表示されていません。

ユニットのコストは静的な情報ではなく、運用上のパラメータ調整やユーザーのレベルアップによって変動する値です。それらの変動する値を取得するのはシーンの役割であるため、「シーンカスタム UI」を定義して利用できるようにします。

図 4-2-2 UI 画面にキャラクターごとの値などの動的要素を表示

リスト 4-2-15 に、今回のカスタム UI の実装である「UnitButton」クラスを示します。カスタム UI 単体は独立した単一の描画要素であり、UI Graph とは疎結合です。

リスト4-2-15　UnitButton クラス（src/example/UnitButton.ts）
ブランチ：feature/ui_graph_custom_node_example

```
export default class UnitButton extends PIXI.Container {
    public slotIndex: number = -1;
    public unitId: number = -1;
    public cost: number = -1;

    private button!: PIXI.Sprite;
    private text!: PIXI.Text;

    constructor(texture?: PIXI.Texture) {
        super();
```

```
        this.button = new PIXI.Sprite();
        this.text = new PIXI.Text('', {
            fontFamily: Resource.FontFamily.Default,
            fontSize: 24,
            fill: 0xffffff,
            padding: 4
        });

        this.text.position.set(46, 88);

        if (texture) {
            this.button.texture = texture;
        }

        this.addChild(this.button);
        this.addChild(this.text);
    }

    public init(slotIndex: number, unitId: number = -1, cost: number = -1): void {
        const texture = this.getTexture(unitId);
        if (!texture) {
            return;
        }

        this.slotIndex = slotIndex;
        this.unitId = unitId;
        this.button.texture = texture;
        this.text.text = (cost >= 0) ? `${cost}` : '';
    }

    public changeUnit(unitId: number = -1, cost: number = -1): void {
        const texture = this.getTexture(unitId);
        if (!texture) {
            return;
        }

        this.unitId = unitId;
        this.button.texture = texture;
        this.text.text = (cost >= 0) ? `${cost}` : '';
    }

    private getTexture(unitId: number = -1): PIXI.Texture | null {
        const resourceId = Resource.Dynamic.UnitPanel(unitId);
        const resource = PIXI.loader.resources[resourceId];
        if (!resource || !resource.texture) {
            return null;
        }
        return resource.texture;
    }
}
```

```
}
```

　UnitButtonに必要なテクスチャのURLも、UI Graphのjsonでは定義されず動的に指定されることが想定できるため、ResourceオブジェクトにURLを追加します（リスト4-2-16）。

リスト4-2-16 Resourceへのテクスチャ URL の追加（src/example/Resource.ts）
ブランチ：feature/ui_graph_custom_node_example

```
Dynamic: {
    UnitPanel: (unitId: number): string => {
        const id = (unitId > 0) ? unitId : 'empty';
        return `ui/units_panel/button/unit_${id}.png`;
    }
},
```

　基底シーンでは、すでにカスタムUIを想定したメソッドが用意されているため、基底シーン継承クラスでオーバーライドして対応することができます（リスト4-2-17）。
　またUI要素は、UiNodeFactoryとしてファクトリーモデルで生成されているため、ここにカスタムUI用のファクトリを追加すれば、インスタンスを生成して利用することができるようになります（リスト4-2-18）。

リスト4-2-17 基底シーンのメソッドのオーバーライド（src/example/OrderScene.ts）
ブランチ：feature/ui_graph_custom_node_example

```
protected getCustomUiGraphFactory(type: string): UiNodeFactory | null {
    if (type === 'unit_button') {
        return new UnitButtonFactory();
    }
    return null;
}

// リソースがロードされた時のコールバック
protected onInitialResourceLoaded(): (LoaderAddParam | string)[] {
    const additionalAssets = super.onInitialResourceLoaded();

    for (let i = 0; i < dummyUnitIds.length; i++) {
        additionalAssets.push(Resource.Dynamic.UnitPanel(dummyUnitIds[i]));
    }

    return additionalAssets;
}

// リソースロード完了後に実行されるコールバック
// UnitButton の初期化を行う
protected onResourceLoaded(): void {
    super.onResourceLoaded();

    let slotIndex = 0;
    const keys = Object.keys(this.uiGraph);
    for (let i = 0; i < keys.length; i++) {
```

```
        const key = keys[i];
        const entity = this.uiGraph[key];
        if (entity.constructor.name !== 'UnitButton') {
            continue;
        }

        const unitButton = (entity as UnitButton);
        if (dummyCosts[slotIndex] === -1) {
            unitButton.init(slotIndex, dummyUnitIds[slotIndex]);
        } else {
            unitButton.init(slotIndex, dummyUnitIds[slotIndex], dummyCosts[slotIndex]);
        }
        slotIndex++;
    }
}
```

リスト4-2-18 UiNodeFactoryを継承したカスタムUIファクトリ（src/example/factory/UnitButtonFactory.ts）
ブランチ：feature/ui_graph_custom_node_example

```
export default class UnitButtonFactory extends UiNodeFactory {
    public createUiNode(nodeParams?: UI.SpriteNodeParams): PIXI.Container | null {
        let texture = undefined;

        if (nodeParams) {
            const textureName = nodeParams.textureName;
            if (textureName && PIXI.utils.TextureCache[textureName]) {
                texture = PIXI.utils.TextureCache[textureName];
            }
        }

        return new UnitButton(texture);
    }
}
```

　ここまでで、OrderScene の UI が json の編集のみで構築できるようになりました。
　ほぼ同じ内容を「feature/ui_graph_custom_node_example」ブランチの「src/example」以下、および「www/assets/ui_graph/order_scene.json」で確認できます。
　TitleScene のタップのコールバック処理は、今まで console.log 出力のみで味気ないものでしたので、早速 OrderScene への遷移処理を入れてみましょう（リスト 4-2-19）。

リスト4-2-19 TitleSceneからOrderSceneへの遷移（src/example/TitleScene.ts）
ブランチ：feature/ui_graph_custom_node_example

```
public showOrderScene(): void {
    if (this.transitionIn.isActive() || this.transitionOut.isActive()) {
        return;
    }

    GameManager.loadScene(new OrderScene());
}
```

▶ ACHIEVEMENT

　本節で UI 情報を json で表現できるようにし、新たに作成した UI 構築処理専用モジュールを抽象シーンクラスで利用するようにしました。以降は、Scene 継承クラスで透過的に UI Graph を利用して、UI 情報を取得して構築することができます。
　なお、現時点の実装では、矢印ボタンを押下した時の表示切り替えなどには対応していませんが、本書では以降のユニット編成画面の実装を割愛します。maseter ブランチの「src/scenes/OrderScene.ts」で実装サンプルを公開しているので、参照してください。

図 4-2-3　この節で実装した完成画面

▶ EXTRA STAGE

　json の記述による UI 表現は、従前の JavaScript/TypeScript を直接編集する手法よりは学習難度が高くありませんが、まだまだハードルが低いとは言えません。
　本節で開発した仕組みによって効率のよい分業に現実味が出てきましたが、json データをデザイナーに編集してもらい、表示の確認まで行えるようになるためには、もう少し開発環境まわりを潤沢にする必要があるでしょう。エンジニアとしては、デザイナー向け確認環境の構築や手順作成、サードパーティ製の json エディタの選定を行うことによって、実務的な UI 制作作業の効率化が図ることができます。
　また、先に実装した TitleScene はここで開発した UI Graph によって構築されていないので、代替にチャレンジしてみてはいかがでしょうか。

4 3 スプライトシートによるアニメーション

本節では、2D表現のゲームでは欠かせない「スプライトシート」によるアニメーションを実装します。

もしも、すでに任意のHTML5向けのアニメーション系ミドルウェアを使い慣れている場合は、そちらの導入で目的は達成されますが、ここではPIXI.jsを用いた基本的なスプライトアニメーションの仕組みを詳解するため、実装を行っています。

なお、PIXI.jsでもスプライトシートはサポートされており、TexturePackerなどのスプライトシート生成ツールでも、PIXI.js向けのフォーマットがサポートされています。

▶ PROBLEM

PIXI.jsでは、スプライトシート自体はサポートされているものの、それを用いてアニメーションさせる機能は提供されていません。また、スプライトシート内に何種類のアニメーションが含まれているかなどの管理や制御もユーザー側で行う必要があります。

高級機能が提供されていない分、ユーザー側で自由に仕組みが作れる余地がありますが、本書のゲームにおいてアニメーションさせる機能がどのようなものかを定義する必要があります。

▶ APPROACH

アニメーションの実装自体は複雑ではないので、どのようにアニメーションを機能させるかを最初に決めておきます。

そのために、本書で開発するゲームにおいてスプライトシートを用いてアニメーションさせる要素を洗い出し、どの程度の汎用性を持たせて実装するか、あるいは汎用化が機能するかを検討します。

何がアニメーションするかの検討

本節で取り扱うアニメーションは、いわゆるパラパラ漫画のようなアニメーションです。

たとえば「歩く」ということを表現するために「右足を出しているテクスチャ」「左足を出しているテクスチャ」「両足が揃っているテクスチャ」のように、複数のテクスチャを必要とするものが対象です。

1章で、本書で開発するゲームの概要を紹介しましたが、その画面をもとに洗い出します。

図 4-3-1 ゲームのスタート画面

図 4-3-2 ゲームのユニット編成画面

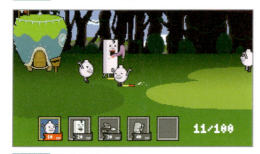

図 4-3-3 ゲームのバトル画面

図 4-3-4 ゲームの判定画面

このなかでは、図 4-3-3 のバトル画面に表示されているユニットがアニメーションしています。

また、敵拠点や味方拠点もアニメーションしてもおかしくありません。背景画像では、風がたなびくような表現もあり得るでしょう。しかし、このなかで複雑なアニメーション制御が必要なのはユニットのみで、ほかのアニメーションは単純に再生するだけでも問題はないでしょう。

ユニットのスプライトシートアニメーション

最も複雑なユニットのアニメーションを基準にして、アニメーションに関する仕組みにどのようなものが必要かを導出するために、バトル画面の整理を行います。

ユニットの状態に応じたアニメーション遷移

歩く、攻撃、ダメージ、待機などの個別のアニメーションを、ユニットが攻撃中であるかどうかによって変える必要があります。

また、攻撃アニメーションの最中にダメージを受けた時のアニメーションに遷移するなど、アニメーションを再生しきらずに異なるアニメーションに遷移する可能性があります（図 4-3-5）。

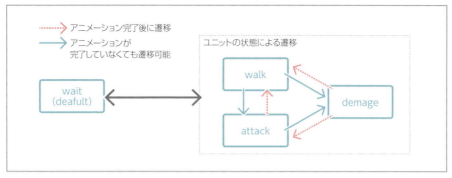

図 4-3-5 アニメーション遷移の概要

ユニットごとに異なるアニメーションフレーム数

　同じ動作をする場合も、異なる数のフレームを利用できるようにすることによって、豊富なユニット種別を表現することが可能になります。たとえば攻撃アニメーションで、武器を振るうのか魔法を詠唱するのかで必要なフレーム数が変わってくるでしょう（表4-3-1）。

　後述の項目と合わせて、ゲーム難易度のバランスを考える上でも重要な要素になります。

ユニットごとに異なるアニメーションの再生速度

　歩くアニメーションでも、ゆっくりとした歩きと小走りを表現するのとでは、必要なフレーム数も変わってきます。ゆっくり歩くことを表現する時に、同じテクスチャを複数フレームにまたいで使用することも考えられますが、その際は異なるフレームで同じテクスチャを参照させるべきであり、メモリパフォーマンスを考慮すると細かい工夫が必要となってきます（表4-3-1）。

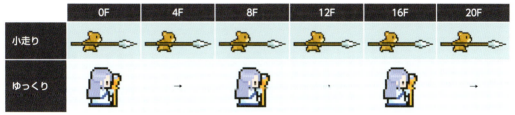

表 4-3-1 フレーム更新頻度の例

攻撃アニメーションの当たり判定発生フレーム

　こちらも、ユニットがどのような攻撃をするのかの特性を表現するために重要な要素です。当たり判定発生以降のフレーム数（いわゆる硬直）の長さも含めて、ゲームバランスを考える上で欠かせない要素です（表4-3-2）。

表 4-3-2 攻撃アニメーション関連のフレーム数の例

ユニット	画像	攻撃フレーム	当たり判定	硬直
槍兵		7F	3F 発生	4F
魔法使い		11F	5F 発生	6F

なお、ゲームバランスのチューニングは本書の取り扱う内容の範囲外ですので、フレーム数は利用している画像素材をベースにしてそのまま設定しています。

アニメーションに必要なデータ

ここまでで、アニメーションを表現するデータが持つべき情報が見えてきました。

- ユニット種別（ユニットID）
- アニメーション種別（歩行、攻撃など）
- アニメーションごとのフレーム数
- アニメーション更新頻度
- 当たり判定発生フレーム

ファイルとしては、スプライトシートのほかにアニメーション情報マスタが必要です。

ユニットアニメーションのマスタデータの I/F 定義を行い（リスト 4-3-1）、実際のデータを json で用意します（リスト 4-3-2）。スプライトシートの URL は、Resource オブジェクトから取得できるようにします（リスト 4-3-3）。

リスト4-3-1 　マスタデータI/F（src/interfaces/master/UnitAnimationMaster.ts）
　　　　　　ブランチ：feature/spritesheet_animation

```ts
export type UnitAnimationTypeIndex = 'wait' | 'walk' | 'attack' | 'damage';

export default interface UnitAnimationMaster {
    unitId:   number;
    hitFrame: number;
    types: {
        [key in UnitAnimationTypeIndex]: {
            updateDuration: number;
            frames: string[];
        }
    };
}
```

リスト4-3-2 　マスタデータ定義（www/assets/master/unit_animation_master.json）。
　　　　　　ブランチ：feature/spritesheet_animation

```json
[
    {
        "unitId": 1,
        "hitFrame": 4,
```

```
      "types": {
          "wait": {
              "updateDuration": 12,
              "frames": [
                  "unit_1_wait_1.png",
                  "unit_1_wait_2.png"
              ]
          },
       (中略)
          }
      },
   (中略)
   ]
```

リスト4-3-3 スプライトシートのURL（src/example/Resource.ts）
ブランチ：feature/spritesheet_animation

```
Dynamic: {
    Unit: (unitId: number): string => {
        return `units/${unitId}.json`;
    }
}
```

　マスタデータ I/F を見るとわかるように、I/F の types オブジェクトのキーになる値は、「wait」や「walk」などの文字列が明示的に指定されたホワイトリストです。
　動的なキーで設定させてもよいのですが、本書で扱うユニットのアニメーション種別は明確であるため、固定値で設定させて堅牢性を高めています。また、この値は Resource オブジェクトで具体的な値として、実行時にも参照できるようにします（リスト 4-3-4）。

　マスタデータ定義の json データは、本来は静的なデータではなくリクエストパラメータに応じたデータを取得できるようにすべきですが、本書で取り扱う内容ではサーバ側の実装は範囲外であるため、静的リソースとして扱います。
　ただし、このようなリソースの取得元は CDN でなく、Web サーバであるべきことを明確にするため、以降は Resource オブジェクトにおいても、Api というキー以下にリソース URI のゲッタを提供するようにします（リスト 4-3-4）。

リスト4-3-4 APIから取得すべきリソース（src/example/Resource.ts）
ブランチ：feature/spritesheet_animation

```
AnimationTypes: {
    Unit: Object.freeze({
        WAIT: 'wait',
        WALK: 'walk',
        ATTACK: 'attack',
        DAMAGE: 'damage'
    })
},

Api: {
    UnitAnimation: (unitIds: number[]): string => {
```

```
        const query = unitIds.join('&unitId[]=');
        return `master/unit_animation_master.json?unitId[]=${query}`;
    }
},
```

PIXI.js オブジェクトのスプライトシートアニメーション

これまでに作成したファイルを用いて、最もシンプルにアニメーション再生を行うユニットのオブジェクトを実装します。

ユニットを再生させるシーンとして新たに「BattleScene」を作成し、まずはユニット関連のリソース取得部分を実装します（リスト 4-3-5）。

リスト4-3-5 BattleSceneの実装 (src/example/BattleScene.ts)
ブランチ：feature/spritesheet_animation

```
export default class BattleScene extends Scene {
    private unitIds!: number[];
    private unitAnimationMasterCache: Map<number, UnitAnimationMaster>
    = new Map();

    constructor() {
        super();

        this.unitIds = [1,2,3,4,5];
    }

    /**
     * リソースロード完了コールバック
     * 動的なアセット情報を取得して、配列として返す
     */
    protected onInitialResourceLoaded(): (LoaderAddParam | string)[] {
        const additionalAssets = super.onInitialResourceLoaded();
        additionalAssets.push(Resource.Api.UnitAnimation(this.unitIds));

        for (let i = 0; i < this.unitIds.length; i++) {
            const unitId = this.unitIds[i];
            additionalAssets.push(Resource.Dynamic.Unit(unitId));
        }

        return additionalAssets;
    }

    /**
     * リソースロード完了時のコールバック
     */
    protected onResourceLoaded(): void {
        super.onResourceLoaded();

        const resources = PIXI.loader.resources as any;
```

```
            const key = Resource.Api.UnitAnimation(this.unitIds);
            const animations = resources[key].data;
            for (let i = 0; i < animations.length; i++) {
                const master = animations[i];
                this.unitAnimationMasterCache.set(master.unitId, master);
            }
        }
    }
```

　コストラクタで値を割り当てている「unitIds」は、編成画面である「OrderScene」から渡されたユニット ID を想定していますが、ここではアニメーションの動作確認のために固定値を入れています。

　アニメーションのマスタデータは、Web サーバから取得するマスタデータを想定しているため、リスト 4-3-4 で Resource に定義した関数から取得した URL をロードするようにしています。

　取得したマスタデータは、バトル画面において継続的に参照されることが予想されるため、あらかじめ unitAnimationMasterCache としてプロパティにキャッシュしておきます。

　次に、実際にアニメーションするオブジェクトを Unit クラスとして作成します（リスト 4-3-6）。

リスト4-3-6　Unitクラスの実装（src/example/Unit.ts）
ブランチ：feature/spritesheet_animation

```
export default class Unit implements UpdateObject {
    public sprite!: PIXI.Sprite;
    public animationType!: string;
    protected destroyed: boolean = false;
    protected animationMaster!: UnitAnimationMaster;
    protected animationFrameId: number = 1;
    protected elapsedFrameCount: number = 0;

    constructor(animationMaster: UnitAnimationMaster) {
        super();
        this.animationMaster = animationParam.animationMaster;
        this.animationType = Resource.AnimationTypes.Unit.WAIT;
        this.sprite = new PIXI.Sprite();
        this.sprite.anchor.x = 0.5;
        this.sprite.anchor.y = 1.0;
    }

    /**
     * UpdateObjectインターフェース実装
     * 削除フラグが立っているか返す
     */
    public isDestroyed(): boolean {
        return this.destroyed;
    }

    /**
```

```
 * このオブジェクトと子要素を破棄する
 */
    public destroy(): void {
        this.sprite.destroy();
        this.destroyed = true;
    }


/**
 * UpdateObjectインターフェース実装
 * requestAnimationFrame毎のアップデート処理
 */
    public update(_dt: number): void {
        this.updateAnimation();
    }

/**
 * アニメーションを更新する
 */
    public updateAnimation(): void {
    }

/**
 * 現在のアニメーションが終了するフレーム時間かどうかを返す
 */
    public isAnimationLastFrameTime(): boolean {
        return true;
    }
}
```

Unit クラスは、メインループでアニメーションを更新する想定であるため、UpdateObject のインターフェース実装を宣言します。

まず、コンストラクタと UpdateObject インターフェースのみ実装を行い、単純なアニメーション再生に必要なメソッドおよびプロパティは定義のみ先に行います。

isAnimationLastFrameTime は、アニメーションのループ再生を行うために、現在が最終フレームであるかどうかを判断するためのメソッドです。ここに対して、単純なアニメーションのループ再生をするための実装を加えます（リスト 4-3-7）。

リスト4-3-7　アニメーションループ再生実装（src/example/Unit.ts）
ブランチ：feature/spritesheet_animation

```
public updateAnimation(): void {
    const index = this.animationType as UnitAnimationTypeIndex;
    const animation = this.animationMaster.types[index];
    if (!animation) {
        return;
    }
    // フレーム数がスプライトシート更新頻度に達しているかチェック
    if ((this.elapsedFrameCount % animation.updateDuration) === 0) {
        // 最終フレームならアニメーションをリセット
        if (this.isAnimationLastFrameTime()) {
            this.resetAnimation();
        }
```

```
        const cacheKey = animation.frames[this.animationFrameId - 1];
        this.sprite.texture = PIXI.utils.TextureCache[cacheKey];

        this.animationFrameId++;
    }

    this.elapsedFrameCount++;
}

/**
 * 現在のアニメーションが終了するフレーム時間かどうかを返す
 */
public isAnimationLastFrameTime(): boolean {
    const index = this.animationType as UnitAnimationTypeIndex;
    const animation = this.animationMaster.types[index];
    if (!animation) {
        return false;
    }
    const duration = animation.updateDuration;
    const lastId = animation.frames.length;
    const maxFrameTime = duration * lastId;
    return this.elapsedFrameCount === maxFrameTime;
}
```

　updateAnimationでは、経過フレーム数を示すelapsedFrameCountから表示すべきテクスチャを決定しています。

　Spriteが表示すべきテクスチャの切り替えは、Spriteのtextureプロパティに任意のTextureインスタンスを割り当てることで実現できますが、PIXI.jsではダウンロードしたテクスチャは、PIXI.utils.TextureCacheにキャッシュされているため、Textureインスタンスを新たに生成せずにキャッシュを参照します。

　またPIXI.jsは、スプライトシートがダウンロードされるとスプライトシート内の各フレームを個別のテクスチャとしてキャッシュします。

　キャッシュを索引するためのキーは、通常のテクスチャはPIXI.loader.addで用いたurlもしくはnameですが、スプライトシートの場合はTexturePackerなどから生成されたjson上に収められている一意のフレーム名です（図4-3-6）。

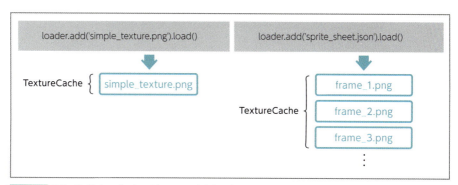

図 4-3-6 PIXI.utils.TextureCacheでキャッシュされたテクスチャの取り出し

なお、本書ではフレーム名はスプライトシートの元画像のファイル名で扱われているものとして扱います。

ここまでの実装内容で、実際に BattleScene で Unit のスプライトアニメーションを再生させてみましょう（リスト 4-3-8）。

リスト4-3-8 BattleSceneでのUnitのアニメーション再生（src/example/BattleScene.ts）
ブランチ：feature/spritesheet_animation

```
protected onResourceLoaded(): void {

    （中略）

    for (let i = 0; i < animations.length; i++) {
        const master = animations[i];
        this.unitAnimationMasterCache.set(master.unitId, master);

        // Unitのアニメーション再生テストの追加
        const unit = new Unit(master);
        unit.sprite.position.set(100 + i * 120, 200 + i * 60);
        unit.animationType = 'walk';
        this.addChild(unit.sprite);
        this.registerUpdatingObject(unit);
    }
}
```

この実装で、ユニットがスプライトシートアニメーションを再生できるようになりました。実際に BattleScene を起動すると、5 種類のユニットの歩行アニメーションが再生されていることが確認できます（図 4-3-7）。

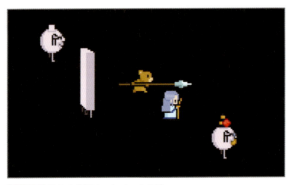

図 4-3-7 Unit の歩行アニメーション再生

ここまでとほぼ同じ内容のコードを「feature/spritesheet_animation」ブランチにコミットしているので、合わせて参照してください。

アニメーション遷移

単純なループ再生は実現できたものの、アニメーション相互の遷移に関する制御はまだ入れていません。前述の図 4-3-5 に挙げたように、アニメーション途中での遷移を許容す

るかどうかは遷移元と遷移先のアニメーションによって異なります。

　ここで、先ほど実装した Unit クラスがアニメーション遷移を制御できるようにします。Unit クラス利用者はアニメーション遷移を「リクエストする」という形を取り、実際にアニメーション遷移に至るまでの制御は、Unit クラスに委譲する形を取ります（リスト4-3-9）。

> **COLUMN　アニメーション遷移の責任者**
>
> 　「Unit クラス」にアニメーション遷移の制御をさせる流れになって、「おや？」と思われた読者もいると思われます。
>
> 　任意アニメーションへの遷移が可能かどうかは、バトルの難易度や仕様に関わる部分ですので、ゲームロジックのほうに持たせるべきという考え方は十分に健全です。一方で、アニメーション遷移がもっと複雑であることが前提である場合、アニメーション自体を個別のシステムとして扱うことも自然な流れです。
>
> 　本書においてのアニメーションは、専用のシステムの構築には至りませんが、極力ゲームロジックそのものからは切り離して扱えるようにしています。

リスト4-3-9　アニメーション遷移のリクエスト（src/example/Unit.ts）
ブランチ：feature/spritesheet_animation_request

```typescript
protected requestedAnimationType: string | null = null;

（中略）

/**
 * アニメーション再生をリセットする
 */
public resetAnimation(): void {
    this.requestedAnimationType = null;
    this.elapsedFrameCount = 0;
    this.animationFrameId = 1;
}

/**
 * 任意種別のアニメーションの再生をリクエストする
 * リクエストされたアニメーションは、再生可能になり次第再生される
 */
public requestAnimation(type: string): void {
    this.requestedAnimationType = type;
}

/**
 * UpdateObjectインターフェース実装
 * requestAnimationFrame毎のアップデート処理
 */
public update(_dt: number): void {
    if (this.requestedAnimationType) {
        if (this.transformAnimationIfPossible()) {
```

```
            this.requestedAnimationType = null;
        }
    }

    this.updateAnimation();
}

/**
 * アニメーション遷移が可能であれば遷移する
 */
private transformAnimationIfPossible(): boolean {
    return true;
}
```

リクエストを受け付けるメソッドである requestAnimation を定義し、update でアニメーション遷移処理を試みます。

ここでは必ず遷移できる保証はないため、メソッドを transformAnimationIfPossible として定義し、返り値が true であれば遷移成功であるとして、アニメーションのリクエストを null にします。transformAnimationIfPossible はここでは、いったん true のみを返すモックで実装しています。

Unit クラスでは、最後にリクエストされたアニメーションに遷移するものとして、特にアニメーションリクエストのキューイングなどは行いません。

実際にリクエストを制御する部分を、先に挙げた図 4-3-5 に基づいて実装します（リスト 4-3-10）。

リスト4-3-10 アニメーション遷移リクエストの制御（src/example/Unit.ts）
ブランチ：feature/spritesheet_animation_request

```
private transformAnimationIfPossible(): boolean {
    if (
        !this.requestedAnimationType ||
        this.requestedAnimationType === this.animationType
    ) {
        return false;
    }

    let shouldTransform = false;
    const animationTypes = Resource.AnimationTypes.Unit;

    switch (this.animationType) {
        case animationTypes.WAIT:
        case animationTypes.WALK: {
            shouldTransform = true;
            break;
        }
        case animationTypes.DAMAGE: {
            shouldTransform = this.isAnimationLastFrameTime();
            break;
        }
```

```
        case animationTypes.ATTACK: {
            if (this.requestedAnimationType === animationTypes.DAMAGE) {
                shouldTransform = true;
            } else {
                shouldTransform = this.isAnimationLastFrameTime();
            }
            break;
        }
        default: break;
    }

    if (shouldTransform) {
        this.animationType = this.requestedAnimationType;
        this.resetAnimation();
        return true;
    }

    return false;
}
```

　アニメーション遷移が成功した場合、現在のアニメーション種別を更新し、reset Animation でアニメーションを最初のフレームに戻します。ここまでとほぼ同じ内容のコードを「feature/spritesheet_animation」ブランチにコミットしているので、合わせて参照してください。

　また、アニメーション遷移条件が正しく実装されているかどうかを、BattleScene で確認できるようにするために簡単なデバッグ機能を追加した状態のブランチも「feature/spritesheet_animation_requestg」としてプッシュしています。

▶ ACHIEVEMENT

　本節では、スプライトシートでアニメーションする Unit クラスを実装し、アニメーション遷移を実装しました。

　これによって、バトルの状況に応じて目まぐるしくユニットの状態が変わるなかでも、見た目として違和感のないアニメーション遷移の制御ができるようになりました。

　後の節で詳解しますが、ゲームロジックもこの「見た目」のアニメーション要素に関しては、ゲームロジック外の Unit などのエンティティに依存するように設計します。

4.4 タッチ操作と連動する背景

前節でアニメーションするユニットの実装を行ったので、次はユニットの戦場となるバトル画面の背景を開発します。

本書で開発するゲームにおいて、背景はタッチ操作に応じて横にスクロールするものなので、単純なタップよりも少し踏み込んだ制御が必要となります。

▶ PROBLEM

本書でのバトル画面の背景は、真横ではなく少し上から見下ろすような表現になっているため、奥行きの表現が必要です。

PIXI.js では addChild した順に描画されるため、実際に背景にユニットを配置する上では描画順による前後関係にも気を使わなくてはなりません。また、タッチ操作自体も PC とは異なり、複数の指でのタッチ操作が考慮できます。

▶ APPROACH

このゲームでのユニットは、小隊などのひとまとまりではなく 1 体ずつ戦場に配置されるものであるため、生成毎にある程度 Y 座標に変化を持たせたほうが、軍隊のように秩序だった印象を避けることができます。

奥行き表現をする上での描画順は、Y 座標に基づいて決定するのが直感的ですが、ユニットを背景に配置する際に Y 座標をランダムに決定している場合、配置するたびにユニット全体のソート処理が必要となってしまうため、可能であれば CPU に優しい手法を検討したいところです。

なお、タッチ操作については、背景をスクロールできるのは 1 つ目の指でのタッチ操作と制約します。

スプライトの表示

先に挙げた課題解決について取り組む前に、まずは土台となる背景画像スプライトを表示させましょう。これを、PIXI.Container を継承した Field クラスとして新たに定義します（リスト 4-4-1）。

リスト4-4-1　Fieldクラスの実装 (src/example/Field.ts)
ブランチ：feature/interaction_plain_sprite

```ts
export default class Field extends PIXI.Container {
/**
 * 表示上の前後関係を制御するためのPIXI.Containerオブジェクト
 */
    private containers: { [key: string]: PIXI.Container } = {
        fore:   new PIXI.Container(),
        middle: new PIXI.Container(),
        back:   new PIXI.Container()
    };
```

```
/**
 * このクラスで利用するリソースリスト
 */
    public static get resourceList(): string[] {
        const list: string[] = ([] as string[]).concat(
            Resource.Static.BattleBgFores,
            Resource.Static.BattleBgMiddles,
            Resource.Static.BattleBgBacks
        );

        return list;
    }

/**
 * 初期化する
 */
    public init(): void {
        const resource = Resource.Static;
        this.addOrderedSprites(resource.BattleBgFores,   this.containers.fore);
        this.addOrderedSprites(resource.BattleBgMiddles, this.containers.middle);
        this.addOrderedSprites(resource.BattleBgBacks,   this.containers.back);
        // addChild順に描画される
        this.addChild(this.containers.back);
        this.addChild(this.containers.middle);
        this.addChild(this.containers.fore);
    }

/**
 * 渡されたPIXI.Containerインスタンスに引数配列の要素の順に
 * PIXI.Spriteインスタンスを追加する
 */
    private addOrderedSprites(names: string[], parent: PIXI.Container): void {
        let x = 0;
        for (let i = 0; i < names.length; i++) {
            const texture = PIXI.loader.resources[names[i]].texture;
            const sprite = new PIXI.Sprite(texture);
            sprite.position.x = x;
            x += sprite.width;
            parent.addChild(sprite);
        }
    }
}
```

　使用する画像リソースは、シーン経由でダウンロードするため、このクラスでは使用リソースのリストを提供するのみに留まります。
　背景画像は、遠景・中景・前景から構成されており、前後関係は固定です。背景画像の前後関係を維持するために、あらかじめ「this.containers」に3つのPIXI.Containerインスタンスを作成しており、initメソッドの実行時に描画順にaddChildします。なお、

ユニットが配置されるのは、前景である this.containers.fore です。

こちらを実際に BattleScene で表示させる場合、リソースロードの仕組みと組み合わせると、既存の BattleScene の実装内容にリスト 4-4-2 の内容を加える形になります。

リスト4-4-2　BattleSceneでのFieldの表示（src/example/BattleScene.ts）
ブランチ：feature/interaction_plain_sprite

```
private field: Field = new Field();

protected createInitialResourceList(): (string | LoaderAddParam)[] {
    return super.createInitialResourceList().concat(Field.resourceList);
}

protected onResourceLoaded(): void {
    super.onResourceLoaded();

    this.field.init();
    this.addChild(this.field);

    (中略)
}
```

シーン上には次の図 4-4-1 の構造で、PIXI.DisplayObject 派生クラスインスタンスが addChild されているため、図 4-4-2 のような描画順となります。

なお、ここでの描画順とはテクスチャをバインドする順番であって、ドローコールの発生ではありません。

図 4-4-1　背景のリソース配置

図 4-4-2　背景画面の描画順

Field の表示ができたので、次はタップ操作などによる座標移動を行います。なお、ここまでの内容は「feature/interaction_plain_sprite」ブランチの「src/example」配下で実装していますので、合わせて参照してください。

背景の座標移動は、Field そのものを移動させるのではなく、Field 配下の前景・中景・後景を含む PIXI.Container インスタンスをそれぞれ移動させます。これにより、前景・中景・後景で個別のスクロール量を制御することができるようになり、奥行きを表現することができます。

タップ操作などの制御について、PIXI.js では次のように on メソッドでイベントリスナーを設定することができます。

```
this.on('pointerdown', (e: PIXI.interaction.InteractionEvent) => this.onPointerDown(e));
```

タップ後の座標については、イベントリスナーの引数に渡される PIXI.interaction.InteractionEvent インスタンスが保持しており、event.data.global に x 座標と y 座標が保持されています。これを利用して、まずは単純にスクロールさせるだけの実装を加えます（リスト 4-4-3）。

リスト4-4-3 スクロール処理の実装（src/example/Field.ts）
ブランチ：feature/interaction_scrollable

```typescript
private pointerDownCount: number = 0;          // （1）同時タップ数カウント
private lastPointerPositionX: number = 0;
private foregroundScrollLimit: number = -1;    // （2）前景スクロール限界値

constructor() {
    super();

    this.interactive = true;
    // （3）タップイベントの登録
    this.on('pointerdown',    (e: InteractionEvent) => this.onPointerDown(e));
    this.on('pointermove',    (e: InteractionEvent) => this.onPointerMove(e));
    this.on('pointercancel',  (e: InteractionEvent) => this.onPointerUp(e));
    this.on('pointerup',      (e: InteractionEvent) => this.onPointerUp(e));
    this.on('pointerout',     (e: InteractionEvent) => this.onPointerUp(e));
}

/**
 * タップ押下時の制御コールバック
 */
private onPointerDown(event: PIXI.interaction.InteractionEvent): void {
    this.pointerDownCount++;
    if (this.pointerDownCount === 1) {
        this.lastPointerPositionX = event.data.global.x;
    }
}

/**
 * タップ移動時の制御コールバック
 */
```

```
private onPointerMove(event: PIXI.interaction.InteractionEvent): void {
    if (this.pointerDownCount <= 0) {
        return;
    }

    const xPos = event.data.global.x;
    const distance = xPos - this.lastPointerPositionX;

    let newForegroundPos = this.containers.fore.position.x + distance;

    if (newForegroundPos > 0) {
        newForegroundPos = 0;
    } else if (newForegroundPos < this.foregroundScrollLimit) {
        newForegroundPos = this.foregroundScrollLimit;
    }
    // (4)背景位置に応じてスクロール値調整
    this.containers.fore.position.x   = newForegroundPos;
    this.containers.middle.position.x = newForegroundPos * 0.5;
    this.containers.back.position.x   = newForegroundPos * 0.2;

    this.lastPointerPositionX = xPos;
}

/**
 * タップ終了時の制御コールバック
 */
private onPointerUp(_: PIXI.interaction.InteractionEvent): void {
    this.pointerDownCount--;
    if (this.pointerDownCount < 0) {
        this.pointerDownCount = 0;
    }
}
```

リスト中にナンバリングされた処理の詳細は、以下になります。

(1) 同時タップ数カウント

pointerDownCount では、スクロール中であるかどうかについて、このプロパティを加算および減算することで判断していますが、これはタップ操作が複数本の指で行われる可能性があるためです。

(2) 前景スクロール限界値

foregroundScrollLimit はスクロールを許容する距離で、x 座標をどこまでスクロールが可能かを設定するプロパティです。背景は左端が画面に表示されており、右から左へスクロールさせるため、この値は負の値が入ります。

(3) タップイベントの登録

各種コールバックイベントを追加していますが、ここで pointercancel や pointerout

も加えます。pointercancelはオリエンテーションの変更やホーム画面に戻る場合に発火する可能性があり、pointeroutはタップ操作がcanvas外に外れてしまった時に発生します。

いずれも希少なケースに思われがちですが、準正常系として実際にはしばしば遭遇します。

（4）背景位置に応じてスクロール値調整

onPointerMoveでのスクロール処理は、奥行き表現を出すために前景・中景・後景について、それぞれ異なる値をスクロールさせています。

COLUMN

どのブラウザで Can I Use?

タップやクリックなどを表すイベント名は、実に多様です。主要なイベント名は、「touch」「mouse」「pointer」のプリフィクスが付いたものですが、このうち多くのプラットフォームをカバーするイベントは「pointer」です。

そのため、ユーザー操作を処理する際には「pointer」系のみの利用で解決できるものと思われますが、対応ブラウザ種別やバージョンを鑑みると、一概に「pointer」系のみでよいとは言い切れません。

各ブラウザがどのAPIに対応しているかを事細かく調査するのも骨が折れる作業ですが、それを簡便に知ることができるWebサイトとして「Can I use」というサイトが存在します。

● ブラウザの対応状況を比較できる Web サイト「Can I Use?」
https://caniuse.com/

利用したいAPIがサポートしようとしているブラウザで対応されているか、少し怪しい場合にはこのサイトを利用して調べることができるので、まずはpointerの対応状況を調べてみましょう。「PointerEvent」と入力すれば、pointer系イベントのブラウザ対応表が表示されます。

図 PointerEventのブラウザ別対応状況（2019年5月時点）

ここまでの実装で、背景をスクロールすることができるようになりました。foreground
ScrollLimitの値を任意の値にすることによって、スクロール幅も異なってきます。

同様の内容を「feature/interaction_scrollable」ブランチの「src/example」配下で
実装していますので、合わせて参照してください。

ユニットの配置

ユニットを配置するための背景ができたので、次は実際にユニットを前景に追加できる
ようにします。

本書で開発するゲームにおけるユニットの配置は、コストを払うことによって1体ず
つ画面に登場させることができる仕様です。コストを溜めておいて一気に複数体のユニッ
トを画面に配置する、という戦略を取る開発者もいるとは思いますが、その際に配置した
ユニットのY座標に変化がないとユニットが重なってしまいます。

この状態では、実際に何体ユニットが存在するのかがわかりにくくなり、また斜め
見下ろし視点の背景に対しても不自然な配置となってしまいます。しかし、PIXI.jsは
addChildされた要素から順に描画するため、単純にY座標に変化をつけるだけだと描画
順との整合性が取れず、異なる不自然さが見た目に現れてしまいます（図4-4-3）。

同じY座標

不自然な描画順

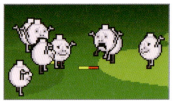
正しい描画順

図 4-4-3 ユニットのY座標と描画順

Y座標に適度なばらつきをもたせつつ、正しい描画順を保つ方法はいくつか考えられま
す。

(A) PIXI.jsのaddChildAtを利用する
(B) addChild毎にchildrenをソートする
(C) あらかじめ描画したい順のPIXI.Containerを用意する

(A) のPIXI.jsのaddChildAtを利用する手法から検討してみましょう。
addChildAtは、任意のインデックスを指定して要素を追加することができるメソッド
です。このメソッドの利点は、同一インデックスの子要素が存在していても上書きせずに
追加してくれる点です。反面、範囲外のインデックスを指定した場合にはエラーが発生し
てしまいます。

addChildAtの内部実装は、Array.spliceに依存しているため、第一引数には配列イン
デックスのセマンティックが表れていることがわかります。

```
this.children.splice(index, 0, child);
```

　また、addChildAtに渡す適切なインデックスを指定するためには、子要素を走査して適切なインデックスを特定する必要があるため、ユニット追加ごとに処理する内容としてはあまり効率がよいとは言えません。これは（B）のaddChild毎のchildrenのソートにも同じことが言えます。

　最後に、（C）を検討してみます。これはユニットの描画順は、addChildする先のPIXI.Containerによって決定されるという考え方です（図4-4-4）。

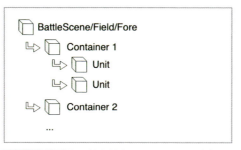

図4-4-4　描画順をaddChildされたContainerで決定する

　極端な例を挙げると、最も先に描画される（背後にあるように見える）PIXI.ContainerにaddChildされたユニットのY座標は「0」とし、その次のPIXI.ContainerにaddChildするユニットのY座標は「10」、その次は「20」のように、PIXI.Container毎に基準となる自然なY座標を設定することによって、ソート処理などを行わないで済むようになり、（A）（B）と比較するとパフォーマンス的な利点が得られます。

　デメリットとしては、PIXI.Container毎に配置するユニットのY座標は固定である必要があり、1px単位の細やかな調整ができないことと、異なるPIXI.Containerに含まれるユニット同士の座標比較について、厳密にはworldTransformで行う必要がある、という点です。

　チーム開発や少し大きな規模のプロジェクトでは、（A）（B）（C）でトレードオフ対象となっている仕様的な制約とパフォーマンスとで、どちらを選択するかを検討する必要があるでしょう。本書では、スマートフォンブラウザでゲームを動作させることを前提としているため、パフォーマンスに対して有利な（C）を採用します。

　Fieldクラスの実装に戻りましょう。
　描画順を表すPIXI.Containerを、任意の数だけinitメソッドで追加できるようにし、合わせてスクロール可動範囲も決められるようにしておきます。initで生成したPIXI.Containerに対して、要素を追加するためのメソッドも実装します（リスト4-4-4）。

リスト4-4-4　描画順を制御するためのPIXI.Containerの初期化処理（src/example/Field.ts）
ブランチ：feature/interaction_ordered_ypos_texturebinds

```
private foreZLines: PIXI.Container[] = [];

/**
 *(1) foreZLinesの要素の数を返す
```

```
 */
public get zLineCount(): number {
    return this.foreZLines.length;
}

/**
 * フィールドの長さとユニットを配置するラインの数で初期化する
 */
public init(options: any = { fieldLength: 3000, zLines: 8 }): void {
    (中略)

    for (let i = 0; i < options.zLines; i++) {
        const line = new PIXI.Container();
        this.foreZLines.push(line);
        this.containers.fore.addChild(line);
    }

    this.foregroundScrollLimit = -(options.fieldLength - GameManager.instance.
game.view.width);
}

/**
 *(2)指定したzLineインデックスの基準Y座標を返す
 */
public getZlineBaseY(zlineIndex: number): number {
    return this.containers.fore.height * 0.5 + zlineIndex * 16;
}

/**
 * 指定したzLineインデックスのPIXI.ContainerにaddChildする
 */
public addChildToZLine(container: PIXI.Container, zlineIndex: number): void {
    this.foreZLines[zlineIndex].addChild(container);
}
```

リスト中にナンバリングされた処理の詳細は、以下になります。

(1) foreZLines の要素の数を返す

　ゲッタとして zLineCount を定義していますが、これは addChildToZLine で渡す zlineIndex を特定するために必要となるため定義しています。

(2) 指定した zLine インデックスの基準 Y 座標を返す

　foreZLines の要素ごとに、それぞれ基準となる Y 座標を返せるようにしています。これは、追加する要素の Y 座標の制御はあくまでメソッド利用者側に責任がある、としているためです。

　ここで追加したメソッドを利用して、BattleScene のユニット追加処理をリファクタリングします（リスト 4-4-5）。

リスト4-4-5　BattleSceneでユニットをFieldに追加する（src/example/BattleScene.ts）
ブランチ：feature/interaction_ordered_ypos_texturebinds

```
protected onResourceLoaded(): void {
    super.onResourceLoaded();

    this.field.init({ fieldLength: 2000, zLines: 8 });
    this.addChild(this.field);

    const resources = PIXI.loader.resources as any;

    const animationKey = Resource.Api.UnitAnimation(this.unitIds);
    const unitAnimationMasters = resources[animationKey].data;
    for (let i = 0; i < unitAnimationMasters.length; i++) {
        const master = unitAnimationMasters[i];
        this.unitAnimationMasterCache.set(master.unitId, master);

        const index = Math.floor(Math.random() * this.field.zLineCount);

        const unit = new Unit(master);
        unit.sprite.position.set(100 + i * 44, this.field.getZlineBaseY(index));
        unit.animationType = 'walk';

        this.field.addChildToZLine(unit.sprite, index);
        this.registerUpdatingObject(unit);
    }
}
```

　ここでは、ランダムでユニットのY座標および描画順を決定していますが、おおよそ自然な見た目になっているかと思います（図4-4-5）。

　ここまでの実装とほぼ同じコードを「feature/interaction_ordered_ypos_texturebinds」ブランチの「src/example」配下で実装していますので、合わせて参照してください。

図4-4-5　ユニットのY座標と描画順

▶ ACHIEVEMENT

　本節までの内容で奥行きが表現され、ユーザー操作によってスクロールすることができる、ユニットが配置可能な背景クラスが実装できました。今後は、ここに敵味方の拠点や各種エフェクトも追加していきます。
　次節では、同じくユニットを配置する実装を行うのですが、今度は実際のゲームの仕様どおりにユニットボタンを押下してコストを払い、ユニットを配置するところまでの実装を行います。また、PIXI.jsにおけるシェーダーの利用方法にも触れます。

> **COLUMN**　マウスホイールへの対応
>
> 　今回、作成した背景スクロールは水平方向ですが、これがもし垂直方向のスクロールだった場合、PCでゲームをプレイするユーザー向けにマウスホイールの対応を提供すべきでしょう。JavaScriptで補足できるイベントには、「wheel」というイベントも存在するため、対応は比較的容易です。
> 　HTML5ゲームのユーザーのプレイスタイルは、スマートフォンネイティブのアプリよりもさらに多様です。ユーザビリティの観点でもコンテンツの品質を高める余地が多く、学べることは非常に多いでしょう。

4 5 ユニットをスポーンするゲームロジックの実装

前節で、ユニットが実際にバトルを行う背景を実装しました。この節では、ゲームの仕様に沿ってユニットをスポーンさせるというゲームロジック部分に着手します。

また、ユニットを生成するためのボタンの実装では、シェーダーの利用も行います。

▶ PROBLEM

これまではゲーム作りのための部品を作るような開発が主でしたが、ここからは具体的なゲーム仕様の開発となるため、複数機能の実装とそれらの結合が要されます。また、今後着手するほかの要素を考慮することも必要です。

ゲームロジックの実装にも着手し始めるので、改めてゲームの全容を整理、理解しておく必要があります。

▶ APPROACH

ゲームを完成させるまでの残りの要素を洗い出し、この節でどこまで開発するのかを決定します。ゲームロジックの実装も始めますが、本節ではその基礎となる部分を開発します。

見た目に関する要素とは分離することを方針とし、見た目とロジックがそれぞれ独立して開発できるようにします。

ゲームが完成するまで

詳細な部分を除いて、大まかに次のブロックを満たせれば、ゲームが一通り完成したと言えるでしょう、本節ではこのうち、太字の部分を取り扱います。

ゲームロジック

- 時間とともにユニットコストが蓄積される
- **ユニットコストを消費することで、ユニットを戦場に配置することができる**
- 戦場に配置したユニットは、状況に応じて状態を変化させることができる
- 敵味方の拠点を配置できる
- 敵味方の拠点のいずれかが破壊された場合に勝敗が決定する

バトル画面

- ユニットのボタンを押下することで、ユニットの配置ができる
- 配置できないユニットのボタンが見た目で判断できる
- 戦場に配置したユニットは、状態に応じてアニメーションを変化させることができる
- ユニットの攻撃時や死亡時、拠点破壊時のエフェクトが表示される
- ユニットの体力ゲージが表示される

編成画面

- 任意のユニットを編成することができる
- 任意のステージを選択することができる

その他

- 最後に編成したユニットを保存し、次回プレイ時に復帰できる
- ゲーム画面が非アクティブの時にゲームが停止される
- PC ／スマートフォンのどちらでも遊べる

上記の本節で取り扱う太字の項目を、開発項目にブレイクダウンしたものが以下になります。

時間とともにユニットコストが蓄積される
- ユニットコスト蓄積量や最大値の設定オブジェクト
- ゲームロジックでの設定オブジェクト受け入れ
- ゲームロジックでのユニットコスト更新処理
- ゲームロジックから BatleScene へのユニットコスト値の受け渡し
- BatleScene でのゲームロジック更新処理
- BatleScene でのユニットコストの値表示

ユニットコストを消費することでユニットを戦場に配置することができる
- BatleScene でのユニットマスタデータ取得
- ゲームロジックでのユニット生成
- ゲームロジックでのユニット生成に同期した BatleScene でのユニット表示

ユニットのボタンを押下することでユニットの配置ができる
- UnitButton 表示とイベント処理
- ゲームロジックへのユニット生成処理命令

配置できないユニットのボタンが見た目で判断できる
- UnitButton でのシェーダー処理
- BatleScene での UnitButton シェーダー制御

ユニットコストの蓄積

本書で開発するゲームにおいて、ユニットのコストは時間経過とともに蓄積されます。ということはつまり、ゲームロジックにおいて、時間経過の概念が必要とされることになります。

コストが蓄積される速度や最大コストがいくらかなどは、ゲームバランス調整で変わる可能性があるため、ゲームロジック外部から提供されることが好ましいことがわかります。

ゲームシステムとしてのパラメータは集約したいので、それを表現するクラスを「BattleLogicConfig」として定義し、新たに実装する「BattleLogic」クラスでこのBattleLogicConfig を受け入れられるようにします。

なお、プレイヤー情報などの不定の情報は、別のプロパティとして扱います（リスト4-5-1、リスト 4-5-2）。

リスト4-5-1　BattleLogicConfigクラスの実装（src/example/BattleLogicConfig.ts）
ブランチ：feature/game_logic_cost_update

```ts
export default class BattleLogicConfig {
    public costRecoveryPerFrame: number = 0;
    public maxAvailableCost: number = 100;

    constructor(params?: {
        costRecoveryPerFrame?: number,
        maxAvailableCost?: number
    }) {
        if (!params) {
            return;
        }

        if (params.costRecoveryPerFrame) {
            this.costRecoveryPerFrame = params.costRecoveryPerFrame;
        }
        if (params.maxAvailableCost) {
            this.maxAvailableCost = params.maxAvailableCost;
        }
    }
}
```

リスト4-5-2　BattleLogicクラスの実装（src/example/BattleLogic.ts）
ブランチ：feature/game_logic_cost_update

```ts
export default class BattleLogic {
    private config: BattleLogicConfig = Object.freeze(new BattleLogicConfig());
    private availableCost: number = 0;
    private player?: {
        unitIds: number[]
    };

    /**
     * ユニットIDとBattleLogicConfigインスタンスで初期化
     */
    public init(params: {
        player: { unitIds: number[] },
        config?: BattleLogicConfig
    }): void {
        if (params.config) {
            this.config = Object.freeze(params.config);
        }
```

```
        this.player = params.player;
    }

/**
 * ゲーム更新処理
 * 外部から任意のタイミングでコールする
 */
    public update(): void {
        this.updateAvailableCost(this.availableCost + this.config.
costRecoveryPerFrame);
    }

/**
 * 利用可能なコストを更新し、専用のコールバックをコールする
 */
    private updateAvailableCost(newCost: number): number {
        let cost = newCost;
        if (cost > this.config.maxAvailableCost) {
            cost = this.config.maxAvailableCost;
        }
        this.availableCost = cost;

        return this.availableCost;
    }
}
```

　　　BattleLogicConfig では、1 フレーム毎のコスト回復量を表す costRecoveryPerFrame と、最大コストを表現する maxAvailableCost を設定します。いずれもデフォルト値を持ちますが、コンストラクタで初期化されます。

　　　BattleLogic では、BattleLogicConfig の設定値に応じて、update メソッド内でコストを蓄積するようにします。

　　なお、update メソッドは経過フレーム数などの引数は持たせず、1 フレームずつ実行されることを前提とすることで、ユニットの移動や攻撃の順序を遵守させています。

　　複数フレームを一度に処理したい場合は、フレーム数だけ update を実行することになります。これを行わない場合、経過フレーム数がユニットのパラメータ演算などに入り込む余地が生じてしまいます。

　　図 4-5-1 は、経過フレーム数を直接演算に反映することで、単一フレームの処理と複数フレームの処理とで結果が異なってしまう例です。

> 以下のパラメータを持つユニットを2フレーム分処理する場合、想定ではenemyが勝利する。
>   player：移動速度「1」、体力「2」、攻撃力「1」
>   enemy[0]：移動速度「1」、体力「1」、攻撃力「1」、playerとの距離「2」
>   enemy[1]：移動速度「1」、体力「1」、攻撃力「1」、playerとの距離「3」

経過フレーム数を演算に加味	経過フレーム数だけupdateを処理
```update(frame: number) { move(player, frame); move(enemies, frame); attackIfPossible(player, frame); attackIfPossible(enemies, frame);}```	```update(frame: number) { for (let i = 0; i < frame; i++) { move(player); move(enemies); attackIfPossible(player); attackIfPossible(enemies); }}```
①playerは、1×2フレーム分移動した！ ②playerのenemy[0]との距離0！ ③playerとenemy[0]は交戦！ ④enemy[0]は、交戦中で移動しない！ ⑤enemy[1]は、1×2フレーム分移動した！ ⑥enemy[1]のplayerとの距離−1 ⑦enemy[1]とplayerは交戦！ ⑧playerの攻撃！ ⑨enemy[0]に1のダメージ！ ⑩enemy[0]の体力は0になった！ ⑪enemy[0]は死亡した！ ⑫enemy[1]の攻撃！ ⑬playerの体力は、1になった！	①playerは、1フレーム分移動した！ ②emeny[0]は、1フレーム分移動した！ ③enemy[0]とplayerは交戦！ ④emeny[1]は、1フレーム分移動した！ ⑤enemy[1]のplayerとの距離1 ⑥playerの攻撃！ ⑦enemy[0]に1のダメージ！ ⑧enemy[0]の体力は、0になった！ ⑨enemy[0]は、死亡した！

図 4-5-1 フレーム処理別ユニットのパラメータ更新例

　ロジック上でのコスト加算ができるようになったので、次に BattleScene で見た目上のコスト情報を扱えるようにします。

　BattleScene では、BattleLogic および BattleLogicConfig の初期化と、現在のコストを表示するための UI Graph 関連処理の追加を行います。なお、BattleLogicConfig の値は、ここでは固定値として扱っています。

　前節の Field インスタンス初期化のために、onResourceLoaded をオーバーライドしているので、field と uiGraphContainer の addChild の順番に注意し、uiGraphContainer が field よりも後に描画されるようにしましょう。

　なお、前節で実装したユニットの配置は、動作確認目的のデバッグ処理ですので削除しておきます（リスト 4-5-3）。UI Graph 上のコスト表示テキストは、「cost_text」として定義します（リスト 4-5-4）。

リスト4-5-3　UI Graphの利用とコスト表示更新メソッド（src/example/BattleScene.ts）
ブランチ：feature/game_logic_cost_update

```
private battleLogic!: BattleLogic;
private battleLogicConfig!: BattleLogicConfig;

constructor() {
    this.battleLogic = new BattleLogic();
```

```
    // 仮の値で初期化
    this.battleLogicConfig = new BattleLogicConfig({
        costRecoveryPerFrame: 0.1,
        maxAvailableCost: 100
    });
}

/**
 * リソースロード完了時のコールバック
 */
protected onResourceLoaded(): void {
    super.onResourceLoaded();

    const resources = PIXI.loader.resources as any;

    const animationKey = Resource.Api.UnitAnimation(this.unitIds);
    const unitAnimationMasters = resources[animationKey].data;
    for (let i = 0; i < unitAnimationMasters.length; i++) {
        const master = unitAnimationMasters[i];
        this.unitAnimationMasterCache.set(master.unitId, master);
    }

    this.field.init({ fieldLength: 2000, zLines: 8 });
    this.addChild(this.field);
    this.addChild(this.uiGraphContainer);

    this.battleLogic.init({
        config: this.battleLogicConfig
    });
}
```

リスト4-5-4　BattleSceneのUI Graph設定（www/assets/ui_graph/battle_scene.json）
ブランチ：feature/game_logic_cost_update

```json
{
    "nodes": [
        {
            "id": "cost_text",
            "type": "text",
            "position": [860, 540],
            "params": {
                "family": "MisakiGothic",
                "text": "0/0",
                "size": 64,
                "color": "0xffffff",
                "padding": 16
            }
        }
    ],
    "metadata": {
        "screen": {
            "width": 640,
```

```
            "height": 1136
        }
    }
}
```

ゲームロジックの全体像の確認

ここまでで、見た目上でもコストを扱う準備ができました。現状では準備をしただけなので、実際のコストの更新は行われません。以降の実装で、これを解決します。

その前に、これから作ろうとしているゲームロジックの全体像を整理しておきましょう。先よりゲームロジックと見た目の分離を行うことについて触れてきましたが、それを実現するために本書では「デリゲートパターン」を採用します。

TypeScript のメリットを利用してデリゲータのインターフェース定義を行い、その実体の実装を行いますが、その登場人物であるシーンとゲームロジック、デリゲータの役割を以下に列挙し、相関図も掲載したので参照してください（図 4-5-2）。

ゲームロジック（BattleLogic クラス）
- ゲームロジックに関わるパラメータの設定や更新を行う
- ユニット生成などの一部の命令をデリゲータ経由で外部から受け取る
- 見た目に関する判断が必要なときは、デリゲータ経由で外部に問い合わせる
- update 更新処理は、外部からトリガーされる

シーン（BattleScene クラス）
- ユニットのスプライト生成など、見た目に関する処理を扱う
- タップ操作やサウンド再生などのゲームロジックに関わらない制御を行う
- GameManager からトリガーされるメインループを処理する
- BattleLogic クラスを使役する
- （本書では）BattleLogicDelegate も実装して、BattleLogic に提供する

デリゲータ（BattleLogicDelegate インターフェース）
- ゲームロジック単体では判断できないことの問い合わせ
- ゲームロジックが処理した内容の通知

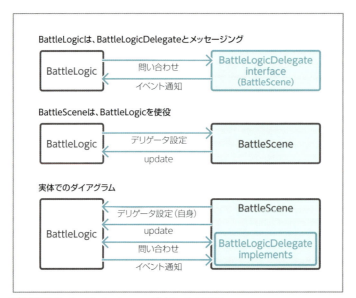

図 4-5-2 ゲームロジック、シーン、デリゲータの関係性

　BattleLogicDelegate（デリゲータ）は、BattleLogic（ゲームロジック）と Battle Scene（シーン）が互いの役務に直接干渉、もしくは操作しないようにするための媒介と捉えておけば大丈夫です。

　BattleLogicDelegate は単なるインターフェースですので、BattleLogic はその実体が何者であるかを知る必要はありません。BattleScene も、BattleLogicDelegate インターフェースを実装することで、BattleLogic が要求する処理を満たすことができます。

　デリゲータ実装上の約束事を、以下にまとめておきましょう。

▶ DO（デリゲータ）

- インターフェースで定義されたデリゲートオブジェクトの役割遵守
- シーンとゲームロジックの完全分業

▶ DON'T（デリゲータ）

- シーンへの、およびシーンからのゲームロジックの直接干渉
- ゲームロジックが、デリゲータ実装の具体的な実体を知り得ている
- シーンおよびゲームロジックの役割を越えた実装

デリゲータメソッドの定義と実装

　それぞれの要素を結合するための具体的な実装として、先より進めてきたコスト更新処理についてのデリゲータメソッド定義と実装を行います。

　先に挙げた BattleLogicDelegate インターフェースを定義しますが、ここではひとまずコストが更新されたことをメッセージングするための onAvailableCostUpdated のみ

の定義を行います。

　BattleSceneではその実装を行いますが、インターフェースの実装宣言も忘れずに行いましょう。第3引数の_availablePlayerUnitIdsは、利用可能なプレイヤーユニットを表す引数ですが、現時点ではまだ利用しません（リスト4-5-5、リスト4-5-6）。

リスト4-5-5　UI Graphの利用とコスト表示更新メソッド（src/example/BattleScene.ts）
ブランチ：feature/game_logic_cost_update

```
export default interface BattleLogicDelegate {

/**
 * 利用可能コストが変動した際のコールバック
 */
    onAvailableCostUpdated(
        cost: number,
        maxCost: number,
        availablePlayerUnitIds: number[]
    ): void;
}
```

リスト4-5-6　BattleLogicDelegateの実装（src/example/BattleScene.ts）
ブランチ：feature/game_logic_cost_update

```
export default class BattleScene extends Scene implements BattleLogicDelegate {

    (中略)

/**
 * 利用可能なコストの値が変動したときのコールバック
 */
    public onAvailableCostUpdated(
        cost: number,
        maxCost: number,
        _availablePlayerUnitIds: number[]
    ): void {
        const text = `${Math.floor(cost)}/${maxCost}`;
        (this.uiGraph.cost_text as PIXI.Text).text = text;
    }
}
```

　BattleLogicDelegateは、今はコスト更新の通知のみなので少し寂しいですが、今後もここに見た目を扱うオブジェクトとゲームロジック間のメッセージングに必要なメソッドが追加されていきます。
　最後に、BattleSceneでのBattleLogic更新処理とBattleLogicでのデリゲータ設定、およびonAvailableCostUpdated通知を追加すれば、実際に利用可能なコスト表示が更新されるようになります（リスト4-5-7、リスト4-5-8）。

リスト4-5-7　BattleLogicの更新処理（src/example/BattleScene.ts）
ブランチ：feature/game_logic_cost_update

```
protected onResourceLoaded(): void {
```

```
        （中略）
        this.battleLogic.init({
            delegator: this,
            config: this.battleLogicConfig
        });
    }

    public update(_delta: number): void {
        this.battleLogic.update();
    }
```

リスト4-5-8　デリゲータメソッドの呼び出し (src/example/BattleLogic.ts)
ブランチ：feature/game_logic_cost_update

```
private delegator: BattleLogicDelegate | null = null;

public init(params: {
    // 追加：デリゲータオブジェクトのオプション
    delegator: BattleLogicDelegate,
    player: { unitIds: number[] },
    config?: BattleLogicConfig
}): void {
    if (params.config) {
        this.config = params.config;
    }
    this.delegator = params.delegator;
    this.player = params.player;
}

/**
 * 利用可能なコストを更新し、専用のコールバックをコールする
 */
private updateAvailableCost(newCost: number): number {
    let cost = newCost;
    if (cost > this.config.maxAvailableCost) {
        cost = this.config.maxAvailableCost;
    }
    this.availableCost = cost;
    if (this.delegator) {
        const availablePlayerUnitIds = [];
        for (let i = 0; i < this.player!.unitIds.length; i++) {
            const unitId = this.player!.unitIds[i];
            const master = this.unitMasterCache.get(unitId);
            if (!master) {
                continue;
            }

            if (this.availableCost >= master.cost) {
                availablePlayerUnitIds.push(unitId);
            }
        }
```

```
            // 追加：コスト更新後処理をデリゲータに委譲する
            this.delegator.onAvailableCostUpdated(
                this.availableCost,
                this.config.maxAvailableCost,
                availablePlayerUnitIds
            );
        }

        return this.availableCost;
    }
```

　BattleLogicのupdateは、処理的にはメインループ処理と同等なので、BattleLogicにUpdateObjectを実装させてもよさそうに見えます。しかし、インターフェースとして定義したUpdateObjectのupdateでは、経過フレーム数が引数として渡されており、経過フレーム数を考慮した処理が期待される部分が、BattleLogicのupdateメソッドの意味と異なります。

　また、アニメーションなどとは異なり、シーンの状態によってゲームロジックを更新するかどうかを個別に判断する状況が起こり得るため、BattleLogicについてはUpdateObjectを実装しないものとします。

　ここまでの実装で、ゲームロジック上の時間経過で蓄積されるコストの値が、シーンの描画に反映されるまでに至ることができました。誌面の図ではわかりにくいですが、画面右下のコストの値が増えていれば成功です（図4-5-3）。

　ここまでとほぼ同じ内容のソースを「feature/game_logic_cost_update」ブランチの「src/example」配下で実装していますので、合わせて参照してください。

図 4-5-3　時間経過と共に蓄積されるコスト

ユニットボタンの配置

　コストを消費してユニットをスポーンさせる契機となるユニットボタンを配置します。
　ユニットボタンの配置は、先に実装したUnitButtonとUI Graphを用います。UI Graph

の json ファイルにボタンの定義を追加し、BattleScene 内の実装では UnitButton を初期化できるようにします（リスト 4-5-9、リスト 4-5-10）。

リスト4-5-9　Unit ButtonのUI Graph設定（www/assets/ui_graph/battle_scene.json）
ブランチ：feature/game_logic_unit_button

```json
"nodes": [
    {
        "id": "unit_button_1",
        "type": "unit_button",
        "position": [120, 500],
        "events": [
            {
                "type": "pointerdown",
                "callback": "onUnitButtonTapped",
                "arguments": [0]
            }
        ]
    },
    ...
],
```

リスト4-5-10　Unit Buttonの初期化（src/example/BattleScene.ts）
ブランチ：feature/game_logic_unit_button

```typescript
private static readonly unitButtonPrefix: string = 'unit_button_';
private unitSlotCount: number = 5;

/**
 * リソースロード完了コールバック
 */
protected onInitialResourceLoaded(): (LoaderAddParam | string)[] {
    (中略)
    for (let i = 0; i < this.unitIds.length; i++) {
        const unitId = this.unitIds[i];
        additionalAssets.push(Resource.Dynamic.UnitPanel(unitId));
        additionalAssets.push(Resource.Dynamic.Unit(unitId));
    }
}

/**
 * リソースロード完了時のコールバック
 */
protected onResourceLoaded(): void {
    (中略)
    this.initUnitButtons();
}

/**
 * 独自UiGraph要素のファクトリを返す
 * BattleSceneはUnitButtonを独自で定義している
 */
protected getCustomUiGraphFactory(type: string): UiNodeFactory | null {
```

```
        if (type === 'unit_button') {
            return new UnitButtonFactory();
        }
        return null;
    }

    /**
     * ユニットボタンの初期化
     */
    private initUnitButtons(): void {
        const key = Resource.Api.Unit(this.unitIds);
        const unitMasters = PIXI.loader.resources[key].data;
        for (let index = 0; index < this.unitSlotCount; index++) {
            const unitButton = this.getUiGraphUnitButton(index);
            if (!unitButton) continue;

            let cost = -1;

            const unitId = this.unitIds[index];
            if (unitId > 0) {
                for (let j = 0; j < unitMasters.length; j++) {
                    const unitMaster = unitMasters[j];
                    if (unitMaster.unitId === unitId) {
                        cost = unitMaster.cost;
                        break;
                    }
                }
            }

            unitButton.init(index, unitId, cost);
        }
    }

    /**
     * ボタンインデックスから、UnitButtonインスタンスを返す
     */
    private getUiGraphUnitButton(index: number): UnitButton | undefined {
        const uiGraphUnitButtonName = `${BattleScene.unitButtonPrefix}${index + 1}`;
        return this.uiGraph[uiGraphUnitButtonName] as UnitButton;
    }
```

　UnitButton が押下された場合にはユニットをスポーンさせたいので、ここでコールバックとして設定した onUnitButtonTapped の実装が必要です。
　これまで開発したシーンでは、リソースさえダウンロードできてしまえば、シーンの状態が変化することはなかったので特に意識することはありませんでしたが、BattleScene ではゲームオーバー時など、UnitButton を押下したタイミングでそのままユニットをスポーンさせられると困る状況もあると思います。
　BattleScene では、そもそもゲームロジックを更新すべき状態であるかどうかを判別する必要があるため、シーンに状態の概念を定義して適用します（リスト 4-5-11、リス

ト4-5-12)。

また、BattleLogic 側にユニットのスポーンを要求するための API として、requestSpawn を実装します（リスト4-5-13)。

リスト4-5-11 BattleSceneの状態定義（src/example/BattleSceneState.ts）
ブランチ：feature/game_logic_unit_button

```
const BattleSceneState = Object.freeze({
    LOADING_RESOURCES: 1,
    RESOURCE_LOADED: 2,
    READY: 3,
    INGAME: 4,
    FINISHED: 5
});

export default BattleSceneState;
```

リスト4-5-12 BattleSceneの状態遷移（src/example/BattleScene.ts）
ブランチ：feature/game_logic_unit_button

```
private state!: number;

constructor() {
    this.state = BattleSceneState.LOADING_RESOURCES;
    (中略)
}

/**
 * トランジション開始処理
 * トランジション終了で、可能ならステートを変更する
 */
public beginTransitionIn(onTransitionFinished: (scene: Scene) => void): void {
    super.beginTransitionIn(() => {
        //(1)リソースダウンロードが完了していればシーンの準備完了
        if (this.state === BattleSceneState.RESOURCE_LOADED) {
            this.state = BattleSceneState.READY;
            onTransitionFinished(this);
        }
    });
}

/**
 * リソースロード完了時のコールバック
 */
protected onResourceLoaded(): void {
    (中略)

    //(1)トランジションが完了していればシーンの準備完了
    if (this.transitionIn.isFinished()) {
        this.state = BattleSceneState.READY;
    } else {
        this.state = BattleSceneState.RESOURCE_LOADED;
    }
```

```
}
/**
 * 毎フレームの更新処理
 * シーンのステートに応じて処理する
 */
public update(_delta: number): void {
    switch (this.state) {
        case BattleSceneState.LOADING_RESOURCES: break;
        case BattleSceneState.READY: {
            this.state = BattleSceneState.INGAME;
            break;
        }
        case BattleSceneState.INGAME:
        case BattleSceneState.FINISHED: {
            this.battleLogic.update();
            break;
        }
    }
}
```

リスト4-5-13 ユニット生成をリクエストするメソッドの実装（src/example/BattleLogic.ts）
ブランチ：feature/game_logic_unit_button

```
//（2）ユニットスポーンの「リクエスト」リスト
private spawnRequestedUnitUnitIds: {
    unitId: number,
    isPlayer: boolean
}[] = [];

/**
 * Unit生成をリクエストする
 */
public requestSpawn(unitId: number, isPlayer: boolean): void {
    this.spawnRequestedUnitUnitIds.push({ unitId, isPlayer });
}
//（3）requestSpawnのシュガー
public requestSpawnPlayer(unitId: number): void {
    this.requestSpawn(unitId, true);
}
public requestSpawnAI(unitId: number): void {
    this.requestSpawn(unitId, false);
}
```

リスト中にナンバリングされた処理の詳細は、以下になります。

（1）リソースダウンロードが完了、もしくはトランジションが完了していればシーンの準備完了

　beginTransitionIn と onResourceLoaded のそれぞれでシーンの状態を見て、状態遷移すべきかを決定しています。

　シーン遷移はリソース読み込みとトランジション処理が並行で処理されますが、それぞ

れの完了のタイミングはシーン単体で決定できないため、レースコンディションを防止するためにもう一方の処理の進捗状況を確認しています。

(2) ユニットスポーンの「リクエスト」リスト

BattleLogic が requestSpawn をコールされたタイミングで直ちにユニットを生成してしまうと、ユニットの秩序だった制御ができないので、生成予定のユニットとして spawnRequestedUnitUnitIds という名のプロパティを定義し、適切なタイミングで処理します。

ユニット生成に関する一連のメソッド名に、request と付けているのはそのためです。

(3) requestSpawn のシュガー

ユニットのスポーンは、プレイヤーのみだけではなく敵 AI ユニットのスポーンも必要であるため、両方扱える requestSpawn を実装し、外部にはシュガーとして requestSpawnPlayer と requestSPawnAI を提供しています。

> **TIPS** JavaScript には enum（列挙型）がありませんので、enum に近い定義をする場合は、前節のリスト 4-4-1 のように「{ [key: string]: number }」のオブジェクトを、Object.freeze で更新できないようにするのがよいでしょう。
> number や string などの定数定義は、TypeScript や ES6 から利用可能な「const」を用います。

> **COLUMN オブジェクトの生成タイミング**
>
> 任意のエンティティ（本節でのユニットにあたるもの）が状態を持ち、複雑な操作が行われる時、かつそのエンティティの生成や消滅がオブジェクト外部からの要求を契機にする場合には、要求を受け取った直後に生成や消滅処理を実行することはあまりオススメできません。
>
> JavaScript は、プリエンプティブ的な割り込みが行われるようなことはないにしろ、関数スコープを抜けるタイミングでの割り込みは行われるので、タップ操作のコールバックは、アプリ内のどの関数でもそのスコープを抜ける際に実行される可能性があります。
>
> タップ操作直後にエンティティを直接操作する、つまり、いかなるタイミングでもエンティティが生成および破棄されてもよいような設計や実装を保つことは論理的には可能ですが、特別な理由がない限りはこれらの処理はメインループ内で決められた順序で実行したほうがよいでしょう。

シーンの状態の概念が利用できるようになり、ユニットのスポーンを受け入れる BattleLogic API も実装できたため、onUnitButtonTapped の中身が実装できるようになりました（リスト 4-5-14）。

リスト4-5-14	onUnitButtonTappedの実装（src/example/BattleScene.ts） ブランチ：feature/game_logic_unit_button

```typescript
public onUnitButtonTapped(buttonIndex: number): void {
    if (this.state !== BattleSceneState.INGAME) {
        return;
    }

    const unitButton = this.getUiGraphUnitButton(buttonIndex);
    if (unitButton) {
        this.battleLogic.requestSpawnPlayer(unitButton.unitId);
    }
}
```

ユニットのパラメータと、各要素の接続図

　BattleLogic がリクエストを受け付けてスポーンさせるユニットは、これまでに実装したUnit クラスではなく論理上のユニットとなります。論理上のUnit とは、すなわち体力や攻撃力を有するパラメータ群です。

　今後、ユニットのパラメータを正しく扱えるようにするために、ここで明確にしておきましょう（表4-5-1）。

表4-5-1 ユニットのパラメータ

名前	用途	種別
unitId	ユニットID	マスタデータ
cost	ユニットコスト	マスタデータ
maxHealth	最大体力	マスタデータ
power	攻撃力	マスタデータ
speed	移動速度	マスタデータ
knockBackFrames	ノックバックフレーム数	マスタデータ
knockBackSpeed	ノックバック移動速度	マスタデータ
id	スポーン毎に発行されるID	テンポラリデータ
isPlayer	プレイヤー側であるかどうか	テンポラリデータ
state	ユニットの状態	テンポラリデータ
currentHealth	現在の体力	テンポラリデータ
currentFrameDamage	現在のフレームで受けているダメージ累積（ノックバック判定に利用）	テンポラリデータ
currentKnockBackFrameCount	ノックバック経過フレーム数	テンポラリデータ
distance	拠点からの論理距離	テンポラリデータ
engagedEntity	接敵中のエンティティ	テンポラリデータ

　このうち、マスタデータとされているものはゲーム中で不変であり、テンポラリデータとしているものは変動するパラメータです。各データを扱う要素としては、次の3つが想定されます。

- 具体的なパラメータの値が定義されているマスタデータ（json）
- マスタデータの TypeScript インターフェース
- ゲームロジック上のユニット

すぐにユニットについてこれらの定義や実装を行うこともできますが、その前に本書で開発するゲームの仕様を少し振り返りましょう。

戦場に配置されるエンティティはユニットだけとは限らず、敵味方の拠点も存在します。いずれも死亡、破壊の状態や maxHealth パラメータを共通で有することが想像できます。ユニットと拠点は、攻撃対象になりうるという性質で一致しており、ゲームロジック上も共通化できる部分が多いと思われます。

本節では、拠点のパラメータや定義についての詳細には触れませんが、本節以降で拠点を取り扱う際に不自由がないように、拠点とユニットの抽象度を上げた概念を「Attackable」として取り扱います。

ここで登場した要素の接続図を、図 4-5-4 に示します。

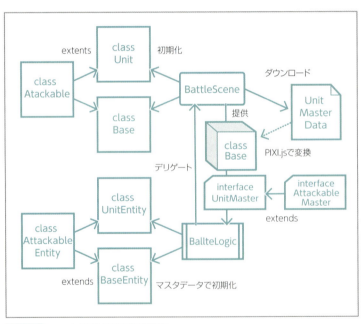

図 4-5-4 ユニットに関わる各要素の接続図

少し量が多いですが、これらの実装をリスト 4-5-15 〜 リスト 4-5-20 に示します。

Attackable の概念の定義により、すでに Unit に実装されているプロパティなどの一部も Attackable に移すことになりますが、差分の掲載は割愛します。

リスト4-5-15	ユニットマスタデータ（www/assets/master/unit_master.json） ブランチ：feature/game_logic_unit_button

```
[
    {
        "unitId":      1,
```

```
        "cost":          10,
        "maxHealth":     20,
        "power":         10,
        "speed":          2,
        "knockBackFrames": 30,
        "knockBackSpeed": 4
    },
    (省略)
]
```

リスト4-5-16 AttackableMasterインターフェース（src/example/AttackableMaster.ts）
ブランチ：feature/game_logic_unit_button

```
export default interface UnitMaster {
    cost:            number;
    maxHealth:       number;
    power:           number;
    speed:           number;
    knockBackFrames: number;
    knockBackSpeed:  number;
}
```

リスト4-5-17 UnitMasterインターフェース（src/example/UnitMaster.ts）
ブランチ：feature/game_logic_unit_button

```
export default interface UnitMaster {
    unitId:   number;
}
```

　AttackableEntity および UnitEntity クラスでは、今後頻繁に参照される maxHealth と unitId も自身のプロパティとして定義しておきます。

リスト4-5-18 AttackableEntityクラス（src/example/AttackableEntity.ts）
ブランチ：feature/game_logic_unit_button

```
export default class AttackableEntity {
    public id: number = 0;
    public isPlayer: boolean = true;
    public state: number = 0;
    public maxHealth: number = 0;
    public currentHealth: number = 0;
    public currentFrameDamage: number = 0;
    public currentKnockBackFrameCount: number = 0;
    public distance: number = 0;
    public engagedEntity: AttackableEntity | null = null;

    constructor(isPlayer: boolean) {
        this.isPlayer = isPlayer;
    }
}
```

リスト4-5-19 UnitEntityクラス（src/example/UnitEntity.ts）
ブランチ：feature/game_logic_unit_button

```
export default class UnitEntity {
    public unitId: number   = 0;
```

```
    constructor(isPlayer: boolean) {
        super(isPlayer);
        this.unitId = unitId;
    }
}
```

リスト4-5-20 Attackableクラス（src/example/Attackable.ts）
ブランチ：feature/game_logic_unit_button

```
export default abstract class Attackable implements UpdateObject {
    public sprite!: PIXI.Sprite;
    public animationType!: string;
    protected elapsedFrameCount: number = 0;
    protected destroyed: boolean = false;

    constructor() {
        this.animationType = '';
    }

    public isDestroyed(): boolean {
        return this.destroyed;
    }

    public update(_dt: number): void {
        // NOOP
    }
    public resetAnimation(): void {
        // NOOP
    }
    public updateAnimation(): void {
        // NOOP
    }

    public destroy(): void {
        this.sprite.destroy();
        this.destroyed = true;
    }
}
```

リモートからマスタデータの取得

　ここまでで、ユニットのマスタデータを実際にプログラム上で扱うことができるようになったので、次はリモートからマスタデータを取得できるようにします。
　マスタデータのjsonのURLはResourceオブジェクトで管理させ、BattleSceneからダウンロードしてBattleLogicに渡せるようにし、BattleLogicはマスタデータをキャッシュするようにします（リスト4-5-21 〜リスト4-5-23）。

リスト4-5-21　ResourceへのURLの追加（src/example/Resource.ts）
ブランチ：feature/game_logic_unit_button

```
Api: {
    (中略)
    Unit: (unitIds: number[]): string => {
        const query = unitIds.join('&unitId[]=');
        return `master/unit_master.json?unitId[]=${query}`;
    }
},
```

リスト4-5-22　BattleSceneでのダウンロード（src/example/BattleScene.ts）
ブランチ：feature/game_logic_unit_button

```
/**
 * リソースロード完了コールバック
 */
protected onInitialResourceLoaded(): (LoaderAddParam | string)[] {
    (中略)
    additionalAssets.push(Resource.Api.Unit(this.unitIds));
    return additionalAssets;
}

/**
 * リソースロード完了時のコールバック
 */
protected onResourceLoaded(): void {
    (中略)
    const unitMasters = resources[Resource.Api.Unit(this.unitIds)].data;
    this.battleLogic.init({
        unitMasters,
        delegator: this,
        config: this.battleLogicConfig
    });
    (中略)
}
```

リスト4-5-23　BattleLogicでのキャッシュ（src/example/BattleLogic.ts）
ブランチ：feature/game_logic_unit_button

```
private unitMasterCache: Map<number, UnitMaster> = new Map();

/**
 * デリゲータとマスタ情報で初期化
 */
public init(params: {
    delegator: BattleLogicDelegate,
    player: { unitIds: number[] },
    unitMasters: UnitMaster[],
    config?: BattleLogicConfig
}): void {
    (中略)
    this.unitMasterCache.clear();

    for (let i = 0; i < params.unitMasters.length; i++) {
```

```
        const unit = params.unitMasters[i];
        this.unitMasterCache.set(unit.unitId, unit);
    }
}
```

　ユニットのマスタデータを渡すことにより、BattleLogic が実際のデータを用いて UnitEntity のスポーンを行う準備ができました。

　今度は、BattleScene の見た目でも Unit をスポーンさせられるようにする必要がありますが、BattleScene 単独ではその契機は発生しません。BattleLogic も見た目上の処理は行えないため、UnitEntity がスポーンされたことをメッセージングするインターフェースを BattleLogicDelegate に追加します。

　ここで渡すユニット情報には、先ほどの UnitEntity が利用できます（リスト4-5-24）。

リスト4-5-24 ユニット生成コールバックの定義（src/example/BattleLogicDelegate.ts）
ブランチ：feature/game_logic_unit_button

```
onUnitEntitySpawned(entity: UnitEntity): void;
```

　なお、第2引数は論理上の生成位置（＝拠点の位置）を表しますが、拠点の実装は今は行いません。

ユニットのスポーン処理の実装

　さて、いよいよ BattleLogic でリクエストを受け付けたユニットのスポーン処理を実装します。この処理はユニットのスポーンのみだけではなく、コストの差し引きとデリゲートオブジェクトのユニット生成時コールバックを実行しますが、メインループの中で秩序を保って処理させるためにも、update メソッド内で処理を行うようにします（リスト4-5-25）。

リスト4-5-25 update 詳細実装（src/example/BattleLogic.ts）
ブランチ：feature/game_logic_unit_button

```
private nextEntityId: number = 0;
private attackableEntities: AttackableEntity[] = [];

/**
 * ゲーム更新処理
 * 外部から任意のタイミングでコールする
 */
public update(): void {
    this.updateAvailableCost(this.availableCost + this.config.costRecoveryPerFrame);
    this.updateSpawnRequest();
}

/**
 * 受け付けたUnit生成リクエストを処理する
 * プレイヤーユニットの場合はコストを消費し、Unit生成を試みる
 */
private updateSpawnRequest(): void {
```

```
    if (this.spawnRequestedUnitUnitIds.length === 0) {
        return;
    }

    let tmpCost = this.availableCost;

    for (let i = 0; i < this.spawnRequestedUnitUnitIds.length; i++) {
        const reservedUnit = this.spawnRequestedUnitUnitIds[i];
        const master = this.unitMasterCache.get(reservedUnit.unitId);
        if (!master) continue;

        const entity = new UnitEntity(reservedUnit.unitId, reservedUnit.isPlayer);
        entity.id = this.nextEntityId++;
        entity.maxHealth = master.maxHealth;
        entity.currentHealth = master.maxHealth;
        this.attackableEntities.push(entity);

        if (this.delegator) {
            this.delegator.onUnitEntitySpawned(entity);
        }
    }

    this.updateAvailableCost(tmpCost);
    this.spawnRequestedUnitUnitIds = [];
}
```

次いで BattleScene のデリゲータ実装を追加し、見た目上にも Unit クラスが生成されるようにします。

デリゲータ内部では、registerUpdatingObject を利用してユニットをメインループで処理するように登録していますが、update メソッド内での updateRegisteredObjects のコールを忘れないようにしてください（リスト 4-5-26）。

リスト4-5-26 ユニット生成デリゲータ実装（src/example/BattleScene.ts）
ブランチ：feature/game_logic_unit_button

```
private attackables: Map<number, Attackable> = new Map();

/**
 * UnitEntityが生成されたときのコールバック
 * idに紐づいて表示物を生成する
 */
public onUnitEntitySpawned(entity: UnitEntity): void {
    const master = this.unitAnimationMasterCache.get(entity.unitId);
    if (!master) {
        return;
    }
    // ランダムなz lineに配置
    const zLineIndex = Math.floor(Math.random() * this.field.zLineCount);
    const unit = new Unit(master);
    unit.sprite.scale.x = (entity.isPlayer) ? 1.0 : -1.0;
    unit.requestAnimation(Resource.AnimationTypes.Unit.WALK);
```

```
        this.attackables.set(entity.id, unit);
        this.field.addChildToZLine(unit.sprite, zLineIndex);
        this.registerUpdatingObject(unit as UpdateObject);
    }

    /**
     * 毎フレームの更新処理
     */
    public update(delta: number) {
        (中略)
        this.updateRegisteredObjects(delta);
    }
```

ここまでで、冒頭の「ゲームが完成するまで」の項目で掲げた次の要素が実装できました。

- 時間とともにユニットコストが蓄積される
- ユニットコストを消費することで、ユニットを戦場に配置することができる
- ユニットのボタンを押下することで、ユニットの配置ができる

これらの内容を「feature/game_logic_unit_button」ブランチの「src/example」配下にて実装していますので、合わせて参照してください。

シェーダーの利用

ユニットの歩行などはまだ実装されていませんが、先にユニットをスポーンさせるボタンの機能を仕上げてしまいましょう。

PIXI.js におけるシェーダーの利用方法は、実に簡便です。UnitButton クラスにリスト4-5-27 の内容を追加してみましょう。図 4-5-5 のように、白黒になると思います。

リスト4-5-27 シェーダーの適用（src/example/UnitButton.ts）
ブランチ：feature/game_logic_unit_button

```
private filter: PIXI.filters.ColorMatrixFilter = new PIXI.filters.ColorMatrixFilter();

constructor(texture?: PIXI.Texture) {
    (中略)
    this.filter.desaturate();
    this.button.filters = [this.filter];
}
```

図 4-5-5 フィルターが適用された画像

　ColorMatrixFilter は、PIXI.js よりデフォルトで提供されている Filter 発生クラスで、内部的には色行列（ColorMatrix）をテクスチャ本来の色に対して乗算するフラグメントシェーダーを利用しています。

　PIXI.js における Filter は、シェーダー表現をアプリケーションで利用しやすくするためのオブジェクトで、たとえば上述の ColorMatrixFilter であれば、彩度やコントラスト、明度などの複数の表現を単一のクラスで扱えるようにしています。

　もちろん開発者任意のシェーダーコードも、次のように PIXI.Filter クラスのコンストラクタにバーテックスシェーダーとフラグメントシェーダーの文字列を渡すことで利用することができます。いずれかが null の場合は、デフォルトのシェーダーが利用されます。

```
const filter = new PIXI.Filter(vertShader, fragShader);
```

　さて、シェーダーは適用できましたが、適用するかどうかを利用可能なコストに応じて切り替えなくてはなりません。PIXI.js の Filter は、enabled プロパティの boolean 値で有効かどうかを切り替えることができます。

　UnitButton はほかのシーンでも利用されるため、シェーダーをデフォルトで無効にした上で、外部から enabled プロパティを切り替えられるようにするための API を用意します（リスト 4-5-28）。

　BattleScene では UnitButton 初期化時にシェーダーを有効にし、onAvailableCostUpdated のタイミングで引数に渡された利用可能なユニット・ID を参照し、UnitButton の表示状態を切り替えます（リスト 4-5-29）。

リスト4-5-28　シェーダー切り替えAPIの追加（src/example/UnitButton.ts）
ブランチ：feature/game_logic_unit_button_filter

```
constructor(texture?: PIXI.Texture) {
    (中略)
    this.toggleFilter(false);
}

/**
 * ColorMatrixFilterの有効／無効を切り替える
 */
public toggleFilter(enabled: boolean): void {
    this.filter.enabled = enabled;
}
```

リスト4-5-29　シーンでのシェーダーの切り替え（src/example/BattleScene.ts）
ブランチ：feature/game_logic_unit_button_filter

```typescript
/**
 * 利用可能なコストの値が変動したときのコールバック
 */
public onAvailableCostUpdated(
    cost: number,
    maxCost: number,
    availablePlayerUnitIds: number[]
): void {
    const text = `${Math.floor(cost)}/${maxCost}`;
    (this.uiGraph.cost_text as PIXI.Text).text = text;

    for (let index = 0; index < this.unitSlotCount; index++) {
        const unitButton = this.getUiGraphUnitButton(index);
        if (!unitButton) continue;

        const enbaleFilter = (availablePlayerUnitIds.indexOf(unitButton.unitId) === -1);
        unitButton.toggleFilter(enbaleFilter);
    }
}

/**
 * ユニットボタンの初期化
 */
private initUnitButtons(): void {
    (中略)
    for (let index = 0; index < this.unitSlotCount; index++) {
        (中略)
        unitButton.init(index, unitId, cost);
        unitButton.toggleFilter(true);
    }
}
```

　ここまでの実装で、コストの増減に応じたシェーダー切り替えができるようになりました（図 4-5-6）。
　これとほぼ同じ状態のコードを「feature/game_logic_unit_button_filter」ブランチに反映していますので、合わせて参照してください。

図 4-5-6 現在のユニットコストに応じたシェーダー切り替え

▶ ACHIEVEMENT

本節の実装で、以下を達成することができました。

ゲームロジック
- 時間とともにユニットコストが蓄積される
- ユニットコストを消費することで、ユニットを戦場に配置することができる

バトル画面
- ユニットのボタンを押下することで、ユニットの配置ができる
- 配置できないユニットのボタンが見た目で判断できる

　TypeScript のインターフェースを用いたゲームロジックと見た目の部分の分離、そして PIXI.js でのシェーダーの利用方法を解説しました。
　次の節でユニットの状態遷移やパラメータの更新を行いますので、ようやく機能要件の大半を満たせるようになってきます。

▶ EXTRA STAGE

　本節で用いたシェーダーは、PIXI.js であらかじめ提供されている ColorMatrixFilter を用いましたが、心得のある読者は独自のシェーダーに差し替えてみてはいかがでしょうか。
　先に触れたように、PIXI.Filter クラスを用いることで利用することができるので、アプリケーション層でシェーダーを扱うための I/F はある程度整えられています。

4.6 ユニットを対戦させるゲームロジックの実装

ここまでの内容で、ユニットを戦場に配置して戦わせる準備ができました。これだけではゲームが進行せず勝敗もつかないので、この節では実際にユニット同士の戦闘を処理できるようにします。

▶ PROBLEM

本書におけるユニットは、プレイヤーが攻撃や移動などの操作を直接行うものではありません。AIのように自律的に行動させたり、あるいはゲームロジック側で制御を集約するなど、何らかの手法でユニットを自動的に行動させるようにする必要がありますが、具体的な実現手法についてはまだ検討できていません。

また、ユニットのアニメーションの状態遷移はこれまでに定義および実装しましたが、理論上の状態遷移は未着手なので全体像の整理が必要です。

▶ APPROACH

これまでの実装の中で、AttackableEntity および UnitEntity は、データのみ保有するクラスとして定義されていました。ここにアニメーションのようなステートマシンを実装してもよさそうですが、ゲームロジックが破綻しないように移動や攻撃などの順序に俯瞰的に秩序を持たせる必要があります。

移動や攻撃などの振る舞い（behavior）をゲームロジック側で制御できるように、原始的なAIであるステートマシンを構築します。

ユニットの理論上の状態

ユニットの状態遷移を、仕様として明確にしておきます。各状態の概要と遷移図を、表4-6-1と図4-6-1 示します。

表 4-6-1 ユニットの状態概要

名称	概要	遷移条件
IDLE	非戦闘状態 前進する	・デフォルトの状態 ・ENGAGED状態から敵を倒す ・ENGAGED状態の敵がKNOCK_BACK状態になる ・KNOCK_BACK状態から所定フレーム経過後に体力が1以上の場合
ENGAGED	戦闘中	・IDLE状態で敵と接触する
KNOCK_BACK	ノックバック中	・ENGAGED状態から一定割合のダメージを受ける
DEAD	死亡	・KNOCK_BACK状態から所定フレーム経過後に体力が1未満の場合
WAIT	待機	・システムからのみ遷移

COLUMN

OOP、DOD、ECS...

頻繁にアクセスされるエンティティの集合体をどのようにデザインすべきかは、ゲーム作りにおいてはまず最初に決めておくべき項目でしょう。

PIXI.jsは「OOP（オブジェクト指向）」であり、PIXI.Containerなどの単一のエンティティがデータも振る舞いも有しています。

OOPはプログラミングをする上では非常に直感的で、ほかの言語やフレームワークでも多く取り入れられている思想ですので、慣れ親しんでいる読者も多いと思われます。一方で、クラスインスタンスなどの大量のオブジェクトを操作する際は、OOP的なクラス定義だと転送効率の高くないメモリレイアウトになってしまう傾向にあります。

ネイティブゲーム開発でポピュラーなゲームエンジンであるUnityは、このパフォーマンス的な課題を解決するために「ECS（Entity Component System）」というフレームワークを提供しています。

ECSは、メモリ上のデータ集合をGameObject単位ではなくコンポーネント単位で集約させることで、メモリ転送効率およびキャッシュヒット率を向上させていますが、その思想自体は「DOD（データ指向）」に由来するものです。ECSの本分は、メモリレイアウトをアプリケーション層で意識させることなく、データ集合を取り扱わせることができるフレームワーク部分です。

ここまで本書でのユニットの実装を見て、設計主旨を類推された読者もいるかとは思いますが、本書においてのユニットの集合は、パフォーマンス的な観点よりも俯瞰的な制御を目的として振る舞いとデータを分離させています。

JavaScriptは高級言語ですので、JavaScript層で低レイヤを意識したデザインの効果は、なかなか確証を得ることが難しいと思われます。

図 4-6-1 ユニットの状態遷移図

また、各状態の優先順位は、図4-6-2のとおりとします。

たとえば、ENGAGED状態で相打ちが発生し、KNOCK_BACKにもIDLEにもなりうるフレームが発生した場合には、これに基づいて優先的にKNOCK_BACKに遷移させます。

図 4-6-2 各状態の優先順位

状態定義から歩かせるまで

ユニットの状態について、おおよその仕様を示しましたので、プログラムで状態を定義しましょう。状態を表す定数と、ユニットのデフォルトの状態を設定します（リスト4-6-1、リスト4-6-2）。

リスト4-6-1 ユニットの状態定義（src/example/AttackableState.ts）
ブランチ：feature/game_logic_unit_state_idle

```
const AttackableState = Object.freeze({
    IDLE: 1,
    ENGAGED: 2,
    KNOCK_BACK: 3,
    DEAD: 4,
    WAIT: 5
});

export default AttackableState;
```

リスト4-6-2 ユニットのデフォルトの状態設定（src/example/BattleLogic.ts）
ブランチ：feature/game_logic_unit_state_idle

```
private updateSpawnRequest(): void {
    (中略)

    const entity = new UnitEntity(reservedUnit.unitId, reservedUnit.isPlayer);
    entity.id = this.nextEntityId++;
    entity.maxHealth = master.maxHealth;
    entity.currentHealth = master.maxHealth;
    entity.state = AttackableState.IDLE; // 追加
    this.attackableEntities.push(entity);

    (中略)
}
```

この時点で、すでにゲームロジックでユニットの状態を評価することが可能です。
AttackableState.IDLE の状態ではユニットは前進すべきですので、まずはここから実装しましょう。ユニットのスポーンと同じく、状態やパラメータの評価と更新はすべてupdate 内で処理するようにしますが、状態の更新はすべてのパラメータ更新が完了した後に行います（リスト 4-6-3）。

リスト4-6-3 BattleLogicの更新処理（src/example/BattleLogic.ts）
ブランチ：feature/game_logic_unit_state_idle

```
public update(): void {
    this.updateAvailableCost(this.availableCost + this.config.costRecoveryPerFrame);
    this.updateSpawnRequest();
    this.updateEntityParameter(); // パラメータの更新
    this.updateEntityState();     // 状態の更新
}
```

パラメータの更新は現時点では移動のみですが、ほかのパラメータも更新することが予想されるので、さらに個別のメソッドを定義し、ユニットの distance の値を加算します。
移動距離はマスタデータが保持しているため、キャッシュから索引して引数に渡します（リスト 4-6-4）。

リスト4-6-4　distanceパラメータの更新（src/example/BattleLogic.ts）
ブランチ：feature/game_logic_unit_state_idle

```ts
/**
 * (1) Unitのパラメータを更新する
 * ステートは、すべてのパラメータが変化した後に更新する
 */
private updateEntityParameter(): void {
    for (let i = 0; i < this.attackableEntities.length; i++) {
        const attackable = this.attackableEntities[i];
        const master = this.unitMasterCache.get((attackable as UnitEntity).unitId);
        if (!master) {
            continue;
        }

        this.updateDistance(attackable, master);
    }
}

/**
 * (2) 移動可能か判定し、必要なら以下を更新する
 * - distance
 */
private updateDistance(attackable: AttackableEntity, master: AttackableMaster): void {
    if (attackable.state === AttackableState.IDLE) {
        if (this.delegator) {
            if (this.delegator.shouldAttackableWalk(attackable)) {
                attackable.distance += master.speed;
                this.delegator.onAttackableEntityWalked(attackable);
            }
        } else {
            attackable.distance += master.speed;
        }
    }
}
```

リスト中にナンバリングされた処理の詳細は、以下になります。

(1) Unit のパラメータを更新する

BattleLogic 単体で distance を更新することもできますが、アニメーションなどの見た目やシステム上の都合で移動できない場合もありえるため、デリゲータの判断も加味します。

(2) 移動可能か判定し、必要なら更新する

デリゲータ単体では実際にどれくらい移動したかを知ることができないため、バトルロジック側で論理上の移動が完了した後、デリゲータにコールバックします。

ここで新規にデリゲータメソッドが必要となったため、インターフェースとその実装を追加します。デリゲータである BattleScene では、見た目上の情報を返したり座標の更新などを行います（リスト 4-6-5、リスト 4-6-6）。

リスト4-6-5　デリゲートインターフェースの追加（src/example/BattleLogicDelegate.ts）
ブランチ：feature/game_logic_unit_state_idle

```typescript
export default interface BattleLogicDelegate {
    (中略)

    /**
     * UnitEntityが歩いた時のコールバック
     */
    onAttackableEntityWalked(entity: AttackableEntity): void;   // 追加

    /**
     * 渡されたユニットが移動可能か返す
     */
    shouldAttackableWalk(unit: AttackableEntity): boolean;      // 追加
}
```

リスト4-6-6　デリゲート処理の実装（src/example/BattleScene.ts）
ブランチ：feature/game_logic_unit_state_idle

```typescript
/**
 *(1)渡されたUnitEntityのdistanceが変化した時に呼ばれる
 */
public onAttackableEntityWalked(entity: AttackableEntity): void {
    const attackable = this.attackables.get(entity.id);
    if (!attackable) {
        return;
    }
    const unit = attackable as Unit;
    const direction = entity.isPlayer ? 1 : -1;

    const visualDistance = entity.distance * direction;
    unit.sprite.position.x = unit.getSpawnedPosition().x + visualDistance;
}

/**
 *(2)渡されたユニットが移動すべきかどうかを返す
 */
public shouldAttackableWalk(entity: AttackableEntity): boolean {
    const attackable = this.attackables.get(entity.id);
    if (!attackable) {
        return false;
    }
    if (!(entity as UnitEntity).unitId) {
```

```
        return false;
    }

    if (attackable.animationType === Resource.AnimationTypes.Unit.WALK) {
        return true;
    }
    return (attackable as Unit).isAnimationLastFrameTime();
}
```

リスト中にナンバリングされた処理の詳細は、以下になります。

(1) 渡された UnitEntity の distance が変化した時に呼ばれる

ユニットの座標移動は、現在の座標に対して加算するのではなく、ユニットスポーン時の座標からの絶対値として指定します。スポーン時座標の保持や、それを取得するための getSpawnedPosition メソッドの実装は、このあと行います。

(2) 渡されたユニットが移動すべきかどうかを返す

shouldAttackableWalk の返り値は、アニメーションが最終フレームであるかどうかを参照していますが、4-3 節で示したアニメーション遷移図に基づくと、ほかのアニメーションから WALK への遷移は、遷移元のアニメーションが完了していなければ行うことができません（図 4-6-3）。

そのため、現在のアニメーションが最終フレームであるかどうかが、遷移可能であるかどうかと同義になります。

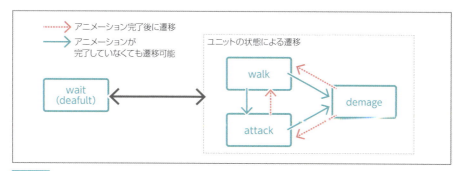

図 4-6-3 アニメーション遷移概要（再掲）

前述のとおり、ユニット移動の基準座標であるスポーン座標の設定と取得を Attackable クラスに追加します。Unit ではなく Attackable へ実装するのは、あとに拠点の実装も行うためです。

PIXI.Sprite の position に直接値を割り当てるだけでは、それがスポーン時の座標であるかどうか判断できないため、コンストラクタで明示的にスポーン時の座標を渡すようにします（リスト 4-6-7）。派生クラスである Unit のコンストラクタでも、super の引数追加を忘れずに行いましょう。

リスト4-6-7　デリゲート処理の実装（src/example/Attackable.ts）
ブランチ：feature/game_logic_unit_state_idle

```ts
// スポーンした座標
protected spawnedPosition!: PIXI.Point;

/**
 * spawnedPositionを返す
 */
public get distanceBasePosition(): PIXI.Point {
    return this.spawnedPosition;
}

constructor(spawnPosition: { x: number, y: number }) {
    this.animationType = '';

    this.sprite = new PIXI.Sprite();
    this.sprite.anchor.x = 0.5;
    this.sprite.anchor.y = 1.0;
    this.sprite.position.set(
        spawnPosition.x,
        spawnPosition.y
    );

    this.spawnedPosition = new PIXI.Point(
        this.sprite.position.x,
        this.sprite.position.y
    );

    Object.freeze(this.spawnedPosition);
}
```

コンストラクタ引数を増やしたため、BattleSceneでのインスタンス化処理も更新し、positionを直接設定していた行を削除します（リスト4-6-8）。

リスト4-6-8　Unitコンストラクタ引数の追加（src/example/BattleScene.ts）
ブランチ：feature/game_logic_unit_state_idle

```ts
public onUnitEntitySpawned(entity: UnitEntity, _basePosition: number): void {
    (中略)

    // 現時点では仮の座標
    const spawnPosition = {
        x: entity.isPlayer ? 100 : 800,
        y: 300
    };

    const unit = new Unit(master, spawnPosition);
    unit.sprite.scale.x = (entity.isPlayer) ? 1.0 : -1.0;
    unit.requestAnimation(Resource.AnimationTypes.Unit.WALK);
```

（中略）
　　}

　　パラメータの更新と見た目上の処理まで実装できたので、次に状態の更新を実装します。
　　BattleLogicのupdateメソッド内で、updateEntityStateとしてコールしているメソッドの実装を行います。updateEntityState内部では、「ユニットの論理上の状態」に記載した状態の優先度順に処理を行います。
　　現時点では、ユニットの歩行に関するIDLE状態の処理のみ行い、戦闘などへの遷移も行わないため、ほぼ空のメソッド実装となります（リスト4-6-9）。

| リスト4-6-9 | 状態の更新処理（src/example/BattleLogic.ts）
ブランチ：feature/game_logic_unit_state_idle |

```
/**
 * エンティティのステートを更新する
 * ステート優先順位は右記の通り。DEAD > KNOCK_BACK > ENGAGED > IDLE
 * ユニット毎に処理を行うと、ステートを条件にした処理結果が
 * タイミングによって異なってしまうので、ステート毎に処理を行う
 */
private updateEntityState(): void {
    for (let i = 0; i < this.attackableEntities.length; i++) {
        const entity = this.attackableEntities[i];
        if (entity.state === AttackableState.IDLE) {
            this.updateAttackableIdleState(entity);
        }
    }
}

/**
 * 何もしていない状態でのステート更新処理
 */
private updateAttackableIdleState(attackable: AttackableEntity): void {
    // あとで実装する
}
```

ユニットが歩行するまでの処理の流れ

　　ここまでの実装で、戦場にスポーンしたユニットが歩行するようになりました。実装した処理の全体の流れを振り返りましょう。

ユニット生成フレーム処理の流れ

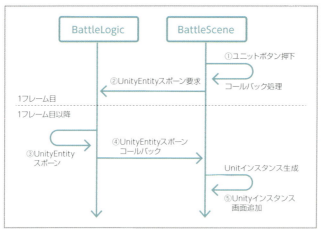

図 4-6-4 ユニット生成フレーム処理のシーケンス

①ユニットボタンを押下する
② BattleScene に実装されているユニットボタンのコールバック処理のなかで、BattleLogic に UnitEntity 生成を要求する
③ BattleLogic が、UnitEntity を仮の生成位置で IDLE 状態でスポーンさせる
④ BattleLogic が、UnitEntity 生成をデリゲータに通知する
⑤デリゲータである BattleScene が、Unit のスプライトを画面上に追加する
⑥ BattleScene は、WAIT アニメーションを Unit にリクエストする

WAIT アニメーション中の処理の流れ

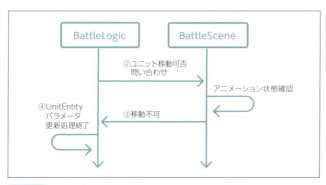

図 4-6-5 ユニット生成後、WAIT アニメーション中の処理シーケンス

① BattleLogic が、スポーン済の UnitEntity のパラメータを更新する
② IDLE 状態の UnitEntity が、移動可能かデリゲータに問い合わせる
③デリゲータである BattleScene は、Unit インスタンスの WAIT アニメーションが最終フレームまで到達していないため、移動不可と返す
④デリゲータから移動不可と返された BattleLogic は、その UnitEntity の distance 更新処理を行わない

移動処理の流れ

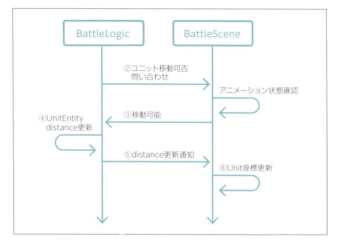

図 4-6-6 WAIT アニメーション完了以降の移動処理のシーケンス

① BattleLogic が、スポーン済の UnitEntity のパラメータを更新する
② IDLE 状態の UnitEntity が、移動可能かデリゲータに問い合わせる
③ デリゲータである BattleScene は、Unit インスタンスの WAIT アニメーションが最終フレームまで到達しているため移動可能と返す
④ デリゲータから移動可能と返された BattleLogic は、その UnitEntity の distance をマスタデータの speed の値だけ加算する
⑤ BattleLogic は、デリゲータに UnitEntity の移動完了を通知する
⑥ デリゲータである BattleScene は、Unit インスタンスのスプライトの座標を UnitEntity の distance の値に基づいて更新する

UnitEntity が IDLE になり、Unit のアニメーションが WALK になってからは、現状だと特に状態遷移は発生しないため、ユニットが画面右に歩き続けることが確認できます（図 4-6-7）。

ここまでとほぼ同じ状態のコードを、「feature/game_lOgic_uniI_state_idle」ブランチにプッシュしていますので、合わせて参照してください。

図 4-6-7 歩行するユニット

敵ユニットの準備

以降は、各状態の実装追加とその遷移を量産するのみとなりますが、状態をENGAGEDに遷移させるための要素の1つである敵ユニットの出現がまだ実装されていません。

ここでは、ステージに出現する敵ユニット情報の定義とBattleLogicでのスポーン処理を実装していきます。

「ステージ」の概念に含まれる要素は敵ユニットのみではないため、敵ユニット情報以外も定義できるようにステージ要素をあらかじめ洗い出しておきます。考え方としては、ステージ1、ステージ2と、複数ステージが存在する場合のそれぞれのステージ間の差分は何か、というところから導出します（表4-6-2）。

敵ユニットも含めた表4-6-2のステージ情報を、リスト4-6-10のTypeScriptインターフェースに落とし込み、実データとしてリスト4-6-11のようなjsonファイルを用意します。

表4-6-2 ステージに含まれる要素

要素	内容
ステージID	ステージ選択などで必要な一意のID
ステージの幅	自拠点から敵拠点へ到達するまでに必要な移動距離と同義。ゲームバランスに影響する
ユニット配置行数	Fieldのz Lines相当の値。同じタイミングで5体の敵ユニットが出現する、などのステージを考慮してあらかめステージ情報として定義する
拠点情報	位置を表す座標や耐久力などのパラメータを保有する
敵ユニット出現情報	何フレーム目にどのユニットが出現するかの情報

リスト4-6-10 ステージ情報インターフェース（src/example/StageMaster.ts）
ブランチ：feature/game_logic_ai_unit_spawn

```typescript
export default interface StageMaster {
    id: number;            // ユニットID
    length: number;        // ステージ幅
    zLines: number;        // ユニット配置行数
    aiCastleId: number;    // 敵拠点ID
    waves: {               // 敵ユニット出現情報
        [key: string]: {   // 出現フレーム数を添え字とした出現ユニットID
            unitId: number;
        }[];
    };
}
```

リスト4-6-11 ステージ情報マスタデータ（www/assets/master/stage_master_1.json）
ブランチ：feature/game_logic_ai_unit_spawn

```json
{
    "id": 1,
    "length": 2000,
    "zLines": 10,
    "aiCastleId": 2,
```

```
    "waves": {
        "10": [
            { "unitId": 1 }
        ],
        (中略)
    }
}
```

ステージの長さが定義されたため、onUnitEntitySpawned にて直値で指定していたユニット生成位置も修正します（表 4-6-3）。

表 4-6-3 ユニット生成位置の修正（src/example/BattleScene.ts ／ブランチ：feature/game_logic_ai_unit_spawn）

追加、修正箇所	リスト
プロパティの追加	`private static readonly castleXOffset: number = 200;`

修正前	```const spawnPosition = {
	    x: entity.isPlayer ? 100 : 800,
	    y: 300
	};```

修正後	```const stageMaster =
	    PIXI.loader.resources[Resource.Api.Stage(this.stageId)].data;
	const spawnPosition = {
	    x: (entity.isPlayer)
	        ? BattleScene.castleXOffset
	        : stageMaster.length - BattleScene.castleXOffset,
	    y: 300
	};```

これまで作成してきたマスタデータと同じように、ここまで定義してしまえば、あとはプログラム上で扱えるリソースおよびオブジェクトとなります。

Resources に、このマスタデータ取得のための API の URL を定義し、BattleScene でダウンロード、そして BattleLogic の初期化タイミングでステージ情報マスタを渡せるようにします。

BattleLogic では、init の引数として渡されたステージマスタのキャッシュを実装します（リスト 4-6-12 〜リスト 4-6-14）。

リスト4-6-12 ステージ情報マスタURL定義（src/example/Resource.ts）
ブランチ：feature/game_logic_ai_unit_spawn

```
Api: {
    (中略)
    Stage: (stageId: number): string => {
        return `master/stage_master_${stageId}.json`;
    }
},
```

リスト4-6-13 BattleSceneでのステージ情報マスタ取得（src/example/BattleScene.ts）
ブランチ：feature/game_logic_ai_unit_spawn

```typescript
// 挑戦するステージID
private stageId!: number;

constructor() {
    super();
    this.stageId = 1; //(1)仮の値
    (中略)
}

/**
 * リソースリストの作成
 */
protected createInitialResourceList(): (string | LoaderAddParam)[] {
    return super.createInitialResourceList().concat(
        Field.resourceList,
        [Resource.Api.Stage(this.stageId)] // リソースの追加
    );
}

/**
 * リソースロード完了コールバック
 */
protected onInitialResourceLoaded(): (LoaderAddParam | string)[] {
    const additionalAssets = super.onInitialResourceLoaded();

    const resources = PIXI.loader.resources as any;
    const stageMaster = resources[Resource.Api.Stage(this.stageId)].data;

    //(2)プレイヤーのユニット以外のID追加
    const keys = Object.keys(stageMaster.waves);
    for (let i = 0; i < keys.length; i++) {
        const key = keys[i];
        const wave = stageMaster.waves[key];
        for (let j = 0; j < wave.length; j++) {
            const unitId = wave[j].unitId;
            if (this.unitIds.indexOf(unitId) === -1) {
                this.unitIds.push(unitId);
            }
        }
    }
}

/**
 * リソースロード完了時のコールバック
 */
protected onResourceLoaded(): void {
    super.onResourceLoaded();
    const resources = PIXI.loader.resources as any;
    const stageMaster = resources[Resource.Api.Stage(this.stageId)].data;
```

4-6 ユニットを対戦させるゲームロジックの実装

```
    (中略)

    //(3)直値だったパラメータの修正
    this.field.init({
        fieldLength: stageMaster.length,
        zLines: stageMaster.zLines
    });

    (中略)

    this.battleLogic.init({
        stageMaster, //(4)引数追加
        delegator: this,
        player: {
            unitIds: this.unitIds
        },
        unitMasters,
        config: this.battleLogicConfig
    });

    (中略)
}
```

リスト4-6-14 BattleLogicでのステージ情報マスタキャッシュ (src/example/BattleLogic.ts)
ブランチ：feature/game_logic_ai_unit_spawn

```
// フィールドマスタのキャッシュ
private stageMasterCache: StageMaster | null = null;
//(5)StageMaster.wavesをキャッシュするためのMap
private aiWaveCache: Map<number, { unitId: number }[]> = new Map();

/**
 * デリゲータとマスタ情報で初期化
 */
public init(params: {
    delegator: BattleLogicDelegate,
    stageMaster: StageMaster,
    player: { unitIds: number[] },
    unitMasters: UnitMaster[],
    config?: BattleLogicConfig
}): void {
    (中略)

    this.stageMasterCache = params.stageMaster;

    const waves = this.stageMasterCache.waves;
    const keys = Object.keys(waves);
    for (let i = 0; i < keys.length; i++) {
        const key = keys[i];
        this.aiWaveCache.set(Number.parseInt(key, 10), waves[key]);
    }
}
```

リスト中にナンバリングされた処理の詳細は、以下になります。

（1）仮の値

stageId は、プレイヤーが選択できるステージの ID ですが、仮置きで実装を進めます。

（2）プレイヤーのユニット以外の ID 追加

ステージ情報に含まれる敵ユニットの ID を重複なく unitIds 配列に格納します。

（3）直値だったパラメータの修正

ステージの長さと奥行きがデータで定義されるようになったため、直値での設定を避けることができるようになりました。

（4）引数追加

ゲームロジック側で敵ユニットの出現情報を利用するために、引数に追加しています。

（5）StageMaster.waves をキャッシュするための Map

新しいプロパティである aiWaveCache は、ステージ情報の中の敵ユニット出現情報をフレーム数から索引しやすくさせるためのオブジェクトです。

敵ユニットのスポーン

BattleLogic がステージ情報マスタを参照できるようになったため、経過フレーム数に応じてどのユニットをスポーンすべきかを、単独で判別することができるようになりました。

BattleLogic では、事前に敵ユニットのスポーンを要求するメソッドとして requestSpawnAI を定義しているので、メインループである update メソッドのなかで、敵ユニットのスポーン処理としてこのメソッドを利用します。経過フレーム数は、まだカウントしていなかったため、新たにプロパティを定義します（リスト 4-6-15）。

リスト4-6-15 敵ユニットスポーン処理（src/example/BattleLogic.ts）
feature/game_logic_ai_unit_spawn

```typescript
// 経過フレーム数
private passedFrameCount: number = 0;

/**
 * ゲーム更新処理
 * 外部から任意のタイミングでコールする
 */
public update(): void {
    this.updateAvailableCost(this.availableCost + this.config.costRecoveryPerFrame);
    this.updateAISpawn();
    this.updateSpawnRequest();
    this.updateEntityParameter();
    this.updateEntityState();
```

```
    this.passedFrameCount++;
}

/**
 * 現在のフレームに応じて、AIユニットを生成させる
 */
private updateAISpawn(): void {
    const waves = this.aiWaveCache.get(this.passedFrameCount);
    if (!waves) {
        return;
    }

    for (let i = 0; i < waves.length; i++) {
      const unitId = waves[i].unitId;
      this.requestSpawnAI(unitId);
    }
}
```

BattleLogic で敵ユニットのスポーンが処理されるようになりました。

敵ユニットの座標移動も、すでに BattleScene においてユニットがプレイヤーかどうかで、進行方向が変わるようになっています。この状態でゲームを起動すると、時間経過で敵ユニットがスポーンされ、画面左に向かって歩行するようになっています（図 4-6-8）。

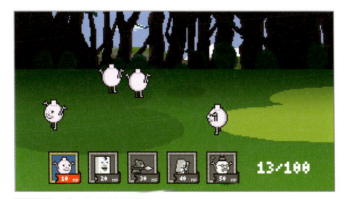

図 4-6-8 ステージに含まれる要素

ここまでと同じ内容は、「feature/game_logic_ai_unit_spawn」ブランチで確認できますので、合わせて参照してください。

ユニット同士を接敵させる

現状では、敵味方ユニットは歩行はするものの ENGAGED 状態への遷移は行わないため、ユニット同士が遭遇しても、そのまますれ違って歩き続けます。

この節の冒頭の表 4-6-1 では、ENGAGED 状態への遷移条件を「IDLE 状態で敵と接触

する」としています。ゲームロジックでは、これを見た目上接触しているものとして考えます。そのため ENGAGED への状態遷移は、BattleLogic からデリゲータへ見た目上で接敵可能かどうかを問い合わせる必要があります。

まだデリゲータには、ENGAGED に遷移可能かどうかを問い合わせるための I/F は定義していないため、この定義と実装を行います（リスト 4-6-16、リスト 4-6-17）。

リスト4-6-16 デリゲータI/Fの追加（src/example/BattleLogicDelegate.ts）
ブランチ：feature/game_logic_unit_basic_ai

```
shouldEngageAttackableEntity(
    attacker: AttackableEntity,
    target: AttackableEntity
): boolean;
```

リスト4-6-17 デリゲータメソッドの実装（src/example/BattleScene.ts）
ブランチ：feature/game_logic_unit_basic_ai

```
public shouldEngageAttackableEntity(
    attacker: AttackableEntity,
    target: AttackableEntity
): boolean {
    const attackerAttackable = this.attackables.get(attacker.id);
    if (!attackerAttackable) {
        return false;
    }
    const targetAttackable = this.attackables.get(target.id);
    if (!targetAttackable) {
        return false;
    }

    return attackerAttackable.isFoeContact(targetAttackable.sprite);
}
```

ここで、isFoeContact として Attackable のメソッドをコールしていますが、こちらはまだ実装していません。内部でやるべきことは、スプライト同士の X 座標が重なっているかどうかの判定です。

2 体のユニットのスプライトの線が重なっている時にそのユニット同士は接敵し、ENGAGED 状態に遷移できると考えます（図 4-6-9）。

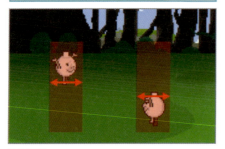
ENGAGED に遷移しない
スプライトの X 座標の線が重なっていない

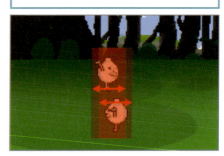
ENGAGED に遷移できる
スプライトの X 座標の線が重なっている

図 4-6-9 スプライトの座標に応じた ENGAGED への遷移

TIPS 本書では、見た目上(スプライト)のX座標で接敵可能かどうかを判断していますが、ユニットに「間合い」のパラメータを持たせて、その範囲で接敵の判定を行ってもよいでしょう。見た目が、ゲーム難易度やゲームシステムに密に結びつくこともなくなります。

本書でのゲームの場合、Y座標の差分は無視し同一のY座標と考えるため、矩形が重なっているかを判別するための計算式を簡略化して実装します。

この判定処理は、スプライトやゲームとは独立した2次元座標の数値比較であるため、読者の方は独自のMathクラスなどを作成してもよいでしょう。本書では、Attackableクラスに以下のとおり実装します(リスト4-6-18)。

リスト4-6-18 デリゲータメソッドの実装(src/example/Attackable.ts)
ブランチ:feature/game_logic_unit_basic_ai

```
public isFoeContact(target: PIXI.Container): boolean {
    const r1x1 = this.sprite.position.x;
    const r1x2 = this.sprite.position.x + this.sprite.width;
    const r2x1 = target.position.x;
    const r2x2 = target.position.x + target.width;

    return (r1x1 < r2x2 && r1x2 > r2x1);
}
```

TIPS 矩形の重なりや線分の交差などは、ゲーム以外の分野でも広く利用されるため、githubなどでもさまざまな言語での実装が公開されています。

デリゲータのBattleSceneが、見た目上にもENGAGED状態に遷移可能かどうかを返すことができるようになったため、BattleLogicでもその結果を受けて状態遷移をさせるようにします。

この節の冒頭の図4-6-1の状態遷移図に基づくと、ENGAGEDへはIDLE状態のみからしか遷移しないため、これまで空実装だったupdateAttackableIdleStateの中身を実装して、IDLEからENGAGEDへ遷移できるようにします(リスト4-6-19)。

リスト4-6-19 IDLE状態のユニットの状態遷移実装(src/example/BattleScene.ts)
ブランチ:feature/game_logic_unit_basic_ai

```
private updateAttackableIdleState(attackable: AttackableEntity): void {
    for (let i = 0; i < this.attackableEntities.length; i++) {
        const target = this.attackableEntities[i];
        if (
            (attackable.isPlayer && target.isPlayer) ||
            (!attackable.isPlayer && !target.isPlayer)
        ) {
            continue;
        }
        if (
            target.state !== AttackableState.IDLE &&
            target.state !== AttackableState.ENGAGED
        ) {
            continue;
        }
```

```
    const shouldEngage = this.delegator
        ? this.delegator.shouldEngageAttackableEntity(attackable, target)
        : true;
    if (shouldEngage) {

        attackable.engagedEntity = target;
        attackable.state = AttackableState.ENGAGED;
        break;
    }
  }
}
```

　現在、論理上存在する全ユニットを走査し、対象のユニットが味方ではなく、かつ ENGAGED、もしくは IDLE である場合に、デリゲータに ENGAGED 状態に遷移可能かを問い合わせます。

　デリゲータでは先のとおり、見た目上のスプライトの X 座標が重なっていれば true を返すため、この状態でゲームを起動すると ENGAGED になったユニットの shouldAttackableWalk 判定や onAttackableEntityWalked デリゲートメソッドは処理されないため、座標移動は止まるようになります（図 4-6-10）。

図 4-6-10 座標移動が行われなくなった ENGAGED 状態のユニット

　以降、さまざまな状態遷移や任意の状態における振る舞いを実装しますが、そのほとんどはパラメータ更新、デリゲータメソッド、見た目上の処理、状態遷移の 4 つの要素の実装を循環します（図 4-6-11）。

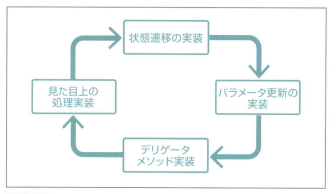

図 4-6-11　実装工程の定型化

ユニット同士を攻撃させる

　ENGAGED 状態に遷移させることはできましたが、このままでは向かい合って歩行をやめているだけとなります。

　ENGAGED 状態になった場合には、ユニットに攻撃アニメーションをさせ、体力の減算を行い、KNOCK_BACK および DEAD 状態への遷移を行わせる必要がありますが、まずはアニメーションの遷移を実現させましょう。
　BattleLogic からデリゲータに状態が遷移したことをメッセージングするデリゲータメソッドを定義し、BattleScene に実装します。これにより、状態の遷移を契機にしたアニメーションの遷移を処理することができるようになります（リスト 4-6-20 〜リスト4-6-22、図 4-6-12）。

リスト4-6-20　状態遷移の通知I/F定義（src/example/BattleLogicDelegate.ts）
ブランチ：feature/game_logic_unit_basic_ai

```
onAttackableEntityStateChanged(
    entity: AttackableEntity,
    oldState: number
): void;
```

リスト4-6-21　状態遷移の通知処理実装（src/example/BattleLogic.ts）
ブランチ：feature/game_logic_unit_basic_ai

```
private updateEntityState(): void {
    const unitStates = [];
    for (let i = 0; i < this.attackableEntities.length; i++) {
        unitStates.push(this.attackableEntities[i].state);
    }

    (中略)

    if (this.delegator) {
        for (let i = 0; i < this.attackableEntities.length; i++) {
            const entity = this.attackableEntities[i];
            const oldState = unitStates[i];
```

```
            if (oldState !== entity.state) {
                this.delegator.onAttackableEntityStateChanged(entity, oldState);
            }
        }
    }
}
```

リスト4-6-22 状態遷移時の処理実装（src/example/BattleScene.ts）
ブランチ：feature/game_logic_unit_basic_ai

```
public onAttackableEntityStateChanged(
    entity: AttackableEntity,
    _oldState: number
): void {
    const attackable = this.attackables.get(entity.id);
    if (!attackable) {
        return;
    }

    if ((entity as UnitEntity).unitId) {
        const unit = attackable as Unit;
        const animationTypes = Resource.AnimationTypes.Unit;
        switch (entity.state) {
            case AttackableState.IDLE: {
                unit.requestAnimation(animationTypes.WALK);
                break;
            }
            case AttackableState.ENGAGED: {
                unit.requestAnimation(animationTypes.ATTACK);
                break;
            }
            case AttackableState.KNOCK_BACK: {
                unit.requestAnimation(animationTypes.DAMAGE);
                break;
            }
            case AttackableState.DEAD: {
                break;
            }
            default: break;
        }
    }
}
```

図 4-6-12 状態遷移を契機としたアニメーション遷移

攻撃判定の発生とダメージ処理

ENGAGED 状態におけるアニメーション遷移が処理できるようになったので、次はダメージ処理を実装します。

ダメージ処理は、その発生に見た目上の条件が存在することが考えられるため、デリゲータに問い合わせるための I/F を追加する必要があります。同様に、ダメージ処理が行われたことをメッセージングするための I/F も追加します（リスト 4-6-23）。

BattleScene のデリゲータ実装では、現在のアニメーションのフレームが攻撃判定発生フレームかどうかを Unit インスタンスに問い合わせます。攻撃判定発生フレームでなければ、BattleLogic でダメージ処理を行うべきではないためです（リスト 4-6-24、リスト 4-6-25）。

ダメージ処理が実際に走った際は、エフェクトなどの見た目上の処理が行えるようにしますが、この節では空にしておき、後ほど実装します（リスト 4-6-25）。

いくつかデリゲータに委譲する処理が発生しているので、デリゲートメソッドの I/F も合わせて定義します（リスト 4-6-23 〜リスト 4-6-25）。GameLogic では、パラメータを更新する必要があります。

さらに、パラメータを更新するメソッドとして実装されている updateEntityParameter メソッドが存在するので、このメソッドを通してダメージ処理を行います（リスト 4-6-26）。

このダメージ処理を行うために、現在のフレームで受けたダメージは一時的に保持しますが、メインループの最後で 0 に戻す後処理を加えます（リスト 4-6-26）。

リスト4-6-23 ダメージ処理に関するデリゲータメソッドI/F（src/example/BattleLogicDelegate.ts）
ブランチ：feature/game_logic_unit_basic_ai

```
onAttackableEntityHealthUpdated(
    attacker: AttackableEntity,
    target: AttackableEntity,
    fromHealth: number,
    toHealth: number,
```

```typescript
    maxHealth: number
): void;

shouldDamage(attacker: AttackableEntity, target: AttackableEntity): boolean;
```

リスト4-6-24 攻撃判定発生フレームの判別（src/example/Unit.ts）
ブランチ：feature/game_logic_unit_basic_ai

```typescript
/**
 * 現在のアニメーションフレームのインデックスが、
 * 当たり判定の発生するインデックスかどうかを返す
 */
public isHitFrame(): boolean {
    if (this.animationFrameId !== this.animationMaster.hitFrame) {
        return false;
    }
    const index = Resource.AnimationTypes.Unit.ATTACK as UnitAnimationTypeIndex;
    const animation = this.animationMaster.types[index];
    if (!animation) {
        return false;
    }
    return (this.elapsedFrameCount % animation.updateDuration) === 0;
}
```

リスト4-6-25 BattleSceneデリゲート実装（src/example/BattleScene.ts）
ブランチ：feature/game_logic_unit_basic_ai

```typescript
/**
 * 渡されたエンティティのhealthが増減した場合に呼ばれる
 */
public onAttackableEntityHealthUpdated(
    _attacker: AttackableEntity,
    _target: AttackableEntity,
    _fromHealth: number,
    _toHealth: number,
    _maxHealth: number
): void {
}

/**
 * 渡されたエンティティ同士が攻撃可能か返す
 */
public shouldDamage(
    attackerEntity: AttackableEntity,
    targetEntity: AttackableEntity
): boolean {
    const attackerAttackable = this.attackables.get(attackerEntity.id);
    if (!attackerAttackable) return false;

    const targetAttackable = this.attackables.get(targetEntity.id);
    if (!targetAttackable) return false;

    if (!(attackerEntity as UnitEntity).unitId) return false;
```

```typescript
    const unit = attackerAttackable as Unit;

    if (!unit.isHitFrame()) return false;

    return unit.isFoeContact(targetAttackable.sprite);
}
```

リスト4-6-26 health減算処理とデリゲータへの問い合わせ及び通知（src/example/BattleLogic.ts）
ブランチ：feature/game_logic_unit_basic_ai

```typescript
/**
 * ゲーム更新処理
 * 外部から任意のタイミングでコールする
 */
public update(): void {
    (中略)
    this.updatePostProcess();
    this.passedFrameCount++;
}

/**
 * Unitのパラメータを更新する
 * ステートは、すべてのパラメータが変化した後に更新する
 */
private updateEntityParameter(): void {
    for (let i = 0; i < this.attackableEntities.length; i++) {
        (中略)
        this.updateDamage(attackable, master); // 追加
        this.updateDistance(attackable, master);
    }
}

/**
 * ダメージ判定を行い、必要に応じて以下を更新する
 * - currentHealth
 * - currentFrameDamage
 */
private updateDamage(attackable: AttackableEntity, master: AttackableMaster): void {
    if (!attackable.engagedEntity) {
        return;
    }

    const shouldDamage = this.delegator
        ? this.delegator.shouldDamage(attackable, attackable.engagedEntity)
        : true;
    if (shouldDamage) {
        const newHealth = attackable.engagedEntity.currentHealth - master.power;
        attackable.engagedEntity.currentFrameDamage += master.power;
        attackable.engagedEntity.currentHealth = newHealth;
        if (this.delegator) {
```

```
            this.delegator.onAttackableEntityHealthUpdated(
                attackable,
                attackable.engagedEntity,
                attackable.engagedEntity.currentHealth + master.power,
                attackable.engagedEntity.currentHealth,
                attackable.engagedEntity.maxHealth
            );
        }
    }
}

/**
 * メインループ後処理
 */
private updatePostProcess(): void {
    for (let i = 0; i < this.attackableEntities.length; i++) {
        this.attackableEntities[i].currentFrameDamage = 0;
    }
}
```

戦闘状態の動作の確認と、ルールの調整

この状態でゲームを起動してみましょう。

見た目上は先ほどの図 4-6-11 と変わりませんが、パラメータが変化しています。いずれかの敵ユニットと味方ユニットを戦闘している状態にし、Google Chrome の「devtool」を起動して現在のシーンである BattleScene が保有している、BattleLogic インスタンスの attackableEntities の任意の要素を見てみましょう（「devtool」の詳細は、5 章を参照）。

同じインスタンスの currentHealth の値が、攻撃アニメーションのたびに減算されているのが確認できます（図 4-6-13）。

```
> GameManager.instance.currentScene.battleLogic.unitEntities[0].currentHealth
⇐ 20
> GameManager.instance.currentScene.battleLogic.unitEntities[0].currentHealth
⇐ -40
```

図 4-6-13 ダメージ処理で更新された currentHealth プロパティ

ENGAGED 状態のユニットは、ダメージによって KNOCK_BACK 状態へ遷移しますが、この遷移はユニットが一定割合のダメージを受けた時に発生します。

本書ではゲーム全体のルールとしてその割合を定義するため、BattleLogicConfig に設定として出しておきましょう。BattleLogic ではこのルールに基づき、ENGAGED 状態から KNOCK_BACK 状態に遷移できるようにします。

状態の更新は updateEntityState メソッドに集約していますが、状態処理の優先順位に基づいて、ENGAGED は IDLE よりも先に処理を行うようにします（リスト 4-6-27、リスト 4-6-28）。

リスト4-6-27 KNOCK_BACK遷移条件のhealth割合（src/example/BattleLogicConfig.ts）
ブランチ：feature/game_logic_unit_basic_ai

```typescript
/**
 * ノックバック条件となる体力閾値
 * [0.5]の場合、体力が0.5以上から0.5未満に変動した場合にノックバックする
 */
public knockBackHealthThreasholds: number[] = [0.25, 0.5, 0.75];

constructor(params?: {
    costRecoveryPerFrame?: number,
    maxAvailableCost?: number,
    knockBackHealthThreasholds?: number[]
}) {
    (中略)
    if (params.knockBackHealthThreasholds) {
        this.knockBackHealthThreasholds =
            params.knockBackHealthThreasholds.sort().reverse();
    }
}
```

リスト4-6-28 ENGAGED状態のゲームロジック実装（src/example/BattleLogic.ts）
ブランチ：feature/game_logic_unit_basic_ai

```typescript
/**
 * エンティティのステートを更新する
 * ステート優先順位は右記の通り。DEAD > KNOCK_BACK > ENGAGED > IDLE
 * ユニット毎に処理を行うと、ステートを条件にした処理結果が
 * タイミングによって異なってしまうので、ステート毎に処理を行う
 */
private updateEntityState(): void {
    (中略)
    for (let i = 0; i < this.attackableEntities.length; i++) {
        const entity = this.attackableEntities[i];
        if (entity.state === AttackableState.ENGAGED) {
            this.updateAttackableEngagedState(entity);
        }
    }
    for (let i = 0; i < this.attackableEntities.length; i++) {
        const entity = this.attackableEntities[i];
        if (entity.state === AttackableState.IDLE) {
            this.updateAttackableIdleState(entity);
        }
    }
    (中略)
}

/**
 * 接敵時のステート更新処理
 */
private updateAttackableEngagedState(attackable: AttackableEntity): void {
    //(1)体力の判定と遷移
    if (attackable.currentHealth < 1) {
```

```
        attackable.engagedEntity = null;
        attackable.state = AttackableState.KNOCK_BACK;
        return;
    }

    if (attackable.engagedEntity) {
        const target = attackable.engagedEntity;

        const targetIsDead = target.currentHealth < 1;
        const targetIsKnockingBack = target.state === AttackableState.KNOCK_BACK;
        //(2)攻撃後の状態から遷移
        if (targetIsDead || targetIsKnockingBack) {
            attackable.engagedEntity = null;
            attackable.state = AttackableState.IDLE;
        }
    }

    const oldHealth = attackable.currentHealth + attackable.currentFrameDamage;
    for (let i = 0; i < this.config.knockBackHealthThresholds.length; i++) {
        const rate = this.config.knockBackHealthThresholds[i];
        const threashold = attackable.maxHealth * rate;
        if (attackable.currentHealth >= threashold) {
            continue;
        }
        //(3)KNOCK_BACKの判定と遷移
        if (oldHealth >= threashold) {
            attackable.engagedEntity = null;
            attackable.state = AttackableState.KNOCK_BACK;
            break;
        }
    }
}
```

リスト中にナンバリングされた箇所では、図 4-6-1 で示した状態遷移の仕様を、ロジックに落とし込んでいます。

（1）体力の判定と遷移

体力が 1 未満なら、DEAD に遷移します。

（2）攻撃後の状態から遷移

接敵中の相手を倒しているか、KNOCK_BACK 状態になっていると、IDLE に遷移します。

（3）KNOCK_BACK の判定と遷移

ノックバック条件の health 割合をまたいだ場合に、KNOCK_BACK 状態に遷移します。

リスト 4-6-22 の実装で、状態に応じたアニメーションを再生させるようにしているので、見た目上でも KNOCK_BACK 状態への遷移とともに、異なるアニメーションが再生

されるようになりました（図4-6-14）。

図 4-6-14 KNOCK_BACK状態には、それに応じたアニメーションが再生される

　ノックバック（のけぞり）は、distance の減算が発生するため、見た目上の座標移動も伴います。
　ノックバック中の更新処理を、BattleSceneDelegate に onAttackableEntityKnockingBack として定義および実装し、既存の updateDistance メソッドで呼び出すようにします（リスト4-6-29 ～リスト4-6-31）。

リスト4-6-29　KNOCK_BACK中のデリゲータメソッド(src/example/BattleLogicDelegate.ts)
ブランチ：feature/game_logic_unit_basic_ai

```typescript
onAttackableEntityKnockingBack(_entity: UnitEntity, _knockBackRate: number): void;
```

リスト4-6-30　KNOCK_BACK中のゲームロジック実装(src/example/BattleScene.ts)
ブランチ：feature/game_logic_unit_basic_ai

```typescript
/**
 * 渡されたUnitEntityがノックバック中に呼ばれる
 */
public onAttackableEntityKnockingBack(
    entity: AttackableEntity,
    knockBackRate: number
): void {
    const attackable = this.attackables.get(entity.id);
    if (!attackable) {
        return;
    }
    const unit = attackable as Unit;
    const direction = entity.isPlayer ? 1 : -1;

    const physicalDistance = entity.distance * direction;
    const spawnedPosition = unit.distanceBasePosition;

    unit.sprite.position.x = spawnedPosition.x + physicalDistance;
}
```

リスト4-6-31　KNOCK_BACK中のdistance更新（src/example/BattleLogic.ts）
ブランチ：feature/game_logic_unit_basic_ai

```typescript
/**
 * 移動可能か判定し、必要なら以下を更新する
 * - distance
 * - currentKnockBackFrameCount
 */
private updateDistance(unit: UnitEntity, master: UnitMaster): void {
    if (unit.state === AttackableState.KNOCK_BACK) {
        unit.distance -= master.knockBackSpeed;
        unit.currentKnockBackFrameCount++;
        if (this.delegator) {
            const rate = unit.currentKnockBackFrameCount / master.knockBackFrames;
            this.delegator.onAttackableEntityKnockingBack(unit, rate);
        }
    } else {
        unit.currentKnockBackFrameCount = 0;

        if (unit.state === AttackableState.IDLE) {
            if (this.delegator) {
                if (this.delegator.shouldAttackableWalk(unit)) {
                    unit.distance += master.speed;
                    this.delegator.onAttackableEntityWalked(unit);
                }
            } else {
                unit.distance += master.speed;
            }
        }
    }
}
```

　KNOCK_BACK状態での座標移動を行うようになったため、ユニットが後退するようになりました。ほかの状態への遷移を実装していないため、現状だとユニットは後退し続けます。

　この節の冒頭の表4-6-1、図4-6-1に準拠すると、KNOCK_BACK状態からは、所定フレーム経過後に体力が1以上の場合にはIDLEに、1未満の場合にはDEADに遷移します（リスト4-6-32）。

リスト4-6-32　KNOCK_BACKからの状態遷移実装（src/example/BattleLogic.ts）
ブランチ：feature/game_logic_unit_basic_ai

```typescript
/**
 * エンティティのステートを更新する
 * ステート優先順位は右記の通り。DEAD > KNOCK_BACK > ENGAGED > IDLE
 * ユニット毎に処理を行うと、ステートを条件にした処理結果が
 * タイミングによって異なってしまうので、ステート毎に処理を行う
 */
private updateEntityState(): void {
    （中略）

    for (let i = 0; i < this.attackableEntities.length; i++) {
```

```
        const entity = this.attackableEntities[i];
        if (entity.state === AttackableState.KNOCK_BACK) {
            this.updateAttackableKnockBackState(entity);
        }
    }

    (中略)
}

/**
 * ノックバック時のステート更新処理
 */
private updateAttackableKnockBackState(attackable: AttackableEntity): void {
    attackable.engagedEntity = null;

    const master = this.unitMasterCache.get(attackable.unitId);
    if (!master) {
        return;
    }
    if (attackable.currentKnockBackFrameCount < master.knockBackFrames) {
        return;
    }

    attackable.state = (attackable.currentHealth < 1)
        ? AttackableState.DEAD
        : AttackableState.IDLE;
}
```

KNOCK_BACK 状態から、IDLE あるいは DEAD への遷移の実装を追加すると、体力が 1 以上の場合はノックバック後に前進を再開します。1 未満の場合は、まだ振る舞いを実装していない DEAD 状態に遷移するため、ユニットは動作を停止します。

DEAD 状態に遷移したユニットは消滅させますが、デリゲータに DEAD への遷移を通知してから消滅させるため、メインループ後処理である updatePostProcess メソッド内で消滅させます（リスト 4-6-33）。デリゲータである BattleScene では、シーンからユニットを消滅させます（リスト 4-6-34）。

リスト4-6-33　DEAD状態のユニットの消滅（ロジック）（src/example/BattleLogic.ts）
ブランチ：feature/game_logic_unit_basic_ai

```
private updatePostProcess(): void {
    const activeAttackableEntities: AttackableEntity[] = [];
    for (let i = 0; i < this.attackableEntities.length; i++) {
        const entity = this.attackableEntities[i];
        if (entity.state !== AttackableState.DEAD) {
            activeAttackableEntities.push(entity);
        }
    }

    this.attackableEntities = activeAttackableEntities;
```

```
        （中略）
}
```

リスト4-6-34 DEAD状態のユニットの消滅（シーン）（src/example/BattleScene.ts）
ブランチ：feature/game_logic_unit_basic_ai

```
/**
 * エンティティのステートが変更された際のコールバック
 */
public onAttackableEntityStateChanged(
    entity: AttackableEntity,
    _oldState: number
): void {
    （中略）

        case AttackableState.DEAD: {
            attackable.destroy();
            break;
        }

    （中略）
}
```

　これでユニットの一連の行動が、自律的に処理されるようになりました。
　ここまでとほぼ同じ内容を、「feature/game_logic_unit_basic_ai」ブランチに反映しているので、合わせて参照してください。

▶ EXTRA STAGE

　本節では、ユニットを自律的に行動させるための基本的な実装を行いました。
　GameSceneでは、ユニットの主要な行動に応じてエフェクトを表示したり、サウンドを再生させることで、よりゲームに豊かな表現を加えることができます。
　本書ではのちほどエフェクトの一部を開発しますが、読者の方もフリー素材や自身で制作した画像素材などを利用して、任意のエフェクトを追加してみてはいかがでしょうか。

4-7 拠点の追加・勝敗判定のゲームロジックの実装

ユニットが自律的に行動し、戦闘の結果によって消滅するところまで実現できました。ゲームの基本的なシステムが用意できたことにより、ゲームバランスなどのより高次なゲーム作りを行うことができるようになりつつあります。

▶ PROBLEM

すべてのユニットを殲滅させたとしても、本書におけるゲームでは勝利とはなりません。これまで着手していなかった拠点の概念を追加し、その破壊をもって勝敗が決定されます。

そのためには、拠点に関するパラメータを定義するマスタデータやロジック上、および見た目上のエンティティを追加しなければなりません。

▶ APPROACH

あらかじめ拠点の要素を考慮して、Unit の上位クラスに Attackable という概念を据えています。これを用いてゲームロジック、見た目の両方における拠点の実装を行います。

拠点とユニットは似て非なるものですので、共通化できる部分と特異な振る舞いとして実装する部分を最初に明らかにしておきます。

ユニットと拠点

ユニットの拠点の差を洗い出して、実装に反映します。あらためて、これまで実装してきたロジック上においてどのような差があるかを示し、Attackable で吸収できない仕様差分の新しい出しを行います（表 4-7-1）。

表 4-7-1 ユニットと拠点の差分

ユニット	拠点	Attackableで対応可能
移動する	移動しない	可能
論理上の位置を持つ	論理上の位置を持つ	ー
体力を持つ	体力を持つ	ー
攻撃する	攻撃しない	可能
ノックバックする	ノックバックしない	可能
ダメージを受ける	ダメージを受ける	ー
状態遷移を行う	状態遷移を行う	ー
任意でスポーン	あらかじめスポーン	不可

Attackable で対応可能としている要素は、AttackableMaster での該当パラメータの調整で対応できます。唯一対応不可としているスポーンのタイミングは、AttackableMaster では扱っていません。

また、BattleLogic のメインループが始まる以前に画面上に存在していないと不自然な見た目になってしまうので、個別に処理する必要があることがわかります。

敵の拠点の情報はステージごとに異なりますが、AttackableMaster と適合できるようにユニットのマスタデータと同様に castle_master.json としてマスタデータを作成し、その TypeScript インターフェースを CastleMaster として定義します（リスト 4-7-1）。

リスト4-7-1　拠点のマスタデータ（www/assets/master/castle_master.json）
ブランチ：feature/game_logic_castle

```json
[
    {
        "castleId":      1,
        "cost":          0,
        "maxHealth":     100,
        "power":         0,
        "speed":         0,
        "hitFrame":      0,
        "knockBackFrames": 0,
        "knockBackSpeed": 0
    },
    (中略)
]
```

リスト 4-7-2 では、マスタデータの TypeScript インターフェースを定義（AttackableMaster 派生）します。

リスト4-7-2　拠点のマスタデータインターフェース（src/example/CastleMaster.ts）
ブランチ：feature/game_logic_castle

```typescript
export default interface CastleMaster extends AttackableMaster {
    castleId: number;
}
```

このマスタデータと拠点のテクスチャを取得する URL を Resource に追加し、Battle Scene でダウンロードするようにします（リスト 4-7-3、リスト 4-7-4）。マスタデータの URL は、API 経由で取得される動的なデータである前提として、Resource でも Api ネームスペース下から取得するようにしています。

プレイヤーの拠点のテクスチャやパラメータは固定ですが、アンロック要素などで動的に変えられるようにしてもよいでしょう。なお、現時点でのプレイヤーの拠点情報は、デバッグ用に仮の値を固定値として用います。

リスト4-7-3　拠点に関するURL（src/example/Resource.ts）
ブランチ：feature/game_logic_castle

```typescript
Api: {
    Castle: (castleIds: number[]): string => {
        const query = castleIds.join('&castleId[]=');
        return `master/castle_master.json?castleId[]=${query}`;
    },
    (中略)
```

```
    },

    Dynamic: {
        Castle: (castleId: number): string => {
            return `battle/castle/${castleId}.json`;
        },
        (中略)
    },
```

リスト4-7-4 拠点に関するリソースのダウンロードURL (src/example/BattleScene.ts)
ブランチ：feature/game_logic_castle

```
private playerCastle!: CastleMaster;

constructor() {
    (中略)

    // 仮の値
    this.playerCastle = {
        castleId: 1,
        cost:     0,
        maxHealth: 100,
        power:    0,
        speed:    0,
        knockBackFrames: 0,
        knockBackSpeed:  0
    };
}

/**
 * リソースリストの作成
 */
protected createInitialResourceList(): (string | LoaderAddParam)[] {
    return super.createInitialResourceList().concat(
        Field.resourceList,
        [
            Resource.Api.Stage(this.stageId),
            Resource.Dynamic.Castle(this.playerCastle.castleId)
        ]
    );
}

/**
 * リソースロード完了コールバック
 */
protected onInitialResourceLoaded(): (LoaderAddParam | string)[] {
    (中略)

    additionalAssets.push(Resource.Dynamic.Castle(stageMaster.aiCastle.castleId));
    additionalAssets.push(Resource.Api.Castle(stageMaster.aiCastle.castleId));
```

```
    (中略)
}
```

敵の拠点テクスチャはステージマスタを取得するまで確定していないため、onInitialResourceLoadedでの取得となっています。取得できた拠点マスタデータはBattleLogicに渡す必要があるため、initメソッドの引数を追加します（リスト4-7-5、リスト4-7-6）。

リスト4-7-5 CastleMasterのキャッシュ (src/example/BattleLogic.ts)
ブランチ：feature/game_logic_castle

```ts
// プレイヤー情報
private player?: {
    unitIds: number[];
    castle: CastleMaster;
};

// CastleMasterをキャッシュするためのMap
private castleMasterCache: Map<number, CastleMaster> = new Map();

/**
 * デリゲータとマスタ情報で初期化
 */
public init(params: {
    delegator: BattleLogicDelegate,
    stageMaster: StageMaster,
    player: {
        unitIds: number[],
        castle: CastleMaster
    },
    ai: {
        castle: CastleMaster
    },
    unitMasters: UnitMaster[],
    config?: BattleLogicConfig
}): void {
    (中略)

    this.castleMasterCache.set(this.player.castle.castleId, this.player.castle);
    this.castleMasterCache.set(params.ai.castle.castleId, params.ai.castle);

    (中略)
}
```

リスト4-7-6 追加された引数の受け渡し (src/example/BattleScene.ts)
ブランチ：feature/game_logic_castle

```ts
protected onResourceLoaded(): void {
    (中略)
    const castleMaster =
        resources[Resource.Api.Castle([stageMaster.aiCastle.castleId])].data;

    const aiCastleMasters = castleMaster.filter((master) => {
```

```
        return master.castleId === stageMaster.aiCastle.castleId;
    });

    if (aiCastleMasters.length === 0) {
        throw new Error('could not retrieve ai castle master data');
    }

    this.battleLogic.init({
        stageMaster,
        delegator: this,
        player: {
            unitIds: this.unitIds,
            castle: this.playerCastle
        },
        ai: {
            castle: aiCastleMasters[0]
        },
        unitMasters,
        config: this.battleLogicConfig
    });
}
```

再度、リスト 4-7-1 〜 4-7-6 までの要約を整理しておきます。

- **リスト 4-7-1**：マスタデータ json の定義
- **リスト 4-7-2**：マスタデータの TypeScript インターフェースを定義（AttackableMaster 派生）
- **リスト 4-7-3**：マスタデータの URL を設定
- **リスト 4-7-4**：シーンでマスタデータをダウンロードする
- **リスト 4-7-5**：マスタデータをシーンからゲームロジックに渡す
- **リスト 4-7-6**：ゲームロジックはマスタデータをキャッシュする

マスタデータの URL は、API 経由で取得される動的なデータである前提として、Resource でも Api ネームスペース下から取得するようにしています。

拠点のスポーン

ユニットとは異なり、拠点ははじめからステージ上に存在するため、あらかじめスポーンされていることが好ましい存在です。

BattleLogicDelegate に拠点が生成された旨を伝える I/F を追加し、init メソッドから同期的に拠点をスポーンして、デリゲートメソッドをコールするようにします。これにより、拠点の画面上への配置を BattleLogic からのメッセージングをトリガーにするという、ユニットのスポーンと同じフローを適用することができます。

拠点を表現するクラスは未定義なので、CastleEntity として AttackableEntity を継承して実装します（リスト 4-7-7 〜リスト 4-7-10）。AttackableEntity を継承させることで、

拠点を既存処理で用いられている UnitEntity と同様に扱えます。

　各所で参照しているマスタデータはユニットのものですが、適切に拠点のマスタデータを引けるようにすれば、拠点に対しての状態やパラメータの更新が処理されるようになります（以降のリスト4-7-12を参照）。

リスト4-7-7　CastleEntityクラス（src/example/CastleEntity.ts）
ブランチ：feature/game_logic_castle

```typescript
export default class CastleEntity extends AttackableEntity {
    public castleId: number = 0;

    constructor(master: CastleMaster, isPlayer: boolean) {
        super(isPlayer);

        this.castleId = master.castleId;
        this.maxHealth = master.maxHealth;
        this.currentHealth = this.maxHealth;
    }
}
```

リスト4-7-8　拠点生成を伝えるデリゲートメソッド（src/example/BattleLogicDelegate.ts）
ブランチ：feature/game_logic_castle

```typescript
onCastleEntitySpawned(entity: CastleEntity, isPlayer: boolean): void;
```

リスト4-7-9　拠点のスポーン処理（src/example/BattleLogic.ts）
ブランチ：feature/game_logic_castle

```typescript
public init(...): void {
    this.spawnCastle(this.player.castle, true);
    this.spawnCastle(params.ai.castle, false);
}

private spawnCastle(castle: CastleMaster, isPlayer: boolean): CastleEntity {
    const entity = new CastleEntity(castle, isPlayer);
    entity.id = this.nextEntityId++;
    entity.state = AttackableState.IDLE;
    this.attackableEntities.push(entity);

    if (this.delegator) {
        this.delegator.onCastleEntitySpawned(entity, isPlayer);
    }

    return entity;
}
```

リスト4-7-10　拠点生成時の処理（src/example/BattleScene.ts）
ブランチ：feature/game_logic_castle

```typescript
/**
 * CastleEntityが生成されたときのコールバック
 */
public onCastleEntitySpawned(entity: CastleEntity, isPlayer: boolean): void {
```

```
    const stageMaster = PIXI.loader.resources[Resource.Api.Stage(this.stageId)].
data;

    // 拠点の描画物を生成する
    const castle = new Castle(entity.castleId, {
        x: (isPlayer)
            ? stageMaster.playerCastle.position.x
            : stageMaster.aiCastle.position.x,
        y: 300
    });
    if (!entity.isPlayer) {
        castle.sprite.scale.x = -1.0;
    }

    this.attackables.set(entity.id, castle);
    this.field.addChildToZLine(castle.sprite, 0);
    this.registerUpdatingObject(castle as UpdateObject);
}
```

BattleLogic は、表 4-7-2 のようにマスタデータの参照を拠点に変更します。

表 4-7-2 マスタデータ参照の修正（src/example/BattleLogic.ts ／ブランチ：feature/game_logic_castle）

修正箇所	内容
修正前	`const master = this.unitMasterCache.get((attackable as UnitEntity).unitId);`

修正後	`const master = (attackable as UnitEntity).unitId`
	`    ? this.unitMasterCache.get((attackable as UnitEntity).unitId)`
	`    : this.castleMasterCache.get((attackable as CastleEntity).castleId);`

ここまでの内容で拠点がスポーンされ、パラメータや状態が更新されるようになります。ここまでの状態を「feature/game_logic_castle」ブランチに反映しているので、合わせて参照してください。

図 4-7-1 スポーンされた拠点

勝敗を決める

拠点に正しくダメージを与えられるようになれば、あとは体力がゼロになったタイミングで勝敗を判定することで、ゲームを終了させることができます。

ゲームオーバー判定を、BattleLogic のメインループに組み込みましょう（リスト 4-7-11 ～リスト 4-7-13）。以下に、実装内容の要約を示します。

- リスト **4-7-11**：メインループで勝敗判定を実行する。勝敗が判定された場合は、デリゲートメソッドをコールする
- リスト **4-7-12**：勝敗が判定された時のデリゲートメソッドを定義する
- リスト **4-7-13**：シーンのデリゲートメソッド内で、勝敗判定時の処理を行う

リスト4-7-11 ゲームオーバー判定 (src/example/BattleLogic.ts)
ブランチ：feature/game_logic_gameover

```typescript
// 勝敗が決まっているかどうか
private isGameOver: boolean = false;

/**
 * ゲーム更新処理
 * 外部から任意のタイミングでコールする
 */
public update(): void {
    if (!this.isGameOver) {
        this.updateGameOver();
        this.updateAvailableCost(this.availableCost + this.config.costRecoveryPerFrame);
        this.updateAISpawn();
        this.updateSpawnRequest();
        this.updateEntityParameter();
        this.updateEntityState();
    }

    this.updatePostProcess();

    this.passedFrameCount++;
}

/**
 * バトル状況からゲーム終了かどうかを判断する
 */
private updateGameOver(): void {
    let playerWon = false;
    let aiWon = false;
    for (let i = 0; i < this.attackableEntities.length; i++) {
        const entity = this.attackableEntities[i];
        if (!(entity as CastleEntity).castleId) {
```

```
            continue;
        }

        if (entity.currentHealth < 1) {
            if (entity.isPlayer) {
                aiWon = true;
            } else {
                playerWon = true;
            }
        }
    }

    this.isGameOver = (playerWon || aiWon);

    if (this.isGameOver) {
        for (let i = 0; i < this.attackableEntities.length; i++) {
            const entity = this.attackableEntities[i];
            if ((entity as CastleEntity).castleId) {
                continue;
            }
            entity.state = AttackableState.IDLE;
        }

        if (this.delegator) {
            this.delegator.onGameOver(playerWon);
        }
    }
}
```

リスト4-7-12 ゲームオーバー時デリゲート (src/example/BattleLogicDelegate.ts)
ブランチ：feature/game_logic_gameover

```
/**
 * ゲームが終了した際のコールバック
 */
onGameOver(isPlayerWon: boolean): void;
```

リスト4-7-13 シーンでのゲームオーバー処理 (src/example/BattleScene.ts)
ブランチ：feature/game_logic_gameover

```
/**
 * 勝敗が決定したときのコールバック
 */
public onGameOver(_isPlayerWon: boolean): void {
    this.state = BattleSceneState.FINISHED;

    this.attackables.forEach((attackable) => {
        const unit = attackable as Unit;
        if (!unit.requestAnimation) {
            return;
        }
        unit.requestAnimation(Resource.AnimationTypes.Unit.WAIT);
    });
```

```
    this.interactive = true;
    this.on(
        'pointerdown',
        (_e: PIXI.interaction.InteractionEvent) => this.backToOrderScene()
    );
}

/**
 * 編成画面へ戻る
 */
private backToOrderScene(): void {
    GameManager.loadScene(new OrderScene());
}
```

お疲れ様です、これにて本章の実装は完了です！基本的なゲームの実装が完了したので、あとは細かいエフェクトやサウンドなどの肉づけを自由に行ってください。

ここまでの実装を「feature/game_logic_gameover」ブランチに反映していますので、合わせて参照してください。

次章からは、ブラウザゲームのデバッグやパフォーマンス・チューニングについて触れていきますので、ゲームの基本部分の実装はひとまず終了となります。

▶ EXTRA STAGE

ここまで来たら最後の仕上げです。

リスト 4-7-13 で編成画面に戻る処理を追加したので、編成画面からバトル画面に遷移できるようにしてみましょう。編成画面では画面タップ時の処理をモック実装しましたが、ここで実際にユニットやステージを変えられるようすると、ユーザー任意の設定でバトルに臨むことができるようになります。

応用編

CHAPTER 5　ゲームをデバッグする

5-1　Chrome のデベロッパーツールによるデバッグ
5-2　Chrome 拡張の活用

CHAPTER 6　ゲームを最適化する

6-1　デバッグツールで検知できるパフォーマンスの解決
6-2　ブラウザへの最適化：ライフサイクルイベント
6-3　ブラウザへの最適化：ストレージの利用
6-4　ブラウザへの最適化：データの秘匿

応用編

CHAPTER 5

 ゲームをデバッグする

4章までブラウザ上で動作するゲームを制作してきましたが、ブラウザというプラットフォームにおけるデバッグ手法についてはあまり触れてきませんでした。この章では、ゲームのデバッグ手法について解説します。

なお、本書の冒頭でも触れましたが、利用するChromeのバージョンは本書執筆時点の「74」としています。まずは、ブラウザの動作をさまざまな観点から見ることができる「デベロッパーツール」の概要や使い方を紹介します。

そして、PIXI.jsでのデバッグをさらに便利にするための「Chrome拡張」も取り上げます。これらを使って、本書のサンプルゲームを検証して問題点などを抽出してみましょう。

5-1 Chromeのデベロッパーツールによるデバッグ

この節では、デバッグの際に有用なChromeの「デベロッパーツール」について詳解します。

ブラウザゲーム開発を行う上でのデバッグは、ソースコードにブレークポイントを張る、メモリやCPUのパフォーマンスを調べる、レンダリング時に発行されるコマンドを見るなど、一般的な手法とほとんど変わりませんが、加えてダウンロード流量やHTTPキャッシュ、あるいはIndexed DBやCookieなどのアプリケーションストレージの状況を調査するなど、ブラウザ特有の要素が加わってきます。

主要なブラウザでは、これらの要素をデバッグする手段が用意されており、Chromeでは「デベロッパーツール」という名称で提供されています。

デベロッパーツールについては、以下のGoogleのサイトで紹介されているため、この節では、特にゲーム開発で用いる機能を、これまで作ってきたサンプルゲームを対象に使用することで理解を深めます。

- Chrome DevToolsのWebサイト
  https://developers.google.com/web/tools/chrome-devtools/

Chrome デベロッパーツールの起動

　Chrome を起動し、メニューバーより「表示→開発 / 管理→デベロッパーツール」と選択すると、デベロッパーツールを起動することができます。また、Mac では「Command+option+I」、Window では「Ctrl+Shift+I」のショートカットでも起動できます。

　以降で、デベロッパーツールの各メニューについて、ゲーム開発に関連のある項目を触りながら見ていきましょう。

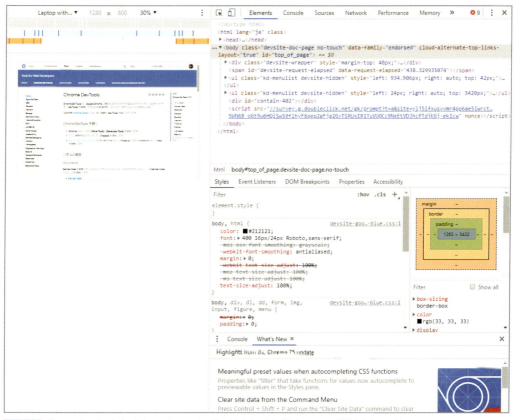

図 5-1-1　Chrome DevTools をデベロッパーツールで開いた画面。さまざまなメニューが用意されている

Elements タブの確認

　「Elements」では、DOM 要素や CSS を調査したり、画面上で編集したりすることができます。

　デベロッパーツール左上の アイコンを押下して、ゲーム画面を表示している canvas 要素を選択すると、デベロッパーツール内の HTML でも canvas が選択され、右側にその canvas に適用されている CSS スタイルが表示されます（図 5-1-2）。

図 5-1-2 canvas 要素の調査

　　　　ブラウザゲーム開発における登場頻度は低いですが、CSS を利用する場面もまったくないわけではありません。
　　　master ブランチに反映しているゲームでは、canvas 要素を画面中央揃えにしたり、ブラウザ毎にデフォルト値が異なる margin の値を 0px に固定したりなど、細部で利用されています。
　　　また、本節では触れませんが、ウィンドウサイズの変更に伴う canvas サイズの自動調整なども CSS の指定が必要となります。さらに、「UI は DOM」で「ゲーム部分は WebGL」で、といったハイブリッドなゲーム開発を行う際にも、CSS の利用は避けて通れないでしょう。

COLUMN　DOM と WebGL の併用

　　　PIXI.js では、画像読み込みに DOM の「img 要素」を用いていますが、それをそのまま HTML として画面上に表示せずに、WebGL テクスチャとして表示しています。
　　　WebGL は表現力に優れていますが、メニューなどの UI 系の画面を制作する際には、まだ効率的なオーサリングツールなどが未発達です。そのため、UI は「HTML」で記述し、バトルなどの表現面が重要なゲーム画面は「WebGL」で、などのようなゲーム制作も、HTML5 ゲーム開発手法としては有効でしょう。
　　　注意すべき点としては、WebGL キャンバスは DOM 要素の１つであるため、WebGL 内要素の描画順に DOM を組み込むことはできず、キャンバスの背後か前面への配置のみとなります。そのため、DOM で描画される UI の背後に WebGL の背景があり、UI の前面に WebGL で表現したエフェクトなどを表示したい場合には、キャンバス 2 枚分の描画処理が必要となります。

表示されている情報は、一時的に編集することも可能です。canvas 要素の width や height の値の部分をダブルクリックして、実際に値を変更してみましょう。値に応じて、canvas 内描画領域が拡縮されます。

図 5-1-3 canvas 要素の属性を「width=2272, height=1280」に変更

> **TIPS** canvas 属性の width と height は WebGL 解像度、CSS の width と height は canvas の DOM 要素のサイズを表します。
> DOM 要素のサイズをいくら拡縮しても WebGL 解像度は変化せず、逆もまた然りです。

同様に、HTML そのものを直接編集することも可能です。<body> を右クリックして「Edit as HTML」を選択すると、HTML として直接変更を加えることができます。

Elements タブ内の要素は、任意の要素を選択した状態で、macOS であれば「Command+C」、Windows であれば「Ctrl+C」を押下することで、変更の有無に関わらずクリップボードにコピーすることができます。変更箇所を別途保存しておきたい場合などに活用可能です。

Console タブの確認

Console タブは、いわゆる JavaScript の REPL（対話型インタープリタ）です。実際に、以下を入力してみましょう。

```
window.PIXI
```

Console は、表示しているウィンドウの環境を用いるため、PIXI.js を利用しているウィンドウでは、window オブジェクトに PIXI というプロパティがアサインされています。そのため「window.PIXI」と入力した場合には、そのオブジェクトがダンプされた内容が表示されます。

波括弧の左にある▶アイコンをクリックしてみましょう。オブジェクトの内容が展開されます。このようにダンプした対象がオブジェクトや配列であれば、対象の情報をさらに展開することができます。

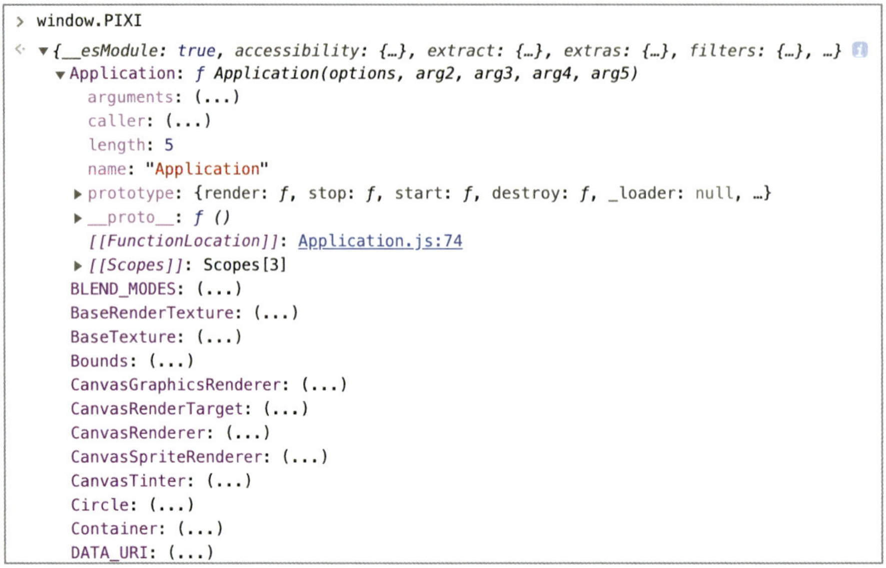

```
> window.PIXI
< ▼{__esModule: true, accessibility: {…}, extract: {…}, extras: {…}, filters: {…}, …}
    ▼Application: f Application(options, arg2, arg3, arg4, arg5)
        arguments: (...)
        caller: (...)
        length: 5
        name: "Application"
      ▶ prototype: {render: f, stop: f, start: f, destroy: f, _loader: null, …}
      ▶ __proto__: f ()
        [[FunctionLocation]]: Application.js:74
      ▶ [[Scopes]]: Scopes[3]
      BLEND_MODES: (...)
      BaseRenderTexture: (...)
      BaseTexture: (...)
      Bounds: (...)
      CanvasGraphicsRenderer: (...)
      CanvasRenderTarget: (...)
      CanvasRenderer: (...)
      CanvasSpriteRenderer: (...)
      CanvasTinter: (...)
      Circle: (...)
      Container: (...)
      DATA_URI: (...)
```

図 5-1-4 ネストされたオブジェクトの展開

ブラウザでは、グローバルスコープの変数や関数などは、すべて window のプロパティとしてアサインされます。

window にアサインされていれば、Console から調査することが可能となるため、デバッグ目的であれば「PIXI.Application」インスタンスや、これまで実装してきた「Game Manager」インスタンスを window オブジェクトにアサインしてもよいでしょう。

たとえば、index.ts で下記のようにアサインすることで、デベロッパーツールからも window.GameManager を経由して、さまざまなゲーム内オブジェクトにアクセスすることができるようになります。

```
(window as any).GameManager = GameManager;
```

これを利用して、Console 経由で JavaScript のパラメータを強制的に変更することも可能です。たとえば、以下を Console から入力することで、タイトル画面のテキストの内容を変更することができます。

```
GameManager.instance.currentScene.children[1].children[9].text =
 'changed text';
```

このように window へのアサインは非常に便利ですが、Chrome のデベロッパーツールは開発者のみでなく一般的なユーザーでも利用できるものであるため、ユーザーに触れさせたくないオブジェクトは、window およびグローバル空間へのアサインを避けたほうがよいでしょう。

なお、本節では window をグローバル空間として表現していますが、厳密には単一の

ウィンドウ内のグローバル空間となります。window オブジェクトについて、図 5-1-5 のような構成の Web ページを例にしてみましょう。

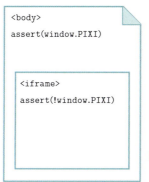

図 5-1-5
iframe を含む HTML ドキュメント
(index.html)

iframe が表示されているページでは、iframe の親ページと iframe 内のページでそれぞれ異なる window オブジェクトを保有しています。そのため、親ページが保有している window.PIXI オブジェクトは、iframe 内に共有されません。これを実際に Console を利用して、確認してみましょう。

Console は、デフォルトで親ページにあたる環境で JavaScript を実行しますが、JavaScript コンテクスト（ページ）を切り替えるプルダウンから実行環境を変更することができます。Elements の機能を利用し、index.html に適当な iframe タグを設置してみましょう。

図 5-1-6 にあるように、プルダウンに iframe の環境が追加されます。プルダウンには、表示しているページのほかにも有効となっている Chrome 拡張のコンテクストが選択肢として現れます。

このプルダウンから iframe にコンテクストを切り替えると、window オブジェクトに PIXI プロパティが存在していないことが確認できます（図 5-1-7）。

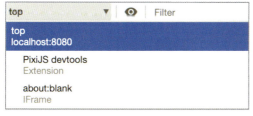

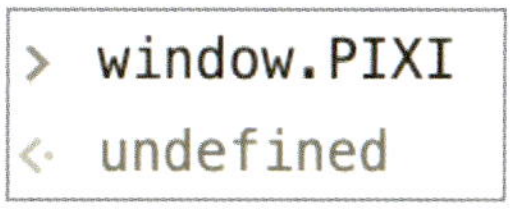

図 5-1-7
ゲームウィンドウとは異なるコンテクストでの PIXI オブジェクト

図 5-1-6 JavaScript コンテクスト切り替えプルダウン

> **TIPS** グローバル変数を扱うオブジェクトは、ブラウザにおいては window ですが node 環境においては「global」です。同じスクリプトやシステムを、ブラウザ環境以外で用いる場合には注意してください。
> なお、node 環境でスクリプト外にオブジェクトをエクスポートしたい場合は、module.exports などを用いることが一般的です。

Consoleでは、変数をダンプすることができますが、絶えず変化する値を逐次手入力で確認するのも一苦労です。

　Chrome 70以上で提供されている「Live Expression」という機能を利用することで、手入力する代わりに任意の変数を出力し続けて、監視することができます。Console内の ◉ アイコンを押下すると、監視対象の変数の入力フィールドが表示されます。

　GameManagerがグローバルにアサインされている状況で、経過フレーム数を監視対象として入力すると、値が逐次更新されているのが確認できます（図5-1-8）。ここで設定した値は、ページのリロード後もそのまま残されるため、デバッグツールとして非常に強力です。

```
× window.GameManager.instance.currentScene.elapsedFrameCount
    389
```

図5-1-8 Live Expressionの利用例：経過フレーム数の監視

　Consoleでは、console.logなどのログ出力も表示されます（図5-1-9）。どのようなログ種別でも、右側に表示されるファイル名を押下することでSourcesタブが開き、該当のログが処理されている部分を表示することができます。

```
    test log                                              TitleScene.ts:23
```

図5-1-9 ログ出力の例

Sourcesタブの確認

　Sourcesタブでは、現在までに読み込まれているリソースやJavaScriptの内容を表示することができます。

　本書で開発するゲームはSPA（Single Page Application）であり、ページのリロードは行われないため、一度読み込んだリソースは、すべてここに表示されることになります。タイトル画面から編成画面に遷移すると、assets以下のフォルダが増えていることが確認できます（図5-1-10）。

図5-1-10 利用リソースの増加

　任意のリソースを選択すると、その種別に応じて内容をプレビューすることが可能です。pngであれば画像が表示され、JavaScriptやCSSであればスクリプトの内容が表示され

ます。

　本書のビルド設定の場合、Sources タブでは webpack を通した後のソースコードと、通す前の TypeScript ソースコードの 2 種類をプレビューすることができます。

　TypeScript ソースコードはドメイン以下のディレクトリではなく、webpack ビルドのライブラリ名以下（本書の場合は tower-diffense）から確認することができます（図 5-1-11）。TypeScript ソースコードは、ソースマップがサーバ上に存在している場合のみ閲覧することができますが、ソースマップの出力方法については後の節で紹介します。

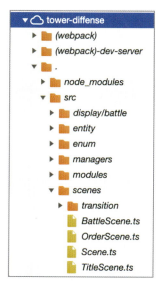

図 5-1-11
webpack ライブラリ名以下のオリジナルソースツリー

TIPS　ソースマップが配置されている場合、図 5-1-9 のログの右側のファイル名を押下した時の遷移先は、TypeScript ソースコードとなります。

　Source タブからは、JavaScript などのファイルの行数部分を押下することで、ブレークポイントを張ることも可能です。ブレークポイント中は、Console タブ内右上のボタンから操作できますが、制御できる内容は概ねほかのブレークポイント機能を持つツールと変わりありません。

表 5-1-1 Console タブ内のブレークポイントのボタンの機能

ボタン	機能
▶	スクリプト実行の再開
↷	同一スコープ内のみでのステップ実行
↓	実行しようとしている関数のスコープ内に移動
↑	実行中の関数のスコープから抜ける
➡•	下層スコープを含むステップ実行

ブレークポイント部分を右クリックで選択し、「Edit breakpoint..」を選ぶことで条件を付けることもできます。この機能の優れている点は、ブレークポイント該当行の「this」コンテクストを利用できるところです。

図 5-1-12 は、TitleScene のメインループである update メソッドにブレークポイントを貼っている例ですが、ここに「this.elapsedFrameCount」の値を条件として設定しています。これにより、600 フレーム（約 10 秒）毎にブレークポイントが有効になります。

「Conditional brealpoint」のプルダウンを「Logpoint」に切り替えることによって、ブレークポイントの起動ではなく、ログ処理を行うこともできます。

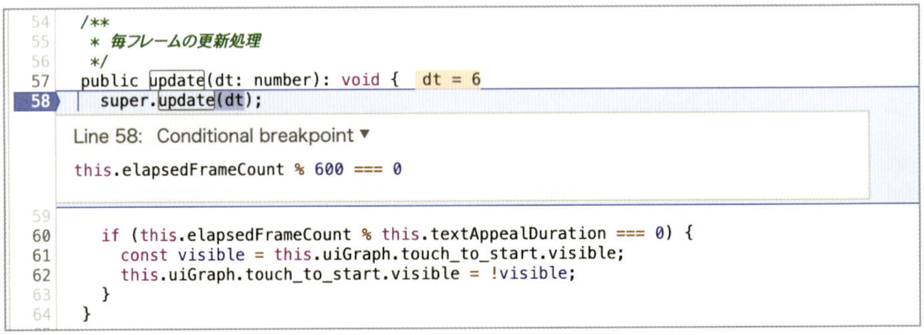

図 5-1-12 条件付きブレークポイントの設定

Network タブの確認

Network タブは、HTML や JavaScript、各種リソースをダウンロードする際の HTTP 通信仕様上の取得できるすべての項目が確認でき、意図しないリクエストや失敗しているリクエストを容易に抽出することができます（図 5-1-13）。

現時点では、Cache-Control の項目がすべて「public, max-age=0」となっており、キャッシュは利用するが都度リソースの更新を確認しにくく、という挙動となっています。これは、webpack-dev-server でホストする場合のレスポンスヘッダですので、実際の CDN サーバなどからリソースを配信する際には留意しましょう。

図 5-1-13
Network タブで
取得できる情報

レスポンス取得までに要した所要時間も取得できるので、画面表示の待ち時間のボトルネックを抽出するのに最適です。問題のあるリクエストは、200 以外のレスポンスコー

ドで返ってきていたり、所要時間やサイズの値が異常値であるかどうかで判別可能ですが、レスポンスコードが 404 などのエラー系の場合、該当するリクエストは赤い文字で表示されます（図 5-1-14）。

図 5-1-14 エラーとなったリクエストの表示

また、3G 回線相当の通信速度をシュミレートする機能も提供されています。

3G 回線でのゲームプレイは想定していなくても、ゲーム内において通信によるレースコンディションが原因の不具合の抽出や、長い待ち時間を要する可能性の高い箇所を知るためのツールとして非常に便利です。キャッシュ無効化のオプションと併用すると、より効果的でしょう。

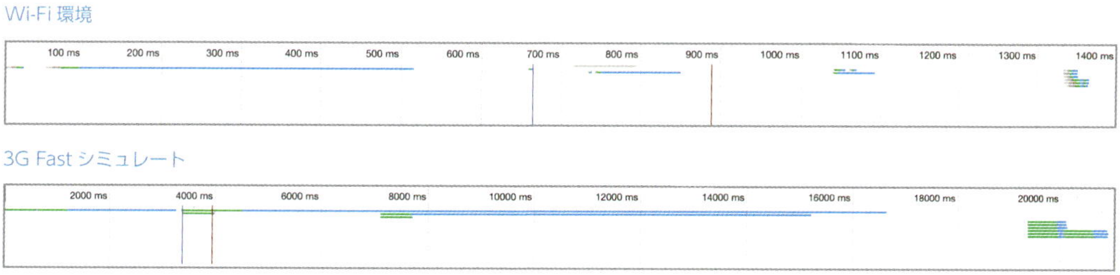

Wi-Fi 環境

3G Fast シミュレート

図 5-1-15 通信処理タイムライン

リクエストで取得できたリソースをプレビューすることも可能です。

プレビューは、Sources タブと同様にリソースの種別に応じて最適な表示がされますが、Sources タブとは異なり、通信に関わるすべてのリソースをプレビューすることができるため、たとえば json ファイルもその内容が表示されます。json は、Console タブと同様に展開可能なテキストとして表示されます（図 5-1-16）。

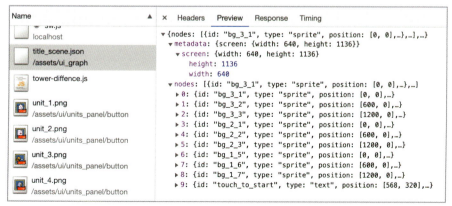

図 5-1-16 json ファイルのプレビュー

Performance タブの確認

　Performance タブでは、実際に起動しているウェブページのアクティビティを記録し、分析することができます。アクティビティの記録と停止は、● ボタンから行うことができます。

　図 5-1-17 は、メモリや CPU の動きがわかりやすい編成画面からバトル画面への遷移を記録したものから、遷移開始のトリガーとなるタップ操作後の数フレームを表示させたものです。

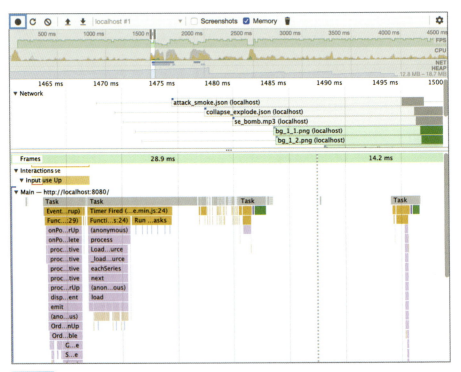

図 5-1-17 CPU とネットワークプロファイル

　CPU プロファイルでは、タップ操作などに該当する Interaction イベントも記録されているため、ユーザー操作を契機に処理されている関数を見ることなどもできます。
　横軸は時間軸を表しているため、CPU パフォーマンスの観点でのチューニングは所要時間が不自然に長い関数を短縮することから始めるとよいでしょう。処理時間は、ポインタを各関数の上に移動させると確認できます。図 5-1-19 の例では、タップ直後の関数の処理に「7.68ms」かかっていることがわかります。

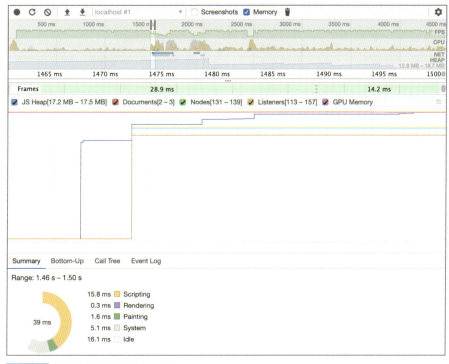

図 5-1-18 メモリと処理時間のプロファイル

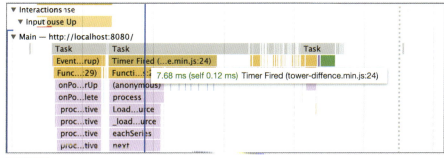

図 5-1-19 タップ直後の関数の処理時間

　メモリプロファイルは、グラフの色ごとにどのメモリ領域をどのくらい専有しているかがわかります。グラフ上にポインタを移動すると、ポインタが置かれたタイムラインに応じたメモリ使用量が表示されます。

　このグラフを観測することで、メモリがリークしていないかなどを確認することが可能です。図 5-1-20 の例では、ガベージコレクションの直後に、JS Heap 領域のメモリが開放されていることがわかります。

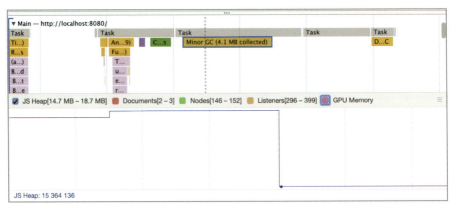

図 5-1-20 ガベージコレクション後のメモリ使用量の動向

 ガベージコレクションのタイミングは、JavaScript 層から明示的に実行させるなどの制御を行うことはできず、ブラウザ依存となります。

Memory タブの確認

Memory タブでは、名前のとおりメモリに関する情報を得ることができます。

ここでは基本となる「Heap snapshot」を用いて、実際にメモリを割り当てた結果を見てみましょう。「Heap snapshot」は、特定のタイミングでの JavaScript ヒープ領域のメモリダンプを取る機能で、これによりどの JavaScript オブジェクトが、どれくらいのメモリを使用しているかを大まかに知ることができます。

図 5-1-21 は、PIXI.loader.resources について調査したものです。

図 5-1-21 プロファイラ上の PIXI.loader.resources

実際に、任意量のメモリを割り当ててみます。Console で、次のように入力してみましょ

う。少し時間がかかるかもしれません。ブラウザのページがクラッシュする場合は、Arrayコンストラクタの引数を小さくしてください。

```
window.bigArray = new Array(1024 * 1024 * 16);
window.bigArray.fill(0);
```

処理が完了したら、「Heap snapshot」でスナップショットを取ってみましょう。

スナップショット上からは、ゲームのドメインに紐づいたWindowオブジェクトに「bigArray」というプロパティが含まれ、相応のメモリ領域を確保していることが確認できます（図 5-1-22）。

134,217,776 バイトは、Array の要素数で割るとおよそ 8 であるため、fill メソッドで渡した 0（number = 8byte）で埋められていることがわかります。

Constructor	Distance	Shallow Size	Retained Size
▼Window / http://localhost:8080	1	56 0 %	134 311 032 81 %
▼Window / localhost:8080 @5345 □	1	56 0 %	134 311 032 81 %
▶bigArray :: Array @5661 □	2	32 0 %	134 217 776 81 %
▶native_context :: system / NativeContext @5343	2	1 992 0 %	176 528 0 %
▶PIXI :: Object @19575 □	2	56 0 %	124 192 0 %
▶properties :: (object properties)[] @423305	2	16 440 0 %	67 728 0 %
▶WebGLRenderingContext :: WebGLRenderingContext() @5271 □	2	64 0 %	34 944 0 %
▶URL :: URL() @4451 □	2	64 0 %	5 752 0 %

図 5-1-22 Console から割り当てたメモリの確認

なお、PIXI.js では、画像データの取得に DOM である img タグを利用しているため、それらのリソースについてはスナップショット上では精緻な値が得られないことについて注意してください。

JavaScript と DOM では異なるメモリ領域を利用しており、DOM 要素のメモリ使用量を正確に得る方法はなく観測も容易ではないため、メモリリークの原因となりやすい傾向にあります。具体的なメモリ使用量を得ることはできませんが、スナップショット時点で存在する DOM 要素数を知ることはできます（図 5-1-23）。

「detached」というプリフィックスが付いているオブジェクトは、本来は使われなくなった DOM を意味しますが、JavaScript 層から参照されているために残存している DOM メモリとなります。そのため、「detached」と検索入力すると該当する DOM 要素を取得することができます。これらの値が異常値でないかどうかを、1 つの指標にしてもよいでしょう。

Summary ▼ | detached | All objects ▼

Constructor	Distance	Shallow Size	Retained Size
▶Detached HTMLDivElement ×20	3	640 0 %	944 0 %
▶Detached HTMLImageElement ×9	6	360 0 %	360 0 %
▶Detached InternalNode ×26	4	0 0 %	304 0 %
▶Detached EventListener ×6	5	0 0 %	224 0 %
▶Detached HTMLAnchorElement ×4	3	160 0 %	224 0 %
▶Detached V8EventHandlerNonNull ×5	7	0 0 %	224 0 %
▶Detached HTMLAudioElement	3	40 0 %	208 0 %
▶Detached HTMLCanvasElement ×3	7	120 0 %	200 0 %

図 5-1-23 PIXI.loader.resources 要素のメモリの調査

また、デベロッパーツールではありませんが、Chrome ではタスクマネージャというタブ（ページ）全体のパフォーマンスを知るためのツールが提供されています。

メニューバーより「ウィンドウ→タスクマネージャ」を選択することで表示でき、タブ毎のメモリ使用量などを知ることも可能なので、こちらの情報も参考にすることができます。

図 5-1-24 Chrome タスク マネージャの外観

Application タブの確認

Application タブは、Service Worker や各種ストレージの状態を確認したり更新することができますが、これまでのゲーム開発ではストレージ類に触れてきていないため、まだ何も表示されていないと思います。

ここでは、最も手軽に扱える「Cookie」の値の挿入と削除を通して、ストレージの状態を確認します。最初に、Cookie を挿入します。Console から以下を入力すると、Application タブの Cookie の項目でセットした Cookie の値が確認できます。

```
window.document.cookie = "test_key1=test_value1;";
window.document.cookie = "test_key2=test_value2;";
```

Name	Value	Domain	Path	Expires / Max-Age	Size	HTTP	Sec...	Sa...
test_key1	test_value1	localhost	/	N/A	20			
test_key2	test_value2	localhost	/	N/A	20			

図 5-1-25 セットされた Cookie

次に、Cookie を削除してみましょう。Console から以下を入力すると、先ほどの Cookie の値が削除されていることが確認できます。

なお、Cookie の詳しい使い方は、次の 6 章で解説します。

```
window.document.cookie = "test_key1=; expires=Thu, 01 Jan 1970 00:00:00 GMT";
window.document.cookie = "test_key2=; expires=Thu, 01 Jan 1970 00:00:00 GMT";
```

Name	Value	Domain	Path	Expires / Max-Age	Size	HTTP	Sec...	Sa...

図 5-1-26 削除された Cookie

同様に、Indexed DB や Service Worker も扱えますが、それらは次の 6 章で実際にゲームに組み込むシステムとして開発します。

Security タブの確認

Security タブは、Web ページ内から発生しているリクエストで利用している TLS が推奨されたバージョン以上であるかどうか、SSL 証明書が信頼できるものであるか、などのネットワークに関するセキュリティを調査するためのタブです。

タブ内には、ゲームコンテンツ自体を配信しているドメインの情報に加え、ゲームが利用している外部サービスやユーザー自身がインストールしている Chrome 拡張などの接続先も網羅して表示されます。本書でのゲーム開発は、「localhost」で開発しているため、詳細な情報は表示されないでしょう。

たとえば、「https://www.google.com」などでこのタブを表示することで、どのような情報が表示されるかを確認することができます。図 5-1-27 の例では、「https://www.google.com」はセキュアなサイトとして判定されています。唯一、セキュアでないと判定されている項目は、筆者がインストールしている Chrome 拡張となります。

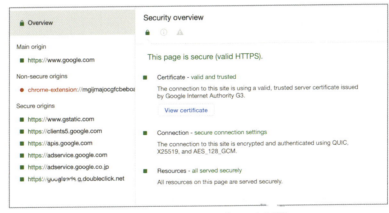

図 5-1-27 Secure タブで表示した「https://www.google.com」の評価

Audits タブの確認

Audits タブでは、「lighthouse」というモジュールを用いて、Web サイトとしての品質の指標を計測できます。lighthouse の計測対象はゲームではなく一般的な Web ページを想定していますが、Performance や Progressive Web App（PWA）の項目は、ゲームでも参考になる指標です。

ただし、本書執筆時点のバージョンでは、ページ読み込み直後の HTML body に画像などが何も描画されないような状態だと、lighthouse 内でエラーが発生して正しく計測することができません。

これまでに開発したサンプルゲームでも、body 内にはデフォルトで何の要素も存在し

ないためこの問題に遭遇しますが、一時的に body の背景画像を次のように設定して回避することができます。

```
<body style='background-image: url(assets/battle/bg_1_1.png);'>
```

図 5-1-28 は計測結果のサンプルですが、見てもらうとわかるように項目別に評価結果が示されています。開発者においては、チェックリストのようにこれらの項目を対応していくことで、それぞれのスコアを改善することができます。

PWA

Performance

図 5-1-28 Audits の計測結果の例

TIPS　lighthouse は、デベロッパーツールだけでなく npm からも単体でパッケージが提供されており、CLI から任意の URL を評価することができます。

実機でのデバッグ

デベロッパーツールを用いてのデバッグは、スマートフォンやタブレットの実機でも行うことができますが、実機からアプリケーションに接続できる必要があるため、ローカル環境でのデバッグを行う場合には準備が必要です。

PC と実機を同じ Wi-Fi ネットワークに接続させるなどで、ネットワークセグメントを一致させてください。また、実機からアクセスする URL に用いるため、PC 側のネットワーク上の IP アドレスを控えておきます。IP アドレスの確認方法は、各 OS の確認方法に従ってください。

控えた IP アドレスは、webpack.config.js の devServer ディレクティブの「host」の項目として追加することで、ローカルサーバがその IP を利用するようになります。なお、現時点では実機でのゲーム画面表示が適切ではありませんが、次の 6 章で解決します。

リスト5-1-1　webpack設定へホストの追加

```
devServer: {
    contentBase: path.join(__dirname, 'www'),
    compress: true,
    host: '192.168.11.9',
    port: 8080
}
```

Android 端末でのデバッグ

　Android 端末で起動している Chrome のページもデバッグすることが可能です。Android 端末は、あらかじめ開発者モードを有効にしておいてください。

　設定方法は、多くの場合は「設定」より端末情報を確認するメニューから「ビルド番号」の項目を複数回タップすることで設定できますが、Android バージョンやデバイスのベンダー毎に設定方法が異なるので、お手持ちの端末の設定方法を別途検索してください。

　USB で Android 端末を PC と接続し、デベロッパーツール右上の ⋮ アイコンから、「More tools → Remote devices」を選択するとデバッグ可能な実機（この例では、http://192.168.11.9:8080/）と、その実機の Chrome で開いているタブがリストに表示されます。

　任意のタブの Inspect ボタンを押下すると、PC の Chrome とほぼ同じようにデバッグを行うことができます。

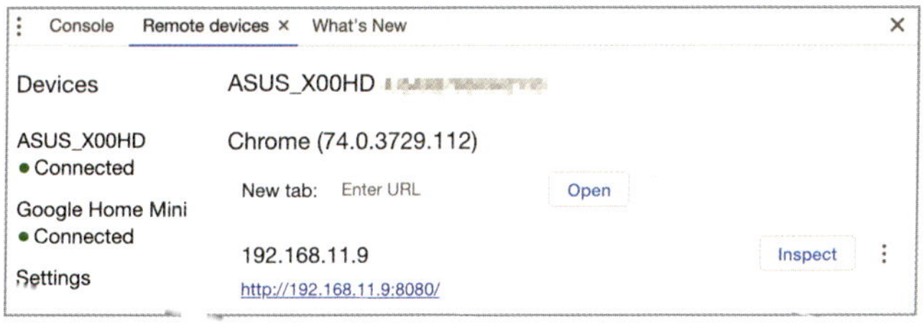

図 5-1-29 Remote devices の表示例

iOS 端末でのデバッグ

　iOS 実機では、Safari でのデバッグが可能です。あらかじめ PC 側の Safari で「開発」メニューを有効にしておいてください。設定方法は、Safari のバージョンごとに異なる可能性がありますが、Safari 12.0 時点ではメニューの「Safari→環境設定...」の詳細タブより設定することが可能です。

　同様に、iOS 実機側でもデベロッパーツールを有効にする設定が必要です。設定方法は iOS バージョン毎に異なりますが、多くの場合は「設定」の「Safari」内のメニューから有効にすることができます。

　準備ができたら、PC で Safari を起動し、iOS 実機を USB で PC と接続します。接続された端末は、PC の「開発」メニューに追加され、Safari で表示されているタブのリストが表示されるようになります。ここで任意のタブを選択すると、デバッグを行うことができるようになります。

Safariのデベロッパーツールの利用方法については割愛しますが、JavaScriptコンソールやネットワークプロファイルなど、Chromeのデベロッパーツールが有している機能の大半と同等の機能が提供されています。Safariも、PCと実機では、デベロッパーツールの利用方法はほとんど変わりません。

> **COLUMN** Safariでデバッグできない？
>
> 　Safariが提供するデベロッパーツールは非常に優秀で、実機のデバッグも可能となっています。しかし、デバッグ対象のページのメモリが高負荷である場合、デベロッパーツールが強制終了してしまう現象があります。
> 　iOS実機のデバッグは、デバッグ不能な状態にならないように、定期的に実施することをお勧めします。なお、メモリパフォーマンスのボトルネックは、ブラウザ間で共通である可能性が高いため、まずはAndroidのChromeで実機でバッグを進めるのもよいでしょう。

▶ ACHIEVEMENT

　本節では、Chromeデベロッパーツールのうち、ゲーム開発で用いる主要な項目や機能を見てきました。
　次の節では、いくつかのChrome拡張を紹介しますが、その後は実際にこのChromeデベロッパーツールを利用して、ゲームをブラウザ向けに最適化していくことになります。

5.2 Chrome 拡張の活用

　Chrome のデベロッパーツールは、Web サイトの基本的な（といっても十分なほど）デバッグをするための機能性を我々に提供してくれている反面、WebGL に関するデバッグ機能はまだ未発達です。

　Chrome では、これをカバーするために Chrome 拡張機能を利用することができます。この節では、Chrome 拡張機能のなかから、ゲーム開発においても有用なものをいくつか紹介します。

Chrome 拡張の入手

　Chrome 拡張機能は、Chrome ウェブストアなどから入手することができます。

● Chrome ウェブストア
https://chrome.google.com/webstore/category/extensions

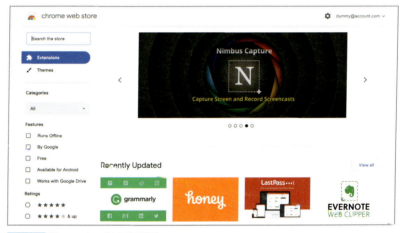

図 5-2-1　Chrome ウェブストアの画面

　現在インストールされている拡張機能は、Chrome のメニューバーの「ウィンドウ→拡張機能」から確認することができます。

　Chrome ウェブストアでは、サードパーティ製の拡張機能も並んでいることからわかるように、ユーザー自身で Chrome 拡張機能を開発して公開することも可能です。Chrome 拡張機能の開発には、Chrome と任意のテキストエディタがあれば十分なので、本書をここまで読み進めた読者の手元ではすでに開発するための準備ができています。

　もしも興味があれば、Chrome 拡張機能の開発にチャレンジしてみてもよいでしょう。ストアに公開せずとも、利用や頒布を行うことはできます。

　以降は、Chrome ウェブストアから入手できる 2 つの拡張機能について紹介します。

- PixiJS devtools
- Spector.js

PixiJS devtools

「PixiJS devtools」は、Chromeウェブストアで検索するか、以下のURLから入手します。

- PixiJS devtools（Chrome 拡張）
  https://chrome.google.com/webstore/detail/pixijs-devtools/aamddddknhcagpehecnhphigffljadon

PixiJS devtools は、Chrome デベロッパーツールに「Pixi」タブを追加します（PIXI.js が使われていないページではタブは追加されません）。

図 5-2-2 のように、Pixi タブでは WebGL キャンバス内の PIXI Container ツリー情報や各種プロパティを表示することができます。また、あらかじめ name プロパティに名前が割り当てられていれば、ツリーに表示される要素にもその名前が併記されます。

先に実装した UI Graph では、name へのアサインを行っているため、図 5-2-2 の編成画面ではツリー上に名前が表示されています。表示されるプロパティは、PIXI.js のオブジェクトから由来するもののみではなく、ユーザー任意で定義したプロパティも表示され、Console の Live Expression のように逐次更新されます。

たとえば編成画面では、OrderScene オブジェクトの「elapsedFrameCount」プロパティの値が、逐次更新されていることが確認できるでしょう。

図 5-2-2 Pixi タブの表示例

Pixiタブからは、プリミティブな型のプロパティの値を変更することもできます。タイトル画面の「touch_to_start」という要素の座標を変更すると、描画上の座標も更新されることが確認できます。

デフォルトの座標　　　　　　　　　　　　　　座標の変更

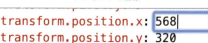
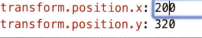

図 5-2-3　PixiJS devtools によるプロパティの変更

TIPS　PixiJS devtools はサードパーティ製のツールであるため、PIXI.js のバージョンやオブジェクトの構造によっては、正しく動作しない可能性があります。

Spector.js

「Spector.js」は、Chrome ウェブストアで検索するか、以下の URL から入手します。

●Spector.js（Chrome 拡張）

https://chrome.google.com/webstore/detail/spectorjs/denbgaamihkadbghdceggmchnflmhpink

　Spector.js は、1章で紹介した babylon.js 名義で提供されている WebGL デバッガです。インストールすると、Chrome の URL バーの隣に拡張機能アイコンを追加します。

　WebGL が用いられているページで、このアイコンを押下するとページがリロードされ、レンダリングに関する調査を行う準備が整います。

　アイコンが図 5-2-4 の右側の状態になった時に、再度アイコンを押下するとメニューが表示されます（図 5-2-5）。上部の赤い丸ボタンを押下すると、現在のフレームのレンダリング内容をプロファイリングすることができます。

デフォルト　　　リロード後

図 5-2-4　Spector.js のアイコン

図 5-2-5 Spector.js メニュー

　プロファイル結果は、何の WebGL コマンドがどこでどのようなパラメータで実行されているかを詳細に出してくれます。ここでの解析対象となるコマンドは、WebGL 仕様で定義されている API であり、PIXI.js などの高級レイヤーの統計情報などは表示されませんので注意してください（ただし、スタックトレースは見ることができます）。

　デフォルトでは、レンダリング工程（ドローコール）毎のキャプチャも合わせて表示されるため、画面がどの順番で描画されているかが、視覚的に非常にわかりやすいものとなっています。

　これまでに実装したバトル画面では、ユニットのボタン毎にシェーダーをかけているため drawElement コマンドもボタン毎に発行されており、不必要なドローコールが発生していることがわかります。

　詳細な実行コマンドの情報ではなく、ドローコール数などのサマリーのみを得たい場合は、Information タブから確認することができます。

図 5-2-6 バトル画面の Spector.js によるプロファイリングの結果

▶ ACHIEVEMENT

　デバッグ用の Chrome 拡張機能として、PIXI.js のシーングラフをデバッグできる「PixiJS devtools」と WebGL レンダリングをデバッグできる「Spector.js」を紹介しました。
　デバッグ対象であるいずれの要素も、これらのツールが提供するような GUI なしではデバッグ効率が非常に悪いものですが、このような一般公開されているツールを駆使することで開発効率が飛躍的に改善します。こういったツール類は、OSS としても公開されていることが多いため、改善項目があれば積極的にコントリビューションしてもよいでしょう。
　次の 6 章で行う最適化では、実際に「Spector.js」を利用して描画改善を行います。

> **COLUMN**　Chrome 拡張デバッグツール
>
> 　ここでは、描画や PIXI.js にまつわるデバッグツールを紹介しましたが、Chrome ウェブストアではこれ以外にもさまざまなデバッグツールが、Chrome 拡張として配信されています。
> 　ゲームフレームワークではありませんが、React や Redux、Vue 専用のデバッグツールなどのポピュラーなモジュール専用のデバッグツールがサードパーティによって提供されていたりする様は、まさにオープンなプラットフォームである Web を体現していると言えます。

応用編　CHAPTER **6**

 ゲームを最適化する

　本書の最後となる6章では、ゲームシステムの本体から離れ、ゲームをリリースする前に解決しておく必要があるいくつかの問題について、言及しておきます。
　1つは、「パフォーマンス」の観点です。ユーザーにゲームを気持ちよく遊んでもらうためには、5章で紹介したdevtoolsなどを用い、さまざまな指標からチューニングを行うことが重要です。ここでは、サンプルゲームの事例を使って具体的な手法を紹介します。
　そして、ネイティブではなくHTML5ゲームという観点から、ブラウザに関わる諸問題を取り上げます。ゲーム画面のブラウザのリサイズなどへの対応やストレージの活用方法の具体例を解説します。最後に、ソースコードの難読化などのセキュリティ面についてもそのヒントを紹介します。

6　1　デバッグツールで検知できるパフォーマンスの解決

　前章で紹介したデバッグ用のツールからは、主にパフォーマンス面での課題が抽出できます。この節では、実際な課題の抽出と解決を行うことで、より実践的なデバッグから最適化までの方法を解説します。

▶ PROBLEM

　本書でのこれまでのゲーム開発では、機能開発を中心に行ってきており、パフォーマンス面での課題についてはほとんど触れてきませんでした。そのため、あまり課題として明確化されている事象はなく、潜在的な問題を探し出していくことになります。

▶ APPROACH

　この節では大まかに、「メモリ」「CPU」「通信」「レンダリング」の4つの観点から、ここまでで制作したゲームが孕む問題の抽出を試みます。
　これらはすべて、前章で紹介したデバッグ用ツールを使って調査を行います。

デバッグ対象ブランチ

　本節のデバッグは、4章「ゲームを作り込む」の最後のブランチである「feature/game_logic_gameover」をベースにした「before_profile」ブランチのバトル画面を対象に行います。
　before_profileブランチは、feature/game_logic_gameoverの実装に対して、編成

画面でのユニット編成とバトル画面への遷移ができるように、以下の実装を加えています。

- ユーザーのゲーム進捗状況取得 API の追加
- 編成画面でのボタン押下時処理の追加
- 編成画面での情報のバトル画面への受け渡し
- SoundManager 機能追加（シーンをまたいでのサウンド制御の実現）
- バトル画面でのサウンド追加
- シーン遷移時のフェード演出追加

「メモリ」の問題点の抽出と対策

メモリに関しての問題点を確認するために、devtools の「Performance」と「メモリ」を使って、サンプルゲームを見てみます。

「Performance」タブでの確認

「編成画面〜バトル画面」の遷移を繰り返して、メモリの動向を確認しましょう。タイトル画面で、Chrome のデベロッパーツールの「Performance」タブから記録を開始します。

3 周ほど繰り返したところで収録を停止し、メモリの動向を確認してみましょう。筆者が実施したところ、図 6-1-1 のような結果となりました。

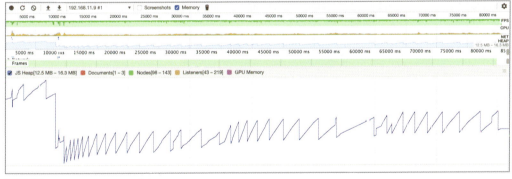

図 6-1-1　タイムライン上のメモリ動向

JavaScript Heap 領域のガベージコレクションが断続的に走っていることがわかりますが、ちょうど 3 周分、段階的にメモリ使用量が底上げされているように見えます。

何かがリークしている兆候とも捉えられるので、そのままページをリロードせず、もう 3 周ほど画面を往来してみます。再度、記録ボタンを押下すると、別のプロファイルとして収録が開始されます。

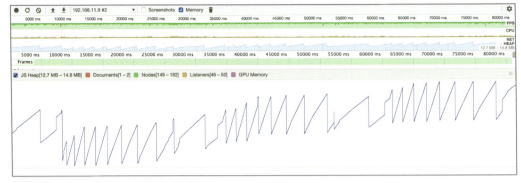

図 6-1-2 タイムライン上のメモリ動向（2回目）

結果として、図 6-1-1 の後半では「14 〜 15MB」程度だった JavaScript Heap 領域が、図 6-1-2 では「12 〜 15MB」での変動となっており、延々グラフが伸長し続ける動向ではありませんでした。

「Memory」タブでの確認

DOM 要素のメモリ使用量は精緻に知ることができないため、念のため「Memory」タブからメモリプロファイルを取って、「detouched」されたオブジェクトの数に異常がないかを見ておきます。

実際にプロファイルを取って見てみると、バトル画面に入る前の編成画面とバトル画面から戻ってきた編成画面とで、「HTMLCanvasElement」の数が顕著に増えているのがわかります。

バトル画面に入る前

バトル画面から戻った後

図 6-1-3 「Memory」タブで detouched オブジェクトの数を比較

中を見てみると、ほとんどが PIXI.Text のインスタンスに見えますが、retainers に表示される情報から参照元をたどると、PIXI.Application インスタンスの TextureManager インスタンスでキャッシュされていることがわかります。

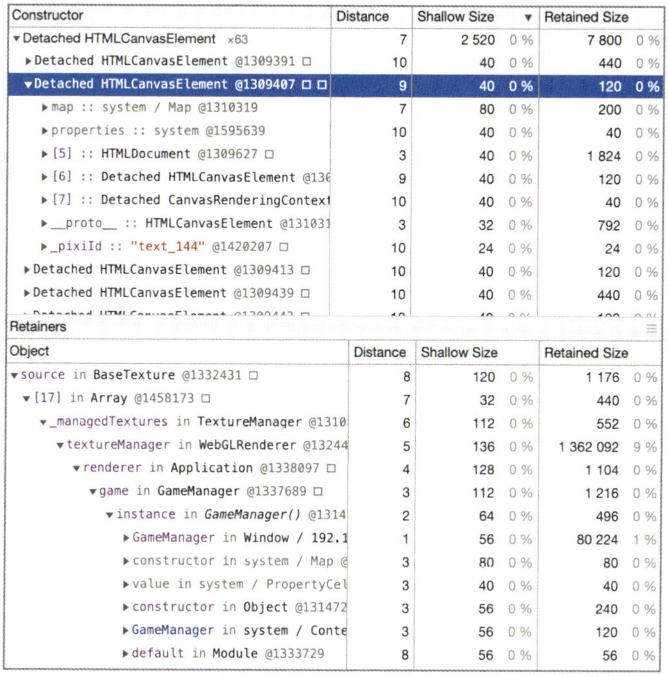

Constructor	Distance	Shallow Size		Retained Size	
▼Detached HTMLCanvasElement ×63	7	2 520	0 %	7 800	0 %
▶Detached HTMLCanvasElement @1309391	10	40	0 %	440	0 %
▼Detached HTMLCanvasElement @1309407	9	40	0 %	120	0 %
▶map :: system / Map @1310319	7	80	0 %	200	0 %
▶properties :: system @1595639	10	40	0 %	40	0 %
▶[5] :: HTMLDocument @1309627	3	40	0 %	1 824	0 %
▶[6] :: Detached HTMLCanvasElement @130	9	40	0 %	120	0 %
▶[7] :: Detached CanvasRenderingContext	10	40	0 %	40	0 %
▶__proto__ :: HTMLCanvasElement @131031	3	32	0 %	792	0 %
▶_pixiId :: "text_144" @1420207	10	24	0 %	24	0 %
▶Detached HTMLCanvasElement @1309413	10	40	0 %	120	0 %
▶Detached HTMLCanvasElement @1309439	10	40	0 %	440	0 %

Retainers					
Object	Distance	Shallow Size		Retained Size	
▼source in BaseTexture @1332431	8	120	0 %	1 176	0 %
▼[17] in Array @1458173	7	32	0 %	440	0 %
▼_managedTextures in TextureManager @1310	6	112	0 %	552	0 %
▼textureManager in WebGLRenderer @13244	5	136	0 %	1 362 092	9 %
▼renderer in Application @1338097	4	128	0 %	1 104	0 %
▼game in GameManager @1337689	3	112	0 %	1 216	0 %
▼instance in GameManager() @1314	2	64	0 %	496	0 %
▶GameManager in Window / 192.1	1	56	0 %	80 224	1 %
▶constructor in system / Map @	3	80	0 %	80	0 %
▶value in system / PropertyCel	3	40	0 %	40	0 %
▶constructor in Object @131472	3	56	0 %	240	0 %
▶GameManager in system / Conte	3	56	0 %	120	0 %
▶default in Module @1333729	8	56	0 %	56	0 %

図 6-1-4 retainers から参照元をたどる

メモリリークを解消するための修正

これまで実装したゲームにおいては、シーンの destroy は行っているものの、シーンの子要素の destroy は明示的に行っていませんでした。PIXI.js では、子要素の消し込みは親要素の destroy の引数で指定することができます。

GameManager で行っているシーンの消し込み処理の修正を行います。transitionInIfPossible メソッドを次のように修正するとよいでしょう。

リスト6-1-1 transitionInIfPossibleの修正案
```
// 修正前
instance.currentScene.destroy()
↓
// 修正後
instance.currentScene.destroy({ children: true });
```

透過的に子要素を destroy することに懸念があるなどの場合は、PIXI.Text を継承して destroy メソッドをオーバーライドした独自テキストクラスを実装してもよいでしょう（リスト 6-1-2）。

ただし、PIXI.js が提供するオブジェクトのライフサイクルを改変することになるため、さまざまな副作用を伴う可能性があることに留意してください。

リスト6-1-2 独自destroyの実装例
```
destroy(options: any): void {
    this._texture.destroy(true);
    super.destroy(options);
```

```
        (this._texture as any) = null;
}
```

リスト6-1-1の対応を入れることによって、HTMLCanvasElementの参照のリークを防ぐことができました。

図6-1-5はいずれも編成画面のメモリプロファイルですが、それぞれ上から「バトル画面に入る前」「初回のバトル画面からの遷移後」「2回目のバトル画面からの遷移後」のキャプチャです。

PIXI.Textのテクスチャのキャッシュが解放されて、HTMLCanvasElementの数が増えていないことが確認できます。HTMLImageElementの数も増えていますが、こちらは初回のバトル画面からの遷移後のみ増えているため、問題がないと判断できます。

バトル画面に入る前

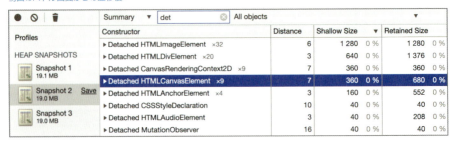

初回のバトル画面からの遷移後

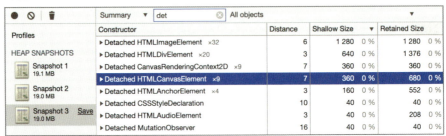

2回目のバトル画面からの遷移後

図 6-1-5 修正後の「Memory」タブでHTMLCanvasElement、HTMLImageElementの数を比較

本節では、実際に1件のメモリリークを解消しましたが、ほかの問題もメモリプロファイラなどを活用することによって、抽出することができます。

「CPU」の問題点の抽出と対策

CPU時間は、「Performance」タブで記録できるタイムラインから調査します。まずは、「タイトル画面〜編成画面」への遷移処理を収録し、その結果を見てみます。

図6-1-6 「タイトル画面〜編成画面」のCPU動向

一番左のピークは、収録開始に伴う負荷と思われます。その次の1500msあたりのピークは画面遷移に伴うものですが、この節ではこのCPU時間が必要経費であるかどうかを確認します。

コールスタックと処理時間を見てみると、Scene.loadAdditionalResource内で実行されているsetTimeoutで1ms程度かかっていることがわかります（図6-1-7）。

SceneクラスのloadAdditionalResourceでは、PIXI.loader.addをコールしているため、resource-loaderもしくは何らかのnpmモジュールで「setTimeout」が利用されていることがわかります。

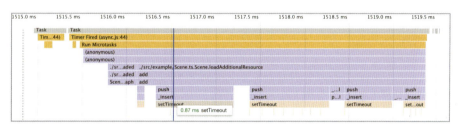

図6-1-7 setTimeoutのコスト

setTimeoutで非同期に処理する必要性が本当にあるかどうかを知るため、一度pushもしくは_insertの実装をオーバーライドしてタイムラインを確認してみます。

タイムライン上の_insertをクリックして、下部にあるEvent Logタブの内容から該当のソースコードを特定します。

Start Time	Self Time	Total Time	Activity					
1515.3 ms	0 ms	0.9 ms	▼ Task					
1515.4 ms	0 ms	0.9 ms		▼ Timer Fired				async.js:44
1515.5 ms	0 ms	0.9 ms			▼ Run Microtasks			
1515.5 ms	0 ms	0.9 ms				▼ (anonymous)		Scene.ts:58
1515.5 ms	0 ms	0.9 ms					▼ (anonymous)	Scene.ts:59
1516.1 ms	0 ms	0.9 ms					▼ ./src/example/Scene.ts.Scene.lo
1516.1 ms	0 ms	0.9 ms						▼ add	Loader.js:326
1516.1 ms	0 ms	0.9 ms						▼ add	Loader.js:326
1516.3 ms	0 ms	0.9 ms							▼ push	async.js:102
1516.3 ms	0 ms	0.9 ms							▼ _insert	async.js:162
1516.3 ms	0.9 ms	0.9 ms							▶ setTimeout

図6-1-8 Event Logからソースコードを特定

青字の「async.js: 162」をクリックすると、Sources タブで該当箇所を見ることができます。_insert は、どうやら resource-loader の queue 関数の中のプライベートな関数のようです。

PIXI.loader の _queue プロパティは、この queue から返されるオブジェクトのようで、_insert を push からコールしていました。

リスト6-1-3　push関数の実装
```
push(data, callback) {
    _insert(data, false, callback);
},
```

ここまで実装が深いと、オーバーライドによる副作用に強い懸念が残ります。しかし、オーバーライドによって得られるパフォーマンス効果とトレードオフですので、正しく測りにかけられるように、まずは push 関数を setTimeout を用いない実装として、index.ts などでオーバーライドして効果のほどを検証します。

リスト6-1-4　push関数のオーバーライド例
```
const q = (PIXI.loader as any)._queue;
q.push = (data: any, callback: any) => {
    (function _insert(data: any, insertAtFront: boolean, callback: any) {
        if (callback != null && typeof callback !== 'function') {
            throw new Error('task callback must be a function');
        }

        q.started = true;

        if (data == null && q.idle()) {
            q.drain();
            return;
        }

        const item = {
            data,
            callback: typeof callback === 'function' ? callback : () => {},
        };

        if (insertAtFront) {
            q._tasks.unshift(item);
        } else {
            q._tasks.push(item);
        }

        q.process();
    }(data, false, callback));
}
```

この状態でもう一度、タイムラインを収録して、先ほどと同じ loadAdditionalResource 部分のコールスタックを見てみましょう。

setTimeout を処理していた Scene.loadAdditionalResource が、もともとの set
Timeout 内部の実処理である「_loadElement」を即時実行していることがわかります。
1 つの setTimeout 処理が 1ms 程度かかっていたことから、リソースの物量に比例して
効果が高そうです。

この結果を受けて、副作用とチューニング効果のどちらを取るかは開発者次第となります。本書では、リスト 6-1-4 のチューニングを入れない前提で進行します。

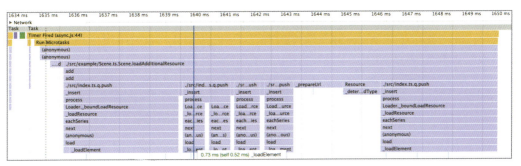

図 6-1-9 setTimeout を外した後のコールスタック

> **TIPS** _loadElement は、DOM 要素のリソースを取得するメソッドですので必要経費に該当します。このメソッドのコードレベルでの改善は難しいでしょう。

「通信」の問題点の抽出と対策

通信におけるチューニングポイントは、主に通信回数と流量の大きさです。これらを計測するテストを行うために、通信回線に依存しないようにローカルにサーバ環境を準備します。また、チューニングにあたっては、ブラウザの「キャッシュ」について理解しておく必要があります。

ローカル環境に CDN サーバを立てる

サーバ設定などもチューニングの対象に入ってくるため、この節では一時的に webpack-dev-server ではなく、簡易な「CDN サーバ」をローカルに立てて、実際に動きを見ていきます。

まずはリスト 6-1-5 の内容のスクリプトを任意のパスに保存してください。本書では以降、このファイルのパスを便宜的に「node server/cdn.js」とします。

リスト6-1-5　CDNサーバスクリプト

```
#!/usr/bin/env node

const http = require('http');
const fs   = require('fs');
const path = require('path');

const projectDir    = path.resolve(path.join(__dirname, '..'));
const documentRoot  = path.join(projectDir, 'www');
```

```js
// レスポンスを作成するヘルパーオブジェクト
const ResponseHelper = {
    // レスポンスする
    response: (response, code, header = {}, body = null) => {
        response.writeHead(code, header);
        if (body) {
            response.write(body);
        }
        response.end();
    },
    // MIMEタイプを特定する
    detectMimeType: (url) => {
        const frags = url.split('.');
        const extension = frags[frags.length - 1];

        switch (extension.toLowerCase()) {
            case 'html': return 'text/html';
            case 'js':   return 'text/javascript';
            case 'json': return 'text/json';
            case 'png':  return 'image/png';
            case 'css':  return 'text/css';
            case 'mp3':  return 'audio/mpeg';
            case 'ttf':  return 'application/octet-stream';
            default:     return 'text/plain';
        }
    },
    // 静的ファイルを返す
    static: (url, response, header = {}) => {
        const filePath = path.join(documentRoot, url);

        fs.readFile(filePath, (error, content) => {
            if (error) {
            ResponseHelper.error(url, response);
            return;
            }
            if (content && !header['Content-Length']) {
                header['Content-Length'] = content.length;
            }
            if (!header['Content-Type']) {
                header['Content-Type'] = ResponseHelper.detectMimeType(url);
            }
            ResponseHelper.response(response, 200, header, content);
        });
    },
    // エラー処理、404を返す
    error: (url, response, header = {}) => {
        ResponseHelper.response(response, 404);
    }
}

http.createServer(function (request, response) {
```

```
    let url = request.url.split('?')[0];
    if (/\/$/.test(url)) {
        url += 'index.html';
    }
    ResponseHelper.static(url, response);
}).listen(8888, 'localhost');
```

その後、このスクリプトを起動します。実行権限が必要な場合は適宜、権限を付与してください。

```
node server/cdn.js
# あるいは
server/cdn.js
```

この状態で「http://localhost:8888」に接続し、デベロッパーツールの「Netowrk」タブを開いてみましょう。一番下の部分に、リクエスト数と流量が表示されており、編成画面へ遷移するとこの値がさらに加算されることが確認できます。

通信のチューニングの指標は非常にシンプルで、ここの値をいかに減らすかにだきます。

`19 requests | 3.9 MB transferred | 3.9 MB resources`

図 6-1-10 リクエスト数と流量の表示

ブラウザのキャッシュの活用

先ほど立てた CDN サーバでは、ページをいくらリロードしても、リクエスト数と流量が変わらないことが確認できます。つまり、キャッシュがまったく使われていない状態であり、このままユーザーがゲームを遊び続けると、タイトル画面に遷移するたびに、3MB の通信量がかかってしまいます。

ファイルサイズが大きく、かつ更新があまり行われないようなファイルは、HTTP ヘッダでキャッシュするように指示します。リクエストをサイズ順に並び変えると、1MB を超えるファイルが見つかりました。

このうち js ファイルは、デバッグ用に minify されていないため本来のサイズよりも大きく、かつ頻繁に更新されるものであるため除外します。ここでは、ttf ファイルに対するキャッシュを設定しましょう。

Name	Status	Type	Size
tower-diffence.js	200 OK	script	1.6 MB / 1.6 MB
MisakiGothic.ttf /assets/font	200 OK	font	1.5 MB / 1.5 MB
bgm_title.mp3 /assets/audio	200 OK	xhr	691 KB / 691 KB

図 6-1-11 サイズが大きいファイルの確認

キャッシュは、レスポンスヘッダの「Cache-Control」に任意の値を付与することで

設定できます。この節では、3種類のキャッシュの指定方法を取り扱います。

表6-1-1 この節で取り扱うキャッシュ指定

キャッシュ指定	意味
no-cache	キャッシュを利用しない
max-age=0	キャッシュするが期限切れ扱いにする
max-age=xxxxx	指定された期間はキャッシュを利用する

1つずつ実際に指定して動作を見て行くために、リスト6-1-5のスクリプトを少し更新します。

urlに応じて、Cache-Controlの値を返すgetPreferedCacheControl関数をリスト6-1-6の内容で実装し、リスト6-1-7のstatic関数内でgetPreferedCacheControlを利用して、レスポンスヘッダにCache-Controlの値を設定しています。

リスト6-1-6 urlに応じたキャッシュ方法を返す関数

```
const ResponseHelper = {
    getPreferedHeader: (url) => {
        const header = {};
        const frags = url.split('.');
        const extension = frags[frags.length - 1];

        if (extension.toLowerCase() === 'ttf') {
        // ここを書き換えて、挙動の違いを確認します
            header['Cache-Control'] = 'public, max-age=0';
        }

        return header;
    },

    (中略)
}
```

リスト6-1-7 Cache-Controlヘッダの挿入

```
const ResponseHelper = {

    (中略)

    static: (url, response, header = {}) => {
        const filePath = path.join(documentRoot, url);

        const preferefHeader = ResponseHelper.getPreferedHeader(url);
        const keys = Object.keys(preferefHeader);
        keys.forEach((key) => {
            header[key] = preferefHeader[key];
        });

        fs.readFile(filePath, (error, content) => {
            if (error) {
                ResponseHelper.error(url, response);
```

```
            return;
        }
        if (!header['Content-Type']) {
            header['Content-Type'] = ResponseHelper.detectMimeType(url);
        }
        ResponseHelper.response(response, 200, header, content);
    });
    },
    (中略)
}
```

「no-cache」の挙動

　Cache-Controlに「no-cache」を指定して、挙動を確認してみましょう。この状態でserver/cdn.jsを起動し直し、Networkタブで先ほどのttfファイルを見てみましょう。Cache-Controlの項目が空白ではなく、「no-cache」と記載されていることが確認できます。

Name	Status	Type	Size	Cache-Control
tower-diffence.js	200 OK	script	1.6 MB 1.6 MB	
MisakiGothic.ttf /assets/font	200 OK	font	1.5 MB 1.5 MB	no-cache

図 6-1-12　明示的に「no-cache」が指定されたリソース

　キャッシュを利用しないので、この状態でページをリロードしても先ほどと同じように、リクエスト数や流量に変化はありません。no-cacheは静的なリソースに指定することはあまりなく、サーバAPIなどのレスポンスが動的に変更するURLに用いるのがよいでしょう。

「max-age=0」の挙動

　次は、no-cacheを「max-age=0」に書き換え、サーバを起動し直します。今度はCache-Controlの項目が「max-age=0」となっていますが、やはりページをリロードしてもリクエスト数や流量に変化がないことが確認できます。
　max-ageは、サーバに問い合わせずにキャッシュを利用する期間を指定する値です。サーバから取得できたリソースはキャッシュされますが、即座に失効するためクライアントからサーバへの問い合わせが都度発生することになります。
　この時、サーバ側が素直にリソースを返すだけだと、no-cacheと同じ結果となってしまいます。

サーバ側でのキャッシュへの対応

　現状のserver/cdn.jsの実装では、問い合わせを受けたリソースをそのまま返しているので、クライアント側のキャッシュを利用するようなレスポンスを返すようにします。
　また、初回アクセス時にリソースをキャッシュできるように、クライアント側が必要な

情報をヘッダに追加します。getPreferedHeader 関数の if 文を以下のように編集しましょう。

リスト6-1-8　urlに応じたキャッシュ方法を返す関数
```
if (extension.toLowerCase() === 'ttf') {
    header['Cache-Control'] = 'public, max-age=0';
    header['Last-Modified'] = 'Tue, 1 Jan 2019 00:00:00 GMT';
    header['ETag'] = `etag: ${url}`;
}
```

同様に、レスポンスコードとして「304」を返せるようにします。ResponseHelper にリスト6-1-9の関数を追加し、static 関数でリスト6-1-10のように利用するようにします。

リスト6-1-9　urlに応じたステータスコードの返却
```
getPreferedResponseCode: (request, responseHeader) => {
    const header = request.headers;
    if (
        header['if-modified-since'] && header['if-none-match'] &&
        responseHeader['Last-Modified'] && responseHeader['ETag']
    ) {
        const lastModified    = new Date(responseHeader['Last-Modified']);
        const ifModifiedSince = new Date(header['if-modified-since']);
        if (
            lastModified.getTime() <= ifModifiedSince.getTime() &&
            header['if-none-match'] === responseHeader['ETag']
        ) {
            return 304;
        }
    }

    return 200;
},
```

リスト6-1-10　getPreferedResponseCodeの利用
```
static: (url, request, response, header = {}) => {
    const filePath = path.join(documentRoot, url);

    const preferefHeader = ResponseHelper.getPreferedHeader(url);
    const keys = Object.keys(preferefHeader);
    keys.forEach((key) => {
        header[key] = preferefHeader[key];
    });

    const code = ResponseHelper.getPreferedResponseCode(request, header);
    switch (code) {
        case 304: {
            ResponseHelper.response(response, code, header);
            break;
        }
```

```
            default: {
                fs.readFile(filePath, (error, content) => {
                    if (error) {
                        ResponseHelper.error(url, request, response);
                        return;
                    }

                    if (content && !header['Content-Length']) {
                        header['Content-Length'] = content.length;
                    }
                    if (!header['Content-Type']) {
                        header['Content-Type'] = ResponseHelper.detectMimeType(url);
                    }

                    ResponseHelper.response(response, code, header, content);
                });
            }
        }
    },
```

　Chromeの場合、レスポンスヘッダで「Last-Modified」と「ETag」を受け取った時、そのレスポンスをキャッシュで再利用するものとして扱います。

　Chromeがそのようなリソースに再度リクエストを行う場合、リクエストヘッダに「If-Modified-Since」と「If-None-Match」を付け加え、初回のレスポンスで受け取ったLast-ModifiedとETagの値を付与します。

　初回リクエスト時に、Last-Modifiedなどのヘッダ情報を返さない場合、2回目以降のリクエストに対してレスポンスコード304だけを返しても、Chromeはキャッシュを利用しません。

　一般的なサーバでは、Last-ModifiedとIf-Modified-Since、およびETagとIf-None-Matchを比較して、レスポンスとしてリソースそのものを含む「200」を返すか、「304」を返すかを決定します。

　リスト6-1-9、6-1-10は、ttfに対して限定的にサーバサイドでのキャッシュコントロールを実現した内容となります。

ブラウザのキャッシュ動作の確認

　キャッシュコントロールが正しく動作していることを確認するため、ブラウザのキャッシュを削除してから、サーバを起動し直してページにアクセスしてみましょう。

　次ページの図6-1-13の上の200レスポンスが返されている初回のリクエスト時は、左下に表示されている流量が「20 requests 3.9MB」という数字ですが、図6-1-13の下の304レスポンスを返しているリクエストでは「19 requests 2.4MB」という数字に削減されています。

　リクエストヘッダにも「If-Modified-Since」などが含まれており、ブラウザがttfファイルをキャッシュコントロールの対象として取り扱っていることがわかります。

初回リクエスト内容

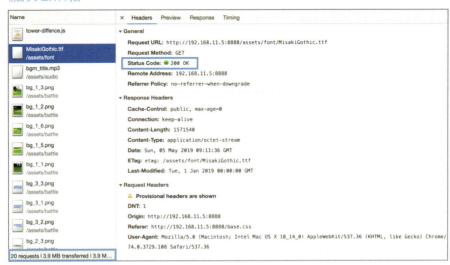

2回目のリクエスト内容

図 6-1-13 304 レスポンスでキャッシュコントロールされるリソース

> COLUMN
>
> ### RFC (Request for Comments)
>
> クライアントであれば各ブラウザだったり、サーバであればHTTPサーバエンジンなど、HTTP通信を扱うシステムは数多く存在します。世の中では、数多くの種類のブラウザやサーバエンジンが開発されているにも関わらず、「Last-Modified」の使い方などのような仕様について、統制が取れている理由は「RFC」で定められているためです。
>
> RFCとは、インターネットに関する仕様が定義される文書であったり、議論の場であったりと一言には形容しがたい存在ですが、少なくともこの節で登場したHTTPヘッダの仕様については、RFCでも言及されています。
>
> 「RFC 7230〜7235」が、HTTP全般の基本仕様についてまとめられている文書です。RFC自体はドキュメント形式であるため、原文はWebページとしての可読性は高くありませんが、それをWebページとして読みやすくしているサイトも存在します。
>
> ● 原文にリンクを付けたドキュメント
>   https://tools.ietf.org/html/rfc7230
>
> ● Webページとして可読性を高めたドキュメント
>   https://httpwg.org/specs/rfc7230.html

「max-age=xxxxxx」の挙動

最後に、「max-age=xxxxxx」のキャッシュコントロール効果を見ておきましょう。ここでは、1時間程度のキャッシュを想定して「max-age=3600」とします。

getPreferedHeader関数内で指定していたCache-Controlの値を、次のように変更します。

```
header['Cache-Control'] = 'public, max-age=3600';
```

その後、サーバを起動し直してブラウザをリロードすると、図6-1-14のように「max-age」の値が変わっていることが確認できます。

図6-1-14 更新されたmax-ageの値

今回のリロードでは、まだブラウザは先ほどの「max-age=0」の前提でリクエストしたため、リソース更新の有無をサーバに問い合わせています。何もしないでそのままブラウザをリロードすると、今度はレスポンスの内容が変わっており、レスポンスコードは200で返り、Sizeの項目に明確に「(from disk cache)」と表示されていることが確認できます。

図 6-1-15 サーバ問い合わせを伴わないキャッシュの利用

　これは該当するリソースが、キャッシュの有効期間内であるということをブラウザが判断したため、サーバに問い合わせることなくローカルに保有しているキャッシュを利用したことを表しています。

　実際に、サーバスクリプトにログ出力を行っても何も出力されず、リクエストが来ていないことが確認できます。このように max-age に有効な値を入力する方法は、サーバ通信自体が発生しないキャッシュとして非常に強力です。

　反面、サーバ側でリソースの更新を行ったとしても、更新されたリソースをクライアント側に再取得させるためには、max-age の有効期限が切れるか、ブラウザキャッシュが削除されるのを待つ必要があります。

　この節では三者三様の性質を持つキャッシュコントロール手法を紹介してきましたが、実際にリソースを配信する際には、ユーザーの通信量やサーバ費用に優しくなるような、適切なリソース配信の設計が求められます。

　なお、本書ではこれ以降はテストのために使ったローカルサーバではなく、元の「webpack-dev-server」の利用に戻ります。

遅い通信回線での動作の確認

　前章では、Chrome デベロッパーツールの Network タブに触れましたが、そこで紹介した 3G 回線をシミュレートする機能を実際に利用して、何か問題がないかを確認してみましょう。回線速度の影響を受けるようにするために、キャッシュも無効にしておきます（図 6-1-16）。

図 6-1-16 キャッシュ無効にして、3G 回線シミュレートを行うための設定

　この状態でページをリロードして Network タブのタイムラインを確認すると、通常よりもリソース類のダウンロードに時間を要するようになっていることが確認できます。

　しかし、ゲームの画面が表示されず、何らかの問題が発生しているようです。Network タブを見てみると、フォントファイルのダウンロード以降のリソースが読み込まれていないことがわかります。

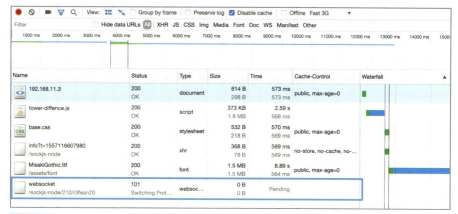

図 6-1-17 Network タブで状況を確認

> **TIPS** 図6-1-17にある「info?t=...」とwesocketに対するリクエストは、webpack-dev-serverによるもので、この通信によりスクリプト更新時のホットリロードを可能にしています。
> 試しに、webpack-dev-serverの設定でinlineの値を「false」にすると、これらのリクエストは発生せずホットリロードも行われないことが確認できます。

　JavaScript上でのフォントファイルは、基本編の「フォントを利用する」の節で導入したとおりwebfontloaderを利用してダウンロードしていますが、index.tsで行われているダウンロード処理のコールバックが正しく処理されていないようです。
　activeコールバック内にブレークポイントを貼る、あるいはログ出力をさせるなどで、コールバックが処理されていないことを確認できるでしょう。

　本書執筆時点のwebfontloaderのバージョンは「1.6.28」ですが、READMEを確認したところフォントダウンロード時のデフォルトのタイムアウト時間が「3000ms」となっており、それを超過したためにactiveではなく、「inactive」コールバックが処理されていることがわかりました。

- webfontloader の timeout に関する記述

  https://github.com/typekit/webfontloader/tree/v1.6.28#timeouts

　現状でフォントファイルのダウンロードに9秒弱を要しているので、試しにタイムアウト時間を少し長めに「15000ms」として設定しゲームを起動すると、ダウンロードに時間はかかるものの問題なくゲーム画面が表示されることが確認できます。

リスト6-1-11 webfontloaderのタイムアウト設定（src/index.ts）
ブランチ：after_profile

```
WebFont.load({
    (中略)
    timeout: 15000
});
```

遅い通信回線の場合のゲーム起動時の改良

　問題の原因は特定できましたが、この解決方法だとより劣悪な通信環境においては同じ問題が発生してしまいます。

　フォントが適用されないこと自体は、見栄えは悪くなるもののゲームプレイそのものに深刻な影響を与えるものでもないので、フォールバックとしてリスト6-1-12のようにinactiveコールバックでもゲームを起動させるようにして、システムフォントで代替するという解決策も考えられます。

　この場合、webfontloaderとして読み込みに失敗した旨を示すinactiveコールバックは処理されますが、フォントのダウンロード自体が中断されるわけではありません。そのため、ほかのリソースのダウンロード中やタイトル画面以降でフォントのダウンロードが完了すれば、WebGL上のテキストにも正しくフォントが適用されます。

リスト6-1-12　inactiveコールバック実装（src/index.ts）
ブランチ：after_profile

```
WebFont.load({
    (中略)
    inactive: () => {
        fontLoaded = true;
        if (windowLoaded) {
            initGame();
        }
    }
});
```

　タイトル画面で確実にフォントをダウンロードさせるか、システムフォントを表示させるかはゲームを提供する上でのトレードオフになりますので、読者において推奨される解決方法を採用してください。

　本書では、inactiveコールバックを実装した上で、タイムアウト時間を5秒として設定します。

実行順に依存しないSceneの実装の改良

　開発したゲームの動作確認は、PCブラウザで行うことが多いでしょう。そのため、通信速度によるレースコンディションは、開発段階で検知しにくい問題になりがちです。ほかの箇所でも、シーン遷移時のフェードイン表現が正しく行われないように見える現象が確認できます。

　これは、3章の「シーンを作る」と「リソースのダウンロード」、4章「UIシステムを作る」の節でのSceneの実装に関連するものです。onResourceLoadedとbeginTransitionInで、addChildしている要素同士の前後関係が保証されていません。

　また、リソースダウンロードと古いシーンのトランジション完了のどちらが先に処理されたかで、onResourceLoadedとbeginTransitionInの実行順が変化します。

リスト6-1-13　3章、4章で行ったSceneの実装 (src/example/Scene.ts)
ブランチ：after_profile

```
protected onResourceLoaded(): void {
    const sceneUiGraphName = Resource.SceneUiGraph(this);
    const json = PIXI.loader.resources[sceneUiGraphName].data;
    this.prepareUiGraphContainer();
    this.addChild(this.uiGraphContainer);
}
(中略)
public beginTransitionIn(onTransitionFinished: (scene: Scene) => void): void {
    this.transitionIn.setCallback(() => onTransitionFinished(this));

    const container = this.transitionIn.getContainer();
    if (container) {
        this.addChild(container);
    }

    this.transitionIn.begin();
}
```

　この問題については、uiGraphContainer はトランジションで表示するオブジェクトよりも、背後に配置されていることが保証できればよいので、次の修正で本来の意図どおりの描画になるでしょう。

リスト6-1-14　onResourceLoadedの修正 (src/example/Scene.ts)
ブランチ：after_profile

```
// 修正前
this.addChild(this.uiGraphContainer);
↓
// 修正後
this.addChildAt(this.uiGraphContainer, 0);
```

　このように通信速度をシミュレートして一通りゲームを流しただけでも、いくつかの問題が得られるため、機能開発の合間などの適切なタイミングで定期的にテストしてもよいでしょう。

「レンダリング」の問題点の抽出と対策

　JavaScript 処理における CPU 時間とは別で、レンダリングに関する負荷が妥当かどうかも気になるところです。これは、Chrome デベロッパーツールで確認することは難しく、5 章で詳解した「Spector.js」などを利用してのデバッグとなります。

編成画面のレンダリング状況の確認

　本書で開発したゲームは、3 つのシーンから構成されていますが、要素の多い編成画面のキャプチャを Spector.js で撮って見てみましょう。早速、非効率な描画処理が見つかりました。ユニットのボタンが 1 つずつ描画されているようです。
　この画面の要素数であれば、本来のドローコールは「2 〜 3」程度と思われますが、実

際には「11」という予想外の値となっています。

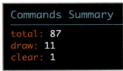

図 6-1-19
編成画面のコマンドサマリ

図 6-1-18 編成画面の描画処理

　　PIXI.js は暗黙的にバッチ処理を行うため、スプライトをそのまま表示する際は、このような描画処理は行いません。背景画像などのほかの要素は問題なくバッチされているように見えるので、ユニットのボタン固有の問題と思われます。
　　このボタンは、UnitButton クラスとして 4 章「UI システムを作る」の節で実装しましたが、後に「ゲームロジック／ユニットのスポーン」の節でシェーダー利用の題材としても用いられています。
　　PIXI.js では、シェーダーを利用した場合はデフォルトのバッチ処理のグルーピングからは外れてしまうため、キャプチャで得られた描画処理は、シェーダーが有効になっているものとして考えると妥当な結果です。実際に UnitButton クラスの実装を修正し、キャプチャを撮り直してみましょう。

リスト6-1-15　UnitButtonクラスの修正 (src/example/UnitButton.ts)
ブランチ：after_profile

```
// 修正前
public toggleFilter(enabled: boolean): void {
    this.filter.enabled = enabled;
}
↓
// 修正後
public toggleFilter(enabled: boolean): void {
    this.button.filters = enabled ? [this.filter] : null;
}
```

図 6-1-21 編成画面修正後のコマンドサマリ

図 6-1-20 編成画面修正後の描画処理

　今度は、ユニットのボタンが正しくバッチされていることがわかります。
　PIXI.js のシェーダーは、filter プロパティへの「null」代入で通常のレンダリングパイプラインが適用されます。filter プロパティを空の配列にしたり、元の実装のようにFilter インスタンスの enabled プロパティを false にするだけでは、完全に無効化できていませんでした。

> **TIPS**　ドローコールが「2」となっているのは、PIXI.js 内部でバインドされたテキスチャがWebGL の MAX_TEXTURE_IMAGE_UNITS の数に到達する毎に書き出しているためです。

バトル画面でのシェーダーの適用

　UnitButton クラスはバトル画面でも用いられていますが、そちらではシェーダーを適用しなければなりません。編成画面とバトル画面の両方で、効率のよい描画をできるようにする必要があります。
　バトル画面の改善を行うため、まずは改善前の状態をキャプチャしておきます。

図 6-1-23 バトル画面修正前のコマンドサマリ

図 6-1-22 バトル画面修正前の描画処理

PIXI.jsでは、個別の要素にシェーダーを適用すると描画も個別に行われます。同じシェーダーを適用したい要素が複数存在する場合、図6-1-24のようにそれらを1つのPIXI.Containerに入れ、PIXI.Containerに対してシェーダーを適用することで、描画効率を向上させることができます。

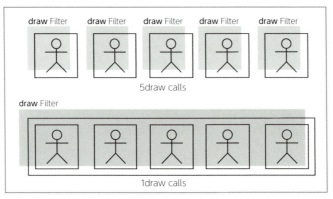

図6-1-24 シェーダー対象を1つの要素に集約

BattleSceneをリスト6-1-16のように修正し、シェーダーの描画回数を削減します。

これにより、UnitButton単体でシェーダーを切り替えることがなくなったため、UnitButtonのシェーダーに関する既存実装は削除してもよいでしょう。

リスト6-1-16 シェーダー用のPIXI.Containerインスタンスの追加（src/example/BattleScene.ts）
ブランチ：after_profile

```ts
private unitButtonContainers = {
    active: new PIXI.Container(),
    inactive: new PIXI.Container(),
};

private initUnitButtons(): void {
    this.uiGraphContainer.addChild(this.unitButtonContainers.active);
    this.uiGraphContainer.addChild(this.unitButtonContainers.inactive);

    const filter = new PIXI.filters.ColorMatrixFilter();
    filter.desaturate();
    this.unitButtonContainers.inactive.filters = [filter];

    (中略)
}
```

リスト6-1-17 シェーダー切替用メソッドの追加（src/example/BattleScene.ts）
ブランチ：after_profile

```ts
private toggleUnitButtonFilter(unitButton: UnitButton, enable: boolean): void {
    unitButton.parent.removeChild(unitButton);
    (enable
        ? this.unitButtonContainers.inactive
        : this.unitButtonContainers.active
    ).addChild(unitButton);
}
```

リスト6-1-18　シェーダー個別切替部分の修正（src/example/BattleScene.ts）
　　　　　　　ブランチ：after_profile

```
// 修正前
unitButton.toggleFilter(enabled);
↓
// 修正後
this.toggleUnitButtonFilter(unitButton, enabled);
```

　この状態で再度キャプチャを撮ると、シェーダーが適用されているユニットのボタンがまとめて描画されるようになっていることがわかります。

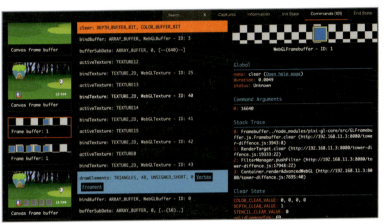

図6-1-25　バトル画面修正後の描画処理

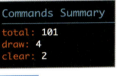

図6-1-26
バトル画面修正前のコマンドサマリ

　本節ではドローコールのみを取り扱いましたが、PIXI.jsは画面外の要素を自動的にカリングしないため、不必要なテクスチャのバインドなどが発生しています。
　本書で開発するゲームは、画面外にも複数のスプライトなどが配置される仕様ですので、余力があれば改善に取り組んでみてください。

▶ ACHIEVEMENT

　5章で紹介したツールを利用して、より実践的な課題の解決を行ってきました。各ツールでは、本節で利用したもの以外にも豊富な機能が提供されています。
　本節を通して、HTML5ゲームもツールを利用したブラッシュアップができるというイメージが湧くようになっていれば幸いです。

6.2 ブラウザへの最適化：ライフサイクルイベント

これまでは、ゲームそのものの作り方やブラッシュアップを中心に解説してきましたが、ゲームとしてまだ改善したい部分は残ります。課題と感じている箇所を列挙し、1つずつ解決していきましょう。

なお、本節のゲームは「after_profile」ブランチであることを前提に進行します。

▶ PROBLEM

以下は現状、ゲームをプレイする上で注意深く観察しなくても気になる点でしょう。

- モバイル実機での表示が適切でなく、ウィンドウサイズ変更への耐性がない
- URL バーを取り除きたい
- ゲームを起動しているタブを非表示にしても、サウンドが鳴り続ける

そのほか、ブラウザプラットフォームに合わせたセキュリティ対策も気になるところです。

▶ APPROARCH

これらの課題の解決には、ブラウザというプラットフォームの仕様や挙動を理解することが必要不可欠です。本書ではまだ触れていない要素も出てきますので、課題解決に必要な要件を1つ1つ詳解していきます。

モバイル実機での表示が適切でない課題の解決

読者の手元の端末において、おそらく現状では図 6-2-1 のようにキャンバスの一部のみが表示されているなど、意図しない表示がされていると思われます。

図 6-2-1 携帯端末実機での表示

これは、HTMLのcanvas要素のサイズが固定であることが原因であるため、本質的にはPCでも問題となりうる現象です。たとえば、PCブラウザのウィンドウサイズをユーザー任意のサイズに拡縮しても、canvasのサイズは固定されたままであるため、本来は表示されるべき領域が表示されていないでしょう。
　この問題を解決するためには、ウィンドウのサイズに合わせてcanvasのサイズを変更するという機能を作り、その機能をゲーム起動時、およびウィンドウサイズ変更時に実行する必要があります。

canvasのサイズを変更する

　PIXI.jsのSystemRendererからは「resize」というメソッドが提供されており、これはPIXI.Applicationインスタンスのrendererプロパティから、本書でのゲームにおいては「GameManager.instance.game.renderer」から利用可能です。
　しかし、このresizeはcanvas内のWebGL解像度のリサイズを指し、canvasのDOM要素としてのリサイズを行うものではありません。そのため、今回のウィンドウサイズに合わせたリサイズを行いたい、という意図を実現するためには新たにその処理を実装する必要があります。

　HTMLでは、いかなるDOM要素のCSS（style）も外部からアクセスし変更ができるようになっているため、今回開発しているゲームにおいてもDOMのcanvas要素が取得できれば、サイズを変更することが可能です。
　PIXI.Applicationインスタンスは、viewプロパティとしてcanvasオブジェクトを保有しているので、このオブジェクトのstyleプロパティを変更することで、ウィンドウサイズに合ったcanvasサイズにすることができるでしょう。
　残るは、canvasのサイズを決定するためのウィンドウのサイズ取得ですが、こちらもブラウザ環境ではJavaScript層で、windowオブジェクトから「innerHeight/innerWidth」として取得することが可能です。ここまでわかれば、あとは四則の計算だけで要求を満たすことができます。

　本書のゲームでは、WebGL解像度を「1136 × 640」としていました。ウィンドウサイズのアスペクト比が「1136：640」に対して、widthの方が長い場合、canvasのheightをウィンドウのinnerHeightに合わせ、widthは「1136：640」のアスペクト比に合わせた成り行きで決定することができ、逆もまた然りです。
　この計算と結果の適用を、そのまま「resizeCanvas」として、GameManagerのインスタンスメソッドにしましょう（リスト6-2-1）。
　resizeCanvasメソッドをstartメソッド内で実行するようにすると、ゲーム起動時にcanvasがウィンドウサイズに合わせた適切なcanvasサイズになります。

リスト6-2-1　アスペクト比の比較とcanvasのサイズの精緻化（src/managers/GameManager.ts）
ブランチ：master

```
public static resizeCanvas(): void {
    const game = GameManager.instance.game;
    const renderer = game.renderer;
```

```
    let canvasWidth;
    let canvasHeight;

    const rendererWidthRatio = renderer.width / renderer.height;
    const windowWidthRatio = window.innerWidth / window.innerHeight;

    if (windowWidthRatio > rendererWidthRatio) {
        canvasWidth = window.innerHeight * (renderer.width / renderer.height);
        canvasHeight = window.innerHeight;
    } else {
        canvasWidth = window.innerWidth;
        canvasHeight = window.innerWidth * (renderer.height / renderer.width);
    }

    game.view.style.width  = `${canvasWidth}px`;
    game.view.style.height = `${canvasHeight}px`;
}
```

リサイズの検知

　このままだと、ユーザー操作によるウィンドウ拡縮やスマートフォン・タブレットの画面回転に対応できません。

　ブラウザでは、ウィンドウサイズ変更や画面回転のいずれに対しても、window オブジェクトの「resize」イベントとして取り扱うことができます。

　window を含む HTML 要素には、イベントリスナを追加するための API として「addEventListener」が提供されているので、これを用いて画面リサイズ時処理を追加することができます（リスト 6-2-2）。この処理の追加も、GameManager の start メソッド内でよいでしょう。

リスト6-2-2 resizeイベントの傍受（src/managers/GameManager.ts）
ブランチ：master

```
window.addEventListener('resize', GameManager.resizeCanvas);
```

> **TIPS** resize イベントは、PC ブラウザのウィンドウサイズをドラッグして変えている間も、サイズが変わるたびに発火し続けるため、あまり重い処理や連続で処理されることが想定されていない機能の呼び出しは、控えたほうがよいでしょう。

　この resize イベントを契機にした canvas のリサイズ処理を組み込んだ場合、ゲーム画面はウィンドウのサイズに応じて適切な表示になっていると思います。

図 6-2-2
リサイズ処理
適用後の各画面

ウィンドウ
最大化時

縦長のウィンドウ。canvas が
ウィンドウ横幅に合わせられて
いる

横長のウィンドウ。
canvas がウィンド
ウ縦幅に合わせら
れている

スマートフォン
実機横画面

スマートフォン実機縦画面

URL バーを非表示する

　ゲームを快適にプレイしてもらおうと思った時、URL バーの存在がどうしても煩わしくなります。特に今回のような横に長い画面の場合、先に示した図 6-2-2 のスマートフォン実機の横画面では狭苦しい印象を受けます。

　これを解決するための手法は動作環境に応じて異なりますが、ここではスマートフォンのブラウザ画面をフルスクリーンにできる「Full Screen API」を利用してみましょう。

　Full Screen API は、DOM の任意要素の「requestFullScreen」あるいは「webkitRequestFullScreen」メソッドを呼び出すことで利用できますが、フルスクリーンを有効にするためにはユーザー操作を契機とする必要があります。

　それでは、1 つずつ解決しましょう。まずは Full Screen API のリクエストを requestFullScreen メソッドとして、GameManager に実装します。

リスト6-2-3　Full Screen APIの利用（src/managers/GameManager.ts）
ブランチ：master

```
public static requestFullScreen(): void {
    const body = window.document.body as any;
    const requestFullScreen =
      body.requestFullScreen || body.webkitRequestFullScreen;
    requestFullScreen.call(body);
}
```

　さらに、このメソッドをユーザーのタップを契機にして処理するようにします。
　本書では、タップするたびにフルスクリーンを要求するようにし、常にフルスクリーンを維持できるようにしますが、UXとして問題があると判断する場合は、UI上のボタン押下を契機にフルスクリーンにするなどしてください。
　ここでは、GameManagerに「enableFullScreenIfNeeded」として実装し、スマートフォンのみを対象に処理するようにします（リスト6-2-4）。このメソッドの実行も、GameManagerのstartメソッド内でよいでしょう。

リスト6-2-4　タップを契機にしたフルスクリーンのリクエスト（src/managers/GameManager.ts）
ブランチ：master

```
private static enableFullScreenIfNeeded(): void {
    const browser = detect();
    if (browser && (browser.os === 'iOS' || browser.os === 'Android OS')) {
        const type = typeof document.ontouchend;
        const eventName = (type === 'undefined') ? 'mousedown' : 'touchend';
        document.body.addEventListener(eventName, GameManager.requestFullScreen);
    }
}
```

　ここまでの実装をゲームに反映すると、Android端末のChromeではタップ操作を契機にして、フルスクリーンに切り替わるようになります。同様に、一部のiPad端末のSafariでもフルスクリーンが有効になりますが、iPhone端末では、SafariのFull Screen APIに対するポリシーによりフルスクリーンが有効化されません。
　URLバーを非表示にする手段にはもう1つ、ページをホーム画面に追加するという方法がありますが、こちらはユーザー操作を促す必要があります。HTMLのheadにリスト6-2-5の「meta」タグを追加すると、ホーム画面に追加された状態で起動した画面で、URLバーが非表示になります。

リスト6-2-5　URLバー非表示メタタグ（www/index.html）
ブランチ：master

```
<meta name="apple-mobile-web-app-capable" content="yes">
```

> **COLUMN**
>
> **「ホーム画面に追加」とCookie**
>
> 「ホーム画面に追加」を行ったコンテンツがCookieを利用している場合、ブラウザやそのバージョンによっては通常ブラウジング時のCookieを共有しない場合があります。
>
> ホーム画面に追加したページが、単一のドメインやサービス内で完結するものであればあまり問題はありませんが、コンテンツが外部サービスに依存している場合は問題です。具体的に問題になるケースとしては、ログイン処理に外部サービスを利用しており、かつその外部サービスがスマートフォンにインストールされている任意のアプリへの遷移を行う場合です。
>
> 通常、ログイン機能を伴う外部サービスは、ログイン成功後に任意のURLへと遷移させるコールバック処理を行うことができます。これは通常のブラウジングであれば何も問題なく処理されますが、遷移元がホーム画面に追加されたコンテンツである場合は、外部サービスからそのコンテンツに戻させる手段がありません。
>
> そのため、ログイン後は通常のブラウザでページが開かれ、ブラウザ内でログイン処理が成功している状態となりますが、ホーム画面から開くことのできるページではCookieが共有されていないため、ログイン状態にはなっていないという問題が起こります。

サウンドが鳴り続ける問題の対処

サウンドを実装して、BGMを再生するようになってから、異なるタブに遷移してもブラウザをバックグラウンドにしてもBGMが再生され続けていると思います。

楽曲コンテンツを配信するようなサービスでは、この仕様は好ましい部分もありますが、ゲームの場合はゲーム画面が非アクティブの場合にサウンド再生が続くと、ユーザーにとっては好ましくない場面が多いでしょう。

ゲームが非アクティブであるという状態を定義し、システム的にその状態を把握できるようにして、サウンドの制御を試みます。ブラウザでは、ゲームが非アクティブであるかを判断するために、windowオブジェクトが通知する次のイベントを利用できます。

- blur | focus
- visibilitychange（webkitvisibilitychange）

これらの2つのイベントの違いは、実際にログ出力などをさせて、PCブラウザで挙動を見ると理解しやすいでしょう。

「blur」および「focus」は、ゲームとは異なるタブに切り替えた場合や、ブラウザではなく別のアプリをフォアグラウンドにした場合に発生します。Chromeのdevtoolを表示させている場合は、devtool内をクリックした場合やゲーム画面をクリックした場合でもblurやfocusイベントが発生するでしょう。

一方「visibilitychange」は、ゲームとは異なるタブに切り替えた場合には発生しますが、

別のアプリがフォアグラウンドになっている場合には、表示状態が変わったとは見なされず発生しません。

これらのいずれか、もしくは両方を実装するかどうかは開発者が決めればよいのですが、本書では「visibilitychange（webkitvisibilitychange）」のみの実装例を以降に示します。「setWindowLifeCycleEvent」メソッドとして SoundManager に実装し、init メソッド内で実行するようにします（リスト6-2-6）。なお、visibilitychange と blur、focus イベントは同時に発生する場合があるため、両方のイベントに対して処理を行う場合は、重複処理を行っても問題がないように対応してください。

リスト6-2-6 visibilitychangeイベントによるサウンド再生制御（src/managers/GameManager.ts）
ブランチ：master

```
public static setWindowLifeCycleEvent(
    browser: BrowserInfo | BotInfo | NodeInfo
): void {
    if (browser.name === 'safari') {
        document.addEventListener('webkitvisibilitychange', () => {
            (document as any).webkitHidden
                ? SoundManager.pause()
                : SoundManager.resume();
        });
    } else {
        document.addEventListener('visibilitychange', () => {
            document.hidden ? SoundManager.pause() : SoundManager.resume();
        });
    }
}
```

> **TIPS** ゲームのメインループである requestAnimationFrame は、実行されるかどうか、あるいは実行頻度がブラウザの状態によって決定されます。
> 本書では、ブラウザの状態に応じたメインループの処理は実装していませんが、blur の際にはゲームをポーズさせたいなどの場合は、blur イベントの処理を追加することによって制御することが可能です。

▶ ACHIEVEMENT

実際の課題を対象に、ブラウザのライフサイクルイベントを契機にした任意の処理を実装しました。特に画面サイズの変更は、多様な端末で動作するブラウザにとってはなくてはならない機能でしょう。
これらのイベント処理は、今のところ GameManager で俯瞰的に処理させていますが、個別機能として抜き出してポータビリティを高め、ほかのゲームなどに転用できるようにしてもよいでしょう。

6.3 ブラウザへの最適化：ストレージの利用

ブラウザでは、ファイルストレージを直接利用できないものの、保存領域という役割においてはいくつかの代替手段が提供されています。

この節ではそれらの差分と仕様の理解を深め、実際のゲームの機能に採用する場合に、適切な選定ができるようにします。

▶ PROBLEM

ユニットの編成情報、ユーザーのステージクリアに要した時間、リプレイのための操作記録など、本書で開発するゲームでもデータを保存したい場面はいくつかあるでしょう。

これらを実現する際、データベースを伴うサーバを用意しない限りは、ブラウザが提供するストレージ機能の利用が必要です。しかし、ストレージ機能には特色が異なるいくつかの種類が存在するため、正しく理解していないと用途に対して最適な選択ができません。

▶ APPROARCH

この節では、主要なストレージ系APIである「Cookie」「Web Storage API」「Cache API」「Indexed DB」の4種類のAPIを理解し、ゲームプレイ上の利便性を実現します。

最も簡便に用いることのできるデータ保存の手段は、「Web Storage API」と「Cookie」でしょう。「Indexed DB」や「Cache API」もデータ保存のための手段としては強力ですが、少し準備が必要です。

masterブランチで実際に採用しているのは「Indexed DB」ですが、少し実装が複雑な「Cache API」は、個別にサンプル用のブランチを「feature/cache_api」として用意しているので、合わせて参照してください。

以降で、1つずつ特性と利用方法を見ていきます。

Cookieの利用

Cookieは、データを保存する手段としては最も簡便な手法の1つです。反面、「キー／バリュー」形式で最大4KBの文字列で表現された値のみしか扱えず、また、Cookieへのアクセス自体はほかのスクリプトからも許容されており、ゲーム以外のスクリプトからすべてのCookieの値への参照を容易に行うことができます。

Cookieの読み取りと追加、更新

Cookieの値は、以下のように読み取ることができます。

リスト6-3-1　Cookieの値の取得
```
const values = document.cookie;
```

読み取ったデータは、リスト 6-3-2 のようなセミコロン区切りの「string」で表現されます。

本書で開発しているゲームではなく、何らかの Web サイトで devtool 上から読み取ってみても、同じフォーマットであることが確認できるでしょう。

リスト 6-3-2 の場合は、「key1」というキーに紐づいた「value1」、「key2」というキーに紐づいた「value2」…、ということになります。

リスト6-3-2　取得したCookieの値
```
"key1=value1; key2=value2; key3=value3"
```

Cookie への書き込みは、以下のように行うことができます。

リスト6-3-3　Cookieの値の書き込み
```
document.cookie = "key1=value1";
```

見た目上は単純な代入ですが、内部的には既存の Cookie に代入した値を追加しています。実際にほかの値を Cookie に書き込んでも、図 6-3-1 のように既存の Cookie の値が削除されず、残っていることが確認できます。

```
> document.cookie
< ""
> document.cookie = "key1=value1"
< "key1=value1"
> document.cookie
< "key1=value1"
> document.cookie = "key2=value2"
< "key2=value2"
> document.cookie
< "key1=value1; key2=value2"
```

図 6-3-1 追加される Cookie の値

既に存在する Cookie の値の更新は、同じキーで再代入するだけです。

リスト6-3-4　Cookieの値の更新
```
document.cookie = "key1=value1_r2";
```

Cookie の値の削除は、いくつかの手法があります。1 つはキーの値を空文字にする方法です。

リスト6-3-5　Cookieの値の削除
```
document.cookie = "key1=";
```

この方法は、値こそ削除されるもののキーは残り続けてしまうので、完全に削除したい場合には以降に示す異なる手段を用います。

Cookie の有効期限の設定

　Cookie の値はそれぞれ任意のアトリビュートを持つことが可能で、アトリビュートの1つに Cookie の値の有効期限を示す「expires」があります。この expires に過去の時間を指定することで、キー自体を削除することができます。なお、本節では expires 以外のアトリビュートの説明は割愛します。

　「expires」は、RFC 822（RFC1123）で定義されている日付時刻のフォーマットで表現する必要がありますが、JavaScript であれば、Date クラスのインスタンスがそのフォーマットで日付時刻を表現する「toUTCString」というメソッドを持っています。
　過去の日付は、Date クラスのインスタンスの「setTime(0)」で得られる値を利用してもよいでしょう。setTime(0) で得られる時刻は、UNIX のエポックタイムの「0」に該当する日時で、グリニッジ標準時で 1970 年 1 月 1 日 0 時 0 分 0 秒と同等です。

リスト6-3-6　Cookieの値の有効期限設定
```
document.cookie = "key1=; expires=" + pastDate.toUTCString();
```

　Cookie は、ほぼすべてのブラウザで実装されている仕様であり、古くからデータを持ち回すための手法として用いられてきました。SNS などのログインを要するサービスでも、Cookie にセッション ID などの値を持たせる手法が、ログインセッションの維持の方法として主流です。
　Cookie の保存領域は、大雑把に言うとドメイン毎であり、少なくとも 1 つのゲームで単一のドメインおよびサブドメインを用いている分には、問題なく利用できるでしょう。

> **TIPS**　ブラウザのプライバシーポリシー上、Cookie はドメインごとに管理され、単一ドメインから操作できるのは同じドメインで作られた Cookie のみとなります。たとえば「example.com」で作られた Cookie を、「sample.com」で操作することはできません。
> 　これは、example.com を訪れたことや、example.com でのユーザーの行動を第三者が盗み見ることができないようにするためです。devtools 上からはすべての Cookie を閲覧したり操作することができますが、これはユーザーが任意で自身が保有するデータを操作することに該当するため、プライバシーの侵害にはなりません。

WebStorage API の利用

　WebStorage API は、「Session Storage」と「Local Storage」の 2 種類のストレージを提供します。
　このうち「Session Storege」は、Web ページのセッションが終了した際に消失する揮発性の高いストレージです。ここでのセッションは、クライアントとサーバ間のセッションではなくブラウザのページセッションであり、タブを閉じたりブラウザ自体の終了を契機に途切れるセッションを指します。
　一方の「Local Storage」は、ページセッションを終了しても値が残り続ける保存領域です。

いずれも「キー／バリュー」形式で、キーと値は文字列で表現される必要があり、どの程度の大きさのデータが保持できるかはブラウザによって異なります。

Session Storage や Local Storage への CRUD 操作（Create（生成）、Read（読み取り）、Update（更新）、Delete（削除））には、Cookie の代入形式とは異なりそれぞれ専用の API が提供されています。各 API は、表 6-3-1 に示したとおりで、Session Storage と Local Storage で共通の I/F です。LocalStorage は、sessionStorage となっている箇所を「localStorage」と読み替えてください。

表 6-3-1 Web Storage API の I/F

データの操作	API
CREATE	sessionStorage.setItem('key', 'value');
RETRIEVE	sessionStorage.getItem('key');
UPDATE	sessionStorage.setItem('key', updated 'value');
DELETE	sessionStorage.removeItem('key');

WebStorage API は、Cookie のように細やかなアトリビュート設定ができない代わりに、簡便に利用するための API が提供されています。また、多くのブラウザでサポートされている仕様であるため、あまり気を使わないデータの保存には、WebStorage API の利用が適しているでしょう。

WebStorage API へのほかのスクリプトからの取得や更新は、Cookie と同様に許容されています。

デメリットとしては、1 つのドメインに対する保存領域が公式には「5 〜 10MB」と比較的少ないことと、各 API が同期的に処理されることです。

また、ブラウザがシークレットモードやプライベートブラウジングと呼ばれるモードで起動している場合には、ブラウザによっては、WebStorage API 利用時に例外が発生します。該当する環境下でもゲームを遊べるようにするためには、何らかの代替手段を提供する必要があります。

> **TIPS** Web Storage もユーザーのプライバシー保護の観点から、操作できるのは同一ドメイン内のデータのみとなります。

Cache API の利用

「Cache API」は、これまで紹介したキー・バリュー形式のデータ・ストレージとは考え方が大きく異なります。Cache API は、通信のレスポンスオブジェクトをキャッシュする仕組みであるため、たとえばあまり更新の発生しないゲームのマスタデータや静的リソースのレスポンスを、Cache API で保存するなどの用途が考えられるでしょう。

Cache API は、それ単体でも利用することができますが、「ServiceWorker」と併用することでより強力になる API です。Cache API 自体の紹介をする前に、ServiceWorker について少し理解しておいたほうがよいでしょう。

ServiceWorker の概要とプロクシの挙動

　ServiceWorker とは、簡単に言うとサーバプロクシのようなものです。たとえば、リクエストが特定の URL に対するものであれば、実際のサーバへのリクエストを行わずに固定値を返す、などのことができます。

　ServiceWorker は、初回起動時こそ JavaScript プログラムからインストールさせる必要がありますが、2 回目以降は ServiceWorker をインストールした JavaScript ファイルそのものですら、図 6-3-2 のようにプロクシさせることが可能です。

　これにより、クライアントからの HTTP リクエストに対して、非常に柔軟で強力な制御を行うことができるようになります。

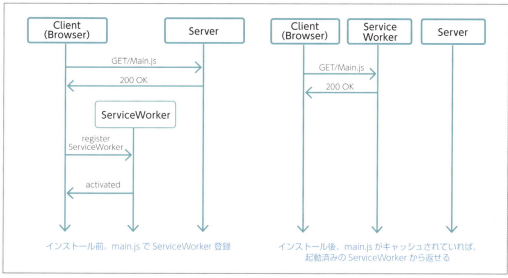

図 6-3-2 ServiceWorker の起動

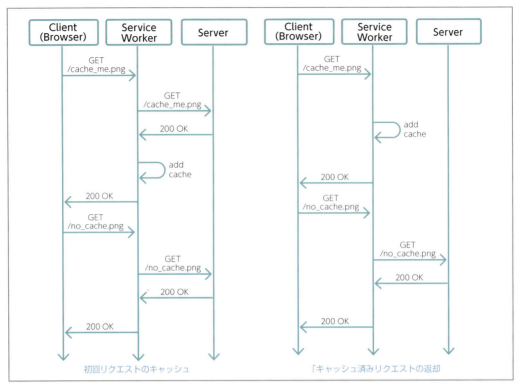

図6-3-3 ServiceWorker でのキャッシュ

ServiceWorker の実装

以下に、すべてのリクエストをキャッシュする ServiceWorker の実装例を示します。

リスト6-3-7　serviceworker.js
ブランチ：feature/cache_api

```
const VERSION = 1;
const CACHE_NAME = `cache-${VERSION}`;

//（1）ServiceWorkerの初回インストール時イベント
self.addEventListener('activate', function(event) {
    event.waitUntil(clients.claim());
});

//（2）ServiceWorker起動後のリクエスト発生時イベント
self.addEventListener('fetch', (event) => {
    if (event.request.method !== 'GET') {
        return fetch(event.request);
    }

    const response = caches.open(CACHE_NAME).then((cache) => {
        return cache.match(event.request).then((response) => {
            if (response) {
                return response;
```

```
        } else {
            return fetch(event.request).then((response) => {
                cache.put(event.request, response.clone());
                return response;
            });
        }
    });
    })

    event.respondWith(response);
});
```

(1) ServiceWorker の初回インストール時イベント

activate イベントは、ServiceWorker が初回ロードされ有効化されたタイミングで実行されるコールバックです。

activate イベントが走る場合、fetch イベントなどは次回ページ読み込み時でなければ発火しませんが、activate イベント内で clients.claim() を実行することによって、初回読み込み時でも fetch イベントがコールされるようにし、キャッシュ制御ができるようにしています。

clients.claim() は、ServiceWorker 自身がクライアントの制御を明示的に開始する時に利用するメソッドです。

(2) ServiceWorker 起動後のリクエスト発生時イベント

fetch イベントは、HTTP リクエストが発生した際に発火するイベントです。

上記の例では、GET リクエストの場合には、Cache API からリクエスト情報をキーにしてキャッシュを取得し、キャッシュがあればそれをそのままクライアントに返し、キャッシュがなければ ServiceWorker からリクエストをし直して結果をキャッシュし、クライアントに返しています。

ここでは fetch 関数を ServiceWorker で利用していますが、window スコープ内でも XMLHttpRequest と同じように利用することができます。

index.html への ServiceWorker の登録

上記の serviceworker.js を登録するために、この節では index.html のヘッダに登録処理を実装します。しかし、ServiceWorker の利用目的はゲームからのリクエストのキャッシュであるため、ServiceWorker の登録前にゲームが起動してしまっては不都合です。ServiceWorker のインストールが完了してから、ゲーム用のスクリプトを読み込むように修正します。

リスト6-3-8　index.htmlの修正
ブランチ：feature/cache_api

（中略）

```
<script type='text/javascript'>
```

```
    function addGameScript() {
        const script = document.createElement('script');
        script.type = 'text/javascript';
        script.src = 'tower-diffense.js';
        document.body.appendChild(script);
    }
    navigator.serviceWorker.register('./serviceworker.js').then((registration) => {
        if (registration.active) {
            addGameScript();
        } else {
            const worker = registration.installing || registration.waiting;
            worker.addEventListener('statechange', () => {
                if (worker.state === 'activated') {
                    addGameScript();
                }
            });
        };
    });
</script>

(中略)
```

　tower-diffense.js を読み込んでいた script タグは削除し、serviceworker.js のインストール完了を待ってから起動します。navigator.serviceWorker.register はこのスクリプト実行時に毎回処理されますが、既に serviceworker.js が登録済の状態で重複して実行されても問題ありません。

index.ts のゲームの起動処理の修正

　ゲーム用のスクリプト読み込みのタイミングが変わったので、index.ts で window.onload を契機にしている処理も修正します。index.ts の該当部分が処理されるころには、window.onload の契機が過ぎ去っている可能性があるため、document.readyState の値次第で、即座にゲーム起動処理を行うようにします。

リスト6-3-9　index.tsの修正
ブランチ：feature/cache_api

```
(中略)

const onload = () => {
    windowLoaded = true;
    if (fontLoaded) {
        initGame();
    }
}

window.onload = onload;

if (document.readyState === 'complete') {
```

```
    onload();
}
```

これらの変更を加えた後にゲームを起動すると、初回はServiceWorkerのインストールとキャッシュ処理が実行されます。devtoolのApplicationタブ内のService Workersの項目から、ServiceWorkerがインストールされていることが確認できます（図6-3-4）。

同様に、Cache Storageの項目では、Cache APIでキャッシュされているリクエストが確認できるでしょう（図6-3-5）。これは、通常であればネットワークを介して取得しなければならないリソースが、キャッシュから取得できていることを示しています。

一件、通常のブラウザキャッシュと同じような利点ですが、Cache APIはクライアント側で明示的なキャッシュコントロールが行えるという大きな利点があります。

図 6-3-4 devtool で確認した ServiceWorker の登録状況

図 6-3-5 devtool で確認した Cache API の登録状況

ServiceWorker のスクリプトの更新

ServiceWorkerのスクリプトの更新は、差分があれば自動的に行われます。

ただし、リロード処理などでブラウザページのセッションが有効なうちは更新されませんので、注意してください。ブラウザにもよりますが、Chromeではページやタブを閉じて再度開き直すことで、最新のServiceWorkerスクリプトがインストールされます。

しかし、ゲームのようなSPAでユーザーが長時間起動しっぱなしであることが予想されるページでは、自然とServiceWorkerの更新頻度が落ちるでしょう。ServiceWorkerは、JavaScriptコードから明示的にアップデートを行うことができるので、もしもServiceWorkerの更新をできるだけ確実に行いたい場合は、シーン遷移のタイミングや定期実行でアップデート処理を実行させるのもよいでしょう。

リスト6-3-10、6-3-11に、ServiceWorkerのアップデート処理の例を示します。

リスト6-3-10　任意のServiceWorkerの明示的更新
```
navigator.serviceWorker.register('/sw.js').then(registration => {
    registration.update();
});
```

リスト6-3-11　登録済みのServiceWorkerの更新
```
const registrations = await navigator.serviceWorker.getRegistrations();
registrations.forEach((registration) => {
    registration.update();
});
```

　Cache APIの利用サンプルを「feature/cache_api」ブランチに反映したので、合わせて参照してください。
　実際のプロダクトでCache APIを利用する場合は、キャッシュすることが好ましくないリクエストもあると思われるので、細やかな調整が必要です。

　ここまでの実装などを見るとわかるとおり、Cache APIは簡便に使える機能とは言い難いですが、HTTPリクエストに対しては非常に強力なキャッシュ機能です。使い方次第では、オフライン時にもユーザーにコンテンツを提供できるようになります。
　Cache APIはwindowスコープでも扱えますが、保存できるデータはHTTPレスポンスを表すResponseオブジェクトであるため、単純な文字列などを保存したいという目的に対しては、独自のResponseオブジェクトを作るなどの工夫が必要です。

　ServiceWorkerも用途として柔軟性が高く、利用方法は多岐に渡るでしょう。しかしServiceWorkerには、HTTPS環境やlocalhostでしか使えないという制約があります。また、ServiceWorkerが利用できるブラウザ環境は、比較的新しいものに限定されています。
　特にiOS Safariでは11.3以降に限定されるなど、本書執筆時点でServiceWorkerの恩恵を受けられないユーザーはまだ一定数存在する状況です。

Indexed DBの利用

　Indexed DBは、この節で紹介するストレージ種別の中では、その名のとおり最もデータベースらしいストレージでしょう。利用するためには、データベース接続を開始し、オブジェクトストアを定義する必要があります。
　オブジェクトストアとはデータベースのテーブルのようなものを指し、必要に応じてインデックスとなるキーやオートインクリメントを指定することができます。

オブジェクトストアの初期化と取得

　リスト6-3-12に、オブジェクトストアの初期化と接続が開始されたDBの取得例を示します。

| リスト6-3-12 | オブジェクトストアの初期化とDB取得 |

```
const request = indexedDB.open('db_name', 1);
//(1)データベースのアップグレードが必要かどうか
request.onupgradeneeded = (e: Event) => {
    const db = (e.target as IDBRequest).result;
    //(2)オブジェクトストアの作成
    const store = db.createObjectStore('test_store', { keyPath: 'id' });
    store.createIndex('id', 'id', { unique: true });
};

var db;
//(3)データベースの取得
request.onsuccess = (e: Event) => {
    db = (e.target as IDBRequest).result;
};
```

(1) データベースのアップグレードが必要かどうか

onupgradeneededコールバックは、初回DB作成時やopenメソッドの第二引数で渡したDBメソッドバージョンの値が更新されている場合など、Indexed DBのアップグレードが必要と判断された場合に実行されます。

(2) オブジェクトストアの作成

'id'というプロパティを、キーおよびインデックスにしたオブジェクトストアを作成することで、DB読み取り時のgetメソッドで、'id'の値をキーにしてデータを取得することができます。

(3) データベースの取得

データベース接続が成功した場合には、onsuccessコールバック引数より、データベースの実態が取得できます。

見てもらうとわかるとおり、これらのAPIは非同期で実行されるため、JavaScriptスレッドの実行をブロックしません。
データの読み書きは、オブジェクトストアに対して行われますが、オブジェクトストアにアクセスするためには、トランザクションを開始する必要があります。

Indexed DBへの書き込み

リスト6-3-13に、データの書き込みの例を示します。トランザクション処理やonsuccessなどのコールバックは、データ取得時や削除時も同様の操作です。

| リスト6-3-13 | Indexed DBを利用したデータの永続化 |

```
const transaction = db.transaction('test_store', 'readwrite');
const store = transaction.objectStore('test_store');
if (!store) return;
const request = store.put({ id: 1, value: 'abc' });
request.onsuccess = (e) => { ... };
request.onerror = (e) => { ... };
```

Indexed DBは、データ保存容量もデバイスの容量に依存する形となり、ほかのストレージと比較しても大きなデータを扱うことができます。反面、読み書きの速度は速いとは言い難く、画像などのリソースを大量に扱うとなると、貧弱なデバイスでは長い待ち時間が発生してしまいます。

なお、サンプルゲームのmasterブランチでは、Indexed DBを用いてユーザーのユニット編成履歴などを保存できるようにしています。

▶ ACHIEVEMENT

本節では、大まかに4種類のストレージ系APIを見てきました。主な特徴を最後にまとめておきましょう。

読み書きの頻度やデータの大きさ、保存するデータ種別に応じて適したストレージ系APIのイメージが湧くようになっていれば幸いです。

表6-3-2 4種類それぞれのストレージの特徴

ストレージ	ポイント	内容
Cookie	GOOD	手軽に扱える。ブラウザを選ばず使える
Cookie	BAD	扱えるデータ量が少ない。複数のデータが単一の文字列で表現される
Web Storage API	GOOD	理解しやすく扱いやすいI/F。Cookieと比較して扱えるデータが大きい
Web Storage API	BAD	同期的にデータを処理する。シークレットモード、プライベートブラウジング時などで挙動が異なる場合がある
Cache API	GOOD	ServiceWorkerと連携することで、柔軟なキャッシュコントロールができる。ほとんどのAPIが非同期処理
Cache API	BAD	キャッシュ対象データがResponseオブジェクト。古いブラウザでは対応していない
Indexed DB	GOOD	扱えるデータ量が大きい。ほとんどのAPIが非同期処理
Indexed DB	BAD	パフォーマンスに劣る。ほかと異なるRDBMS的な概念のストレージ

6　4　ブラウザへの最適化：データの秘匿

　通信経路こそ「SSL」という仕様があるものの、この節で取り上げるエンドユーザーに対するコンテンツのデータそのものの秘匿は、インターネットのオープンであり平等であるという思想とは背反するように見えます。
　実際、テクスチャやサウンド、そのほかのデータも、そのデータの意図どおりの情報がユーザーに対してアウトプットされる以上は、データを完全に秘匿したまま扱うことは不可能です。
　ブラウザやHTML5において、データを守るためにできることはあるのかなど、そのヒントを本節では紹介します。

▶ PROBLEM

　ネイティブアプリでのゲームでは、データの秘匿手法は数多く考案されており、またその手法はビルド時やメモリアクセス時などのさまざまなレイヤーに及びます。
　しかしそれらは、ユーザーが容易にアクセスできる領域が限られているがゆえに効果を発揮しており、HTML5やブラウザとは事情が異なります。

▶ APPROARCH

　本節では、データ秘匿のための定石こそ導出しないものの、そのヒントとなる手段をいくつか挙げておきます。
　これらのいずれか、または組み合わせによってある程度の秘匿性を上げることはできますが、そのトレードオフとなる要素も併せて説明します。

暗号化の手法

　データの秘匿と聞いて、まず思いつくのがデータの暗号化でしょう。
　ネイティブで一般的に用いられる暗号化は、AESに代表されるブロック暗号アルゴリズムであり、暗号化と復号で共通の暗号鍵を用います。暗号鍵は固定でもよいので、レスポンスを受け取った時点でのコンテンツが暗号化されている点では、ある程度の効果は得られるでしょう。

　暗号化は、そのアルゴリズムと暗号鍵が秘匿されているからこそ効果を発揮しますが、ブラウザではそうも行きません。既にこれまで「devtools」に触れてきてわかるように、ブラウザが取得するデータのすべては、ユーザーが観測することができます。
　暗号アルゴリズムが実装されたJavaScriptソースコードは、ユーザーが閲覧できる上に、暗号鍵もユーザーのローカル環境にそれを含むデータが送られてきている以上は、それらを解析して導き出すことができます。
　まったく効果がないわけではありませんが、データ秘匿の手法としては盤石とは言い難いでしょう。

eval 関数の利用

JavaScript は、グローバルスコープに eval 関数が定義されていますが、この関数で評価されたスクリプトは devtools からは参照できません。console.log などでコンソール出力した場合のみ、VM 上に展開されたスクリプトを参照することができます。

そのため、ソースコードを秘匿する手段の 1 つとして、eval 関数は利用できるでしょう。

リスト6-4-1　eval関数の実行例
```
eval( 'function sayHello() { console.log("hello world"); }' );
```

リスト 6-4-1 で渡している引数のスクリプトが、minify されていたり難読化されている場合は、コンテンツを解析しようとするユーザーの手間を増やすこともできます。

しかし、eval 関数自体がオーバーライド可能であるため、セキュリティに関するアプリケーションコードを読み込む前に、オーバーライドされていた場合にはほとんど効果を発揮しないでしょう。

たとえば、リスト 6-4-2 のようなオーバーライドが行われている場合、引数の JavaScript は script タグとして挿入され、引数自体もユーザーが加工可能な状態となります。

また、eval に渡す引数のソースは、結局リモートから取得するしかないのではないか、という命題が残ります。

リスト6-4-2　eval関数のオーバーライド例
```
window.eval = (s) => {
    const script = document.createElement('script');
    script.setAttribute('type', 'text/javascript');
    script.text = s;
    document.body.appendChild(script);
};
```

emscripten の利用

暗号化ではなく難読化、というアプローチでは、本来の用途とは異なりますが minify されたコードよりも可読性の低い「emscripten」を利用することができます。

emscripten は、本来は C/C++ や Rust、Go で書かれたコードを JavaScript にコンバートする目的のツールですが、コンバートで生成されるコードはおおよそ人間が読むには不向きな「asm.js」形式のコードであり、たとえばコード上の直値の文字列リテラルは、独自のメモリレイアウト上に number で表現されるようになります。

emscripten を利用をする場合、まずは公式のドキュメントに従って「emsdk」をダウンロード、インストールしてください。

- emscripten のダウンロードとインストール
  https://emscripten.org/docs/getting_started/downloads.html

emccコマンドにパスが通ったら、任意の名称でC言語コードのファイルを作成し、コンパイルします。下記は、シンプルな「Hello World」の例です。

リスト6-4-3　C言語のHello World

```c
#include <stdio.h>

int main(const int argc, const char** argv) {
    printf("hello, world!\n");
    return 0;
}
```

これを、gccなりclangなりでコンパイルしたバイナリを実行すると、意図どおり「hello world!」と出力されます。

リスト6-4-4　C言語プログラムのコンパイルと実行

```
$ gcc helloworld.c -o helloworld
$ ./helloworld
hello, world!
```

emccは、このgccやclangと同様の役割を果たします。実際にやってみましょう。

リスト6-4-5　C言語プログラムのemccを利用したコンパイルと実行

```
$ emcc helloworld.c -o helloworld.js
$ node ./helloworld,js
hello, world!
```

さて、emccでコンパイルされたJavaScriptのファイルから、main関数相当の箇所を見てみましょう。アセンブリに慣れ親しんでいない限りは、およそ「hello world!」と出力するだけのプログラムには見えないと思います。

リスト6-4-6　main関数のemscriptenでのコンパイル結果

```javascript
function _main($0,$1) {
    $0 = $0|0;
    $1 = $1|0;
    var $2 = 0, $3 = 0, $4 = 0, $vararg_buffer = 0, label = 0, sp = 0;
    sp = STACKTOP;
    STACKTOP = STACKTOP + 16|0; if ((STACKTOP|0) >= (STACK_MAX|0))
abortStackOverflow(16|0);
    $vararg_buffer = sp;
    $2 = 0;
    $3 = $0;
    $4 = $1;
    (_printf(384,$vararg_buffer)|0);
    STACKTOP = sp;return 0;
}
```

このように、難読化という観点ではemscriptenの利用は、ある程度の効果を発揮します。これを利用して、暗号化におけるアルゴリズムや暗号鍵をC/C++層に実装し、asm.jsコードに変換して解読しにくくする、という手段も考えられるでしょう。

しかし、コンパイル後のソースコードのファイルサイズを見てもらうとわかるように、「hellow world!」と出力するだけでも不必要に大きいファイルが生成されています。

また、ams.js 形式の JavaScript プログラムでは、JavaScript 配列を利用して擬似的な heap メモリとスタックメモリ領域を確保します。これはつまり、asm.js 形式のプログラムによって一定量のメモリ領域が専有されることになり、ほかの JavaScript プログラムで利用可能な共用資源が少なくなることを意味します。

このようなことから、emscripten の利用は本当に必要な箇所にとどめておいたほうが無難でしょう。

> **TIPS**
>
> emcc コマンドでは、WebAssembly 形式へコンパイルすることもできます。
> WebAssembly は、asm.js 形式よりもリソースを効率的に扱うことができる半面、少し古めのブラウザでは対応していないというデメリットもあります。
> また、WebAssembly はバイナリではあるものの、アセンブリ相当の可読性があるフォーマットまでディスアセンブルするツールも公開されていたりします。そのためデータの秘匿という観点では、その強度は asm.js と同等とも言えるでしょう。
> また asm.js とは異なり、strings コマンドなどでバイナリ中の文字列リテラルを抽出することが容易です。

アクセス不可能なメモリ領域の利用

JavaScript は言語仕様上、すべての変数にアクセス可能であるかのように見えますが、例外も存在します。変数や関数の参照が、スコープ内で閉じている場合です。

リスト 6-4-7 の例では、decrypt 関数への JavaScript 上からのアクセスは、即時関数内のみでしか行えません。

リスト6-4-7　プライベートな変数定義

```
var useDecryptedResource = (function(){
    function decrypt(data) { … }

    return function drawDecryptedResource(resource) {
        draw(decrypt(resource));
    }
}());
```

これを利用して、Console から任意の変数へのアクセスや関数オーバーライドを困難にすることができます。

ただしこれは、ユーザーだけでなく、アプリケーションコードからも参照を困難にすることになるので、特にメモリリークへの対策は十分に行っておく必要があります。

また、JavaScript 層でのアクセスを困難にしているだけであって、JavaScript コード自体の読解や通信内容の傍受に関する難易度は向上されません。

▶ ACHIEVEMENT

　本節では、データ秘匿のためのヒントをいくつか提示しましたが、HTML5およびブラウザにおいてのデータの秘匿は取りうる手段が少なく、また効果的な手段も模索しなければならないことが理解できたかと思います。

　インターネット上にコンテンツを公開するということは、Googleの画像検索結果を著作権の有無に関わらずユーザーがダウンロードできるように、そのコンテンツのデータをユーザーが保有できる状態にするということと同義になります。

> **COLUMN**
>
> **ブラウザとチート**
>
> 　ゲームにとっては、チートの脅威は常につきまといますが、ブラウザではdevtoolsやそのほかのツールの利用によって、さらにチートの難易度が低くなっています。ただし、傍受したり改竄できるのはクライアント（ブラウザ）で受け取ったり、ブラウザから送信するデータのみとなります。
>
> 　激しいアクションゲームのように、クライアント側で大量の計算を行わなければならないケースを除いては、スマートフォンネイティブ向けのゲームと同様に、サーバ側でゲームロジックを完結させるのが定石でしょう。
>
> 　計算をサーバに持たせるということは、その分、通信を介して計算結果を待つ必要が生じることにもなりますが、同じゲームロジックをクライアントとサーバで処理させることによって、UX面を補うことができるでしょう。
>
> 　ただし、物理演算などの数値を多用する計算では、JavaScriptランタイムとサーバサイドでの計算結果が異なる可能性が高いため、十分に注意してください。

INDEX

記号・数字

- --save オプション ... 034
- --save-dev オプション ... 036
- 3G Fast シミュレート ... 259, 290
- 60FPS ... 133
- 9 Slice ... 137
- @font-face ... 124
- @types/pixi.js ... 028

A

- abstract ... 050
- add メソッド ... 059
- addChild ... 063, 088
- addChildAt ... 176
- addEventListener ... 300
- AI ユニット召喚バトル ... 019
- Android ... 015
- Android 端末 ... 267
- Application タブ ... 264
- application/octet-binary ... 115
- arrow functions ... 059
- as ... 054
- asm.js ... 318
- audio 要素 ... 106, 113
- AudioBuffer ... 115, 117
- AudioContext ... 110, 121
- AudioContext.destination ... 118
- AudioGainNode ... 118
- AudioSourceNode ... 118
- Audits タブ ... 265

B

- Babylon.js ... 018, 271
- blur イベント ... 303
- BrowserInfo ... 110
- buttonMode ... 064

C

- Cache API ... 308
- Cache-Control ... 258, 283
- canvas のサイズ ... 299
- canvas 要素 ... 299
- CDN サーバ ... 281
- Chrome ... 015, 250
- Chrome ウェブストア ... 269
- Chrome 拡張 ... 269
- Chrome デベロッパーブログ ... 112
- class ... 052
- cocos2d-x ... 019
- Cocos Creator ... 016, 019
- ColorMatrixFilter ... 205
- CommonJS ... 032
- compilerOptions ディレクティブ ... 047
- Console タブ ... 253
- const ... 196
- constructor ... 053
- Cookie ... 264, 303, 305
- Cookie の有効期限 ... 307
- CPU プロファイル ... 260, 279
- CRUD 操作 ... 308
- CSS ... 124, 251
- currentTime ... 121

D

- Date クラス ... 307
- DefinetlyTyped ... 111
- definite assignment ... 058
- dependencies ディレクティブ ... 034
- detached プリフィックス ... 263, 276
- detect-browser ... 110
- devServer ディレクティブ ... 266
- DevTools ... 250
- document.body ... 058
- DOD（データ指向）... 209
- DOM（Document Object Model）... 076

DOM レンダリング ... 016
DOM 要素 ... 058, 096, 251, 263

E

ECS（Entity Component System） ... 209
electron ... 016
Elements タブ ... 251
emcc コマンド ... 319
emscripten ... 318
enum（列挙型） ... 196
enza ... 016
ES6（ECMA Script Ver.6） ... 032
ESLint ... 040
ETag ... 289
eval 関数 ... 318
expires アトリビュート ... 307
export ... 050
extends ... 052

F、G

Facebook Instant Games ... 016, 017
files ディレクティブ ... 046
filter プロパティ ... 295
Flash ... 015
flush メソッド ... 139
focus イベント ... 303
Full Screen API ... 301
function ... 059
give-me-a-joke モジュール ... 033

H

Heap snapshot ... 262
Hoisting ... 132
HTMLCanvasElement ... 058, 080, 276
HTML タグ ... 076
HTTP ヘッダ ... 283
HTTP リクエスト ... 258, 309, 314

I

If-Modified-Since ... 289
If-None-Match ... 289

iframe ... 255
import ... 032, 050
include ディレクティブ ... 046
Indexed DB ... 314
interactive プロパティ ... 064
interface ... 050, 089
iOS ... 015
iOS 端末 ... 267
iPhone ... 015

J

JavaScript ... 035
JavaScript API ... 016
JavaScript エンジン ... 016
JavaScript 実行環境 ... 030
JavaScript ヒープ領域 ... 262
JavaScript ライブラリ ... 017
JavaScript ランタイム ... 031
JS Heap 領域 ... 261, 275
json ... 142, 152, 160, 165, 192, 198, 218, 259

L

Last-Modified ... 289
lighthouse モジュール ... 265
LINE QUICK GAME ... 016
Live Expression ... 256
load メソッド ... 059
local 関数 ... 124
Local Storage ... 307

M

max-age=0 ... 285
max-age=xxxxxx ... 289
MDN Web Dpcs ... 076, 118
Memory タブ ... 262, 276
minify ... 043, 318
moduleResolution ... 047

N

Network タブ ... 258, 283, 290
no-cache ... 285
node.jp ... 028, 030

323

N

node_modules 047
npm（node package manager）... 028, 030, 032

O

onReady 058
OOP（オブジェクト指向プログラミング）... 050, 209
OpenGL ES 016
option の型定義 079

P

p タグ 125
package.json 033
padding 126, 142
path 031
Performance タブ 260, 275, 279
phaser 018
PhoneGap 015
PIXI.Application 058, 065, 080
PIXI.Container 063, 138, 177, 296
PIXI.DisplayObject 063, 067, 138
PIXI.Graphics 091
PIXI.js 016, 017, 028, 045, 270
PixiJS devtools 270
PIXI.js のサンプル 048
PIXI.loader.add 165
PIXI.Sprite 145
PIXI.Text 145
PIXI.TextStyle 061, 125
PIXI.TextStyle 引数型定義 148
PIXI.utils.TextureCache 165
PlayCanvas 016, 018
pointer イベント 175
private 054
public 054

R

readonly 058
render メソッド 137
renderer プロパティ 137
REPL（対話型インタープリタ）.................. 253
requestAnimationFrame 131
requestFullScreen メソッド 301

require 031
resize イベント 300
resolve 047
resource-loader 094, 140
Response オブジェクト 314
RFC（Request for Comments）................ 289

S

Safari 112, 267, 302
scripts ディレクティブ 041
Security タブ 265
ServiceWorker 308
Session Storage 307
setTime(0) メソッド 307
setTimeout 279
Sources タブ 256
SPA（Single Page Application）................ 256
Spector.js 271, 293
SpriteRenderer 138
src 要素 124l
stage プロパティ 058, 063, 137
static 058
super 054

T

target 052
TexturePacker 157
this 054
this コンテキスト 258
three.js 016, 018
ticker プロパティ 065, 080
Ticker.js 129
toUTCString メソッド 307
ts-loader 028
ts-node モジュール 039
tsconfig.json 037, 038
TSLint 028, 039
tslint-config-airbnb 028, 039
tslint.json 040
TTF フォント 124
TypeDoc 028, 040
TypeScript 028, 035, 037

TypeScript コンパイラオプション 039
TypeScript の型定義 111

U、V

UI 141
URL バー 301
view プロパティ 058, 299
visibilitychange 303

W

Web サーバ 043
WebAssembly 320
WebAudio 110, 113
webfontloader 127, 291
WebGL 016, 076, 252
WebGL キャンバス 058
WebGL デバッガ 271
WebGLRenderer 137
webkitRequestFullScreen メソッド 301
webkitvisibilitychange 303
webpack 028, 040
webpack.config.js 042, 043, 266
webpack-cli 028
webpack-dev-server 028, 043
webpack-dev-server の再起動 046
WebStorage API 307
WebView 015
WeChat 016, 017
wheel イベント 180
window オブジェクト 254
window.onload 048, 080, 312
window.PIXI 253

X

XHttpRequest 096
XMLHttpRequest 311

あ行

アクセススコープ 054, 058, 070
当たり判定 064, 159
アニメーション（実時間単位） 133
アニメーション（フレーム単位） 133
アニメーションの遷移 166
アルファ値 091
暗号化 317
暗号鍵 317
イベント設定 064
イベントの通知 064
イベント名 175
イベントリスナー 064, 173
インスタンス化 058
インタープリタ言語 035
インポート 032
エクスクラメーションマーク 058
エントリーポイント 046
オーバーヘッド 016, 053, 320
オブジェクトストア 314
オープンソース 016

か行

開発者モード 267
開発の流れ 029
外部モジュール 051
カジュアルゲーム 017
型安全 035
ガベージコレクション 261
画面構成 020
画面遷移 020
カリネイティブアプリ 015
基底クラス 098
基底シーン 087
キー／バリュー方式 305, 308
キャスト 054
キャッシュ 258, 283, 308
キャッシュコントロール 287
拠点 025
クラス 052
グローバル空間 254
グローバルスコープ 318

325

ゲームエンジン	015, 018, 029	通信の流量	283
ゲームシステム	023	テクスチャアトラス	137
ゲームライブラリ	018	データの秘匿	317
コマンドプロンプト	031	データベース	314
コールスタック	277	デバッグ	250
コールバック	303, 311	デベロッパーツール	250
コールバック処理	059	デリゲートパターン	187
コンストラクタ	054	デリミタ	032
		テンポラリデータ	024, 197
		ドキュメントの生成	040

さ行

再生速度	159	トランザクション	315
サウンド	106, 108, 303	トランジション	082, 086
サーバプロクシ	309	トランスパイル	035, 052
シェーダー	067, 137, 204	トリガー	064
シークレットモード	308	ドローコマンド	139
実機でのデバッグ	266	ドローコール	272, 293
自動再生ポリシー	108, 112		

な行

シュガー	196	難読化	043
ショートハンド	069	ネイティブゲーム	015
シーン	078	ネットワーク通信	075
シーンの概念	081	背景のスクロール	173
シーンの更新	084	パッケージマネージャ	032
シーンのロード	082	パーティクル	137
シングルトン	080	バーテックスシェーダー	205
ストレージ	305	パフォーマンスの改善	274
スプライト	140, 170	バリデーション	035
スプライトシート	157	バンドラ	042
スポーン	023	描画オブジェクトツリー	063
静的型付け	035	描画ライブラリ	016
セッションID	307	ファイルのバンドル	041
即時関数	320	ファイルパス	031
ソーシャルゲーム	015	フェードアウト	086
		フェードイン	086

た行

タイムアウト	291	フェード処理	091
タスクマネージャ	263	フォアグラウンド	303
タップ座標	064	フォールバック	292
タップ操作	173	フォント	124
ターミナル	031	プライベートブラウジング	308
タワーディフェンス型ゲーム	019	ブラウザ技術	076
チート	321	ブラウザゲーム	014
通信のリクエスト数	283	ブラウザ情報の取得	110

ブラーエフェクト	067
フラグメントシェーダー	205
プラットフォーム	017
ブレークポイント	257
フレーム数	159
プロパティ	057
プロファイリング	271
ポータビリティ	016, 017
ホーム画面に追加	302
ボリュームの制御	122
ホワイトリスト	142, 161

ま行

マウスホイール	180
マスタデータ	024, 163, 197
マネタイズ	017
ミニプログラム	016
無名関数	051
メソッド	054
メモリダンプ	262
メモリプロファイル	261
メモリリーク	263, 275

モジュールの依存関係	034
モジュールの削除	035
モック	087

や行

ユーザーインタラクション	064
ユニットの状態遷移	024, 208
ユニットのパラメータ	024

ら行

ライブラリ	030
ランタイム	143
リクエストヘッダ	289
リサイズの検知	300
リソース	059, 065, 094
リドルゲーム	014
リファクタリング	149
レスポンスコード	258, 286
レンダリング	293
ローカル環境	044
ローカル参照	046

■ **著者紹介**

Smith

ホテルマン、Web系受託会社を経て、2011年10月、株式会社ドリコムに中途入社。広告事業、カジュアルゲームを1ヶ月に1本リリースしないとなくなる子会社、ネイティヴゲーム基盤開発プロジェクトを経て、enzaプラットフォーム事業の開発部に部長として就任。
そのほか、enzaゲームライブラリ開発プロジェクトのプロデューサー、自社テックブログである「Tech Inside Drecom」（https://tech.drecom.co.jp/）のプロデューサー、CTO室としても活動。普段の仕事は、エンジニアリングによる雑用と人助け。

■ **BGM & SE Provided by**
PANICPUMPKIN ／ http://pansound.com/panicpumpkin/
Taira Komori ／ https://taira-komori.jpn.org/
魔王魂 ／ https://maoudamashii.jokersounds.com/

■ **FONT Provided by**
美咲フォント ／ http://littlelimit.net/misaki.htm

■ **Images Provided by**
Pyorosh
Enimur

■ **Special Thanks**
YOU

■ カバー・本文デザイン：宮嶋 章文
■ 本文DTP：辻 憲二

HTML5 ゲーム開発の教科書 ── スマホゲーム制作のための基礎講座

2019年9月25日 初版第1刷発行

著者	Smith
発行人	村上 徹
編集	佐藤 英一
発行	株式会社ボーンデジタル 〒102-0074 東京都千代田区九段南1丁目5番5号 九段サウスサイドスクエア Tel：03-5215-8671　　Fax：03-5215-8667 https://www.borndigital.co.jp/book/ E-mail：info@borndigital.co.jp
印刷・製本	シナノ書籍印刷株式会社

ISBN978-4-86246-456-9
Printed in Japan

Copyright©2019 Smith
All rights reserved.

価格はカバーに記載されています。乱丁、落丁等がある場合はお取り替えいたします。
本書の内容を無断で転記、転載、複製することを禁じます。